JN261884

原発広告と地方紙

原発立地県の報道姿勢

本間 龍

グリーンピース・ジャパン 協力

亜紀書房

原発広告と地方紙

目次

序章　福島　福島民友／福島民報　5
第一章　北海道　北海道新聞　23
第二章　本間龍×佐藤潤一（グリーンピース・ジャパン事務局長）　111
対談　青森　東奥日報　143
第三章　新潟　新潟日報　163
第四章　福井　福井新聞　223
第五章　他県の原発広告　269
参考　復活する原発広告　333
終章　363
あとがき　384

序章

はじめに

昨年出版した『原発広告』は、過去四〇年間にわたる原発プロパガンダを白日の下にさらけ出した初めての書籍として、お陰様で大変なご好評をいただきました。

多くの方々がなんとなく感じていた原発ＰＲの姿を、圧倒的な量の広告を提示することで明らかにすることができたからです。特に社会学方面の複数の研究者から、論文執筆の参考にしたいと質問や取材をいただいたのは予想外であり、本年八月には韓国語版も出版されました。

四〇年以上にわたる東京電力の普及開発関係費（次ページの表参照）の膨張からも明らかな通り、政府と電力会社は、事故が起こるたびに広報予算を飛躍的に増加させてきました。そこには、「国民の洗脳」と「メディアの支配」という二つの明確な戦略的目標があったのです。そのメカニズムは、東京電力福島第一原子力発電所の事故発生まで、恐るべき支配力で国民の目を原発の危険からそらし続けました。

しかし二〇一一年三月一一日で、日本における原発稼働の歴史は終わったのです。三年経った現在も事故は全く収束せず、逆に深刻度は日に日に増しています。事故を起こした原子炉格納容器には未だに入ることができず、内部がどうなっているのか全くわからない状況が続いています。さらに、今でも十数万人にも及ぶ人々が故郷に帰れず避難生活を余儀なくされています。一旦事

東京電力　普及開発関係費

年度	事故	(億円)	年度	事故	(億円)
1965		7.6	1989		206.6
1966		8.0	1990		224.0
1967		9.3	1991		228.6
1968		10.7	1992		220.4
1969		12.0	1993		227.6
1970		15.7	1994		236.8
1971		11.3	1995		226.9
1972		10.5	1996		222.7
1973		11.9	1997		243.4
1974		11.4	1998		242.7
1975		12.0	1999		243.1
1976		20.3	2000		249.1
1977		28.8	2001		239.2
1978		44.0	2002	東電ﾄﾗﾌﾞﾙ隠し発覚	203.2
1979	ｽﾘｰﾏｲﾙ島事故	43.9	2003		213.6
1980		53.2	2004	美浜原発３号機事故	268.4
1981		57.9	2005		293.5
1982		54.5	2006		286.2
1983		63.8	2007		279.1
1984		93.2	2008	ﾘｰﾏﾝｼｮｯｸ	222.4
1985		113.0	2009		243.6
1986	ﾁｪﾙﾉﾌﾞｲﾘ事故	121.2	2010		269.0
1987		150.6	2011		57.0
1988		180.9	2012		20.4
				合計	6492.6

参考資料：東京電力の普及開発関係費の推移
「しんぶん赤旗」調べ

故が起きれば人間の力で制御できないシステムは、二度と動かしてはならない凶器であることが誰の目にも明らかになったのです。

しかし、長年にわたって原発で甘い汁を吸ってきた人々は、容易にその味を忘れることができず、またぞろ復活のチャンスを窺っています。推進派の政治家はことあるごとに美辞麗句で飾った原発必要論を説きますが、彼らにとっては自らの栄華と献金相手の企業の繁栄だけが目的であり、大多数の国民の幸せなど、どうでもいいことなのでしょう。

前作『原発広告』では、主に全国紙と雑誌メディアにおける原発広告の歴史を扱いましたが、その制作作業のさなかで「原発立地県における地元新聞は、どの程度原発広告を掲載していたのか」という疑問が浮かんでいました。

地方における地元の新聞は、それぞれ非常に高いシェアを持っています。東京や大阪などの大都市圏に住んでいるとなかなか想像できませんが、地方によっては、一つか二つの新聞しか手に入らないという場合も珍しくなく、特に高齢者になると、その地元の新聞しか読んだことがない、という人も大勢います。また、これら新聞社は地元のローカルテレビ局やラジオ局の親会社であることがほとんどなため、その新聞の論調がニュース番組の論調とほぼ同じになります。

そうした環境で、原発立地県における地元新聞が原発推進の片棒を担ぎ、原発広告や翼賛記事ばかり掲載していたらどうなるのか。そのプロパガンダ・パワーは、大都市圏に比べて格段に強力になってしまうのではないか。その実態を明らかにしようとするのが本書の大きな狙いです。

私たちは誰でも、時間の流れの中で生きています。過ぎ去った過去は歴史となり、それはいつか、後の世の人によって検証される運命にあります。ましてや野放図に原発広告を垂れ流し、世界史上に類例を見ない大事故を引き起こした原発推進勢力とそれに荷担したメディアは、その行いを厳しく検証されなければなりません。しかし、該当する人々はみな口をつぐみ、すべてが忘却されることをじっと待っています。その流れに抗し、その恥ずべき行為を記録しようというのも、この本の試みの一つです。

今回の原発事故は政府事故調が認定した「人災」であったのに、当時の責任者は誰一人として訴追されていません。また、最大の加害者である東京電力は、未だに数千件にも及ぶ賠償に応じず、生活を破壊された被害者に対して傲岸不遜な振る舞いを続けています。そして、東電以外の電力会社の中には、愚かにも原発広告を復活させているところさえあります。さらに長年にわたって原発政策を推進して来た自民党政権に至っては、まるで原発事故などなかったように、停止している各地の原発を再稼働させようとしています。

しかしそれは、事故の教訓を顧みず、数十万人を超える被害者の方々、千人を超える原発関連死で亡くなった方々を愚弄する行為です。その方々の無念、想いを絶対に忘却しないためにも、あの事故に至る歴史の断面を検証し、世に示すべきだと考えました。

とはいえ日本の原発は一三道県に分布しており、それぞれの県紙を過去に遡ってチェックするのは莫大な労力が必要で、個人の力では膨大な時間がかかりますから、いつになったら書籍としてまとめることができるか想像もつきません。そこで今回の資料収集にあたっては、世界的な環境ＮＰＯであるグリーンピースの日本支部（ＧＰＪ）がその総力を挙げて協力してくれることになりました。

具体的には、ＧＰＪがボランティアを募集し、趣旨に賛同いただいた方々に国会図書館での調査作業をお願いしました。その作業は延べ一三六年間分という膨大な量のマイクロフィルムを精査するというもので、彼らの助力なしではこの本は決して生まれませんでした。貴重な時間を割いて作業にあたってくださったボランティアの皆様には、心から御礼を申し上げます。

その彼らの作業によってはるか過去の紙面から浮かび上がった原発広告と関連記事は、質・量共に私の予想をはるかに超えるものでした。半世紀にわたる原発推進の欺瞞的体質と傲慢さの記録をご覧いただき、一人でも多くの方が、ここで示される事実をもとに、国家と独占企業によるプロパガンダの恐ろしさを認識され、自らの意思で我が国の未来を考えてくださることを願ってやみません。

原発広告とは何か

皆さんが日頃目にしている広告は、制作者サイドから見た場合にクルマであれば自動車広告、テレビや電気製品であれば家電広告、食べ物であれば食品広告などと細かくジャンル分けされています。これにならい、本書では「原子力発電を推進する目的で作られた広告」を「原発広告」と呼びます。二〇一一年三月一一日の東京電力福島第一原発の事故発生直前まで、この原発広告の最大の出稿主（スポンサー）は東京電力（東電）、及び電気事業連合会（電事連）でした。

他の電力会社もそれぞれの担当エリア（地方）では大きなスポンサーですが、東電の広報予算は桁違いに大きく、テレビでは関東キー局、新聞では朝日・毎日・読売の全国紙、そして大手出版社のメジャー雑誌に絶え間なく広告を出していました。

それでも実は、広告業界全体の中で見れば、「原発広告」は決して大きなジャンルではありませんでした。ピーク時の普及開発関係費（一般企業でいうところの広告費）が二九三億円に達した東電も、年間一〇〇〇億単位で広告費を使う自動車メーカーや家電メーカーに比べればまだ見劣りするほどであり、そもそも原発関連の広告は集中的なテレビスポットCMや旬の豪華タレントを起用することもないので、世間的に話題になることもなかったからです。

そうはいっても、一九八九年からずっと二〇〇億円以上の普及開発関係費をばらまいてきた東電は、あらゆるメディアにとって上得意先だったことは間違いありません。朝日新聞の調べでは、原発の歴史が始まる一九七〇年代から福島第一原発の事故まで、電力九社の普及開発関係費は合計で二兆四〇〇〇億円を超えており、中でも東電は六四四五億円と実にその四分の一を費やしていたのです。

そもそも関東地方だけの電力を売る会社が、ローカル企業にもかかわらず年間二〇〇億円以上もの広告費を使っていたこと（通常、地方ローカル企業の広告費は年間五億円以下）自体が非常に不自然なのですが、メディア側にとっては違法でなければ広告主の素性などどうでもよく、他のスポンサー以上にカネ払いの良い電力会社には尻尾を振ってひれ伏していたのです。

電力9社の普及開発関係費（1970-2011年度）

北海道	1266億円
東北	2616億円
北陸	1186億円
東京	6445億円
中部	2554億円
関西	4830億円
中国	1736億円
四国	922億円
九州	2624億円
合計	2兆4179億円

（億円未満は切り捨て）

通常、ほとんどのスポンサーは値引き交渉を仕掛けてきますが、総括原価方式でいくらでも広告費をひねり出せる電力会社は、文句もいわずに定価で支払ってくれるので、本当に有難いお得意先でした。

しかし、いつでも簡単に広告費を定価で支払ってくれる裏には、もちろんそれなりの理由がありました。多額の広告出稿費を餌に、原子力発電に対してネガティブな報道あるいは批判的な番組・記事制作をするな、という踏み絵をメディア各社に対して要求していたのです。ただしそれは文書などの証拠に残るような形ではなく、「大スポンサーの意向」をメディア側が自主的に「忖度《そんたく》」して「自主規制する」という形式になっていました。そしてその監視・交渉役になっていたのが電通や博報堂などの大手広告代理店だったのです。

「原発広告」といってもそのカテゴリーは非常に幅広く、代表的なもので

- 新聞広告
- 雑誌広告
- テレビ広告
- ラジオ広告
- その他メディア（ホームページ、交通広告、ポスター、家庭用配布チラシ、無料ＰＲ紙等）

などのありとあらゆる広告媒体に加え、文部科学省などが制作した教科書の副読本や各種教材、さらには電力会社と地方自治体が一体となって開催したシンポジウム、その内容を新聞紙上で報

告する形式の広告出稿、さらには電力会社による学校や職場などへの出前授業なども、広義の広告戦略の一翼を担うものでした。福島県では左のような「アトム福島」という東電の社内報的な冊子も作られ、あちこちにばらまかれましたが、そこにも左図のようなマンガが掲載されていたのです。福島第一原発を見た少女が「うわーっ　きれい！」と言い、男の子が「こんなところに原子力発電所があるなんて　いい環境ですね」などと書かれています。

ゲンー・陽子《ようこ》の原子力《げんしりょく》かべ新聞《しんぶん》　第《だい》22回《かい》
「原子力発電所《げんしりょくはつでんしょ》はなぜ海岸《かいがん》にあるの?」
うわーっ　きれい!!
こんなところに原子力発電所《げんしりょくはつでんしょ》があるなんて　いい環境ですね
福島県《ふくしまけん》の原子力発電所《げんしりょくはつでんしょ》はみんな海岸《かいがん》にあるんですよね
日本《にほん》ではすべて海岸《かいがん》にあるんじゃよ
えっ　大《おお》きな川《かわ》や湖《みずうみ》のそばにも原子力発電所《げんしりょくはつでんしょ》はあると聞《き》いたんですけど
あー　外国《がいこく》では多《おお》いな
アトム福島 No.86　1990 年 11 月

原発の善し悪しなど判断できないような子供に対しても、入念なプロパガンダが行われていました。これなどは一九八六年のチェルノブイリ原発事故によって日本国内で吹き荒れた反原発運動の沈静化を狙い、九一年に科学技術庁（当時）が原子力文化振興財団に作成させた「原子力PA方策の考え方」で示されたターゲット別広報戦略を先取りしたものだったのです（原子力PA「パブリック・アクセプタンス」に関しては前著『原発広告』に詳述しましたので、そちらをご覧ください）。

原発広告の狙い

このように、三・一一以前にほぼ全てのメディアで展開された原発広告には、二つの大きな目的がありました。まずその一つは、原発に詳しくない一般大衆を騙し、原発に対する嫌悪感や危険意識を弛緩させることでした。

その一環として、国民に「安全神話」「必要神話」を浸透させるため、広告やCMの中には必ず以下のような文言が挿入されました。

- 日本のエネルギーの三分の一は原子力

- 原子力はCO_2を排出しないクリーンエネルギー
- 原子力は再生可能なエネルギー
- 原子力はコスト安価なエネルギー

原発の黎明期である七〇~八〇年代は石油危機の影響もあって、資源の枯渇《こかつ》を回避するために原発の必要性が叫ばれました。しかしその心配が薄れると、今度は世界的な温暖化傾向を巧みに取り入れ、特にCO_2を排出しないクリーンエネルギーであることを前面に押し出しました。それ故に「原発はクリーンエネルギー」というフレーズを覚えておられる方は、いまだに多いと思います。ただし、発電時にCO_2を出さないのはその通りですが、その代わりに危険な放射性廃棄物を出すことには全く触れていませんでした。

そして、こうした原発広告を展開するもう一つの目的が、前項でも指摘した、広告を出稿することによるメディアの懐柔、あるいは広告費欲しさにメディアが自らの報道を自主規制するように誘導することでした。そうでなければ、東京の一ローカル企業である東電が、日本の広告費ベストテン内に入る二〇〇億円以上という広告費を毎年支出していた事実を説明することができません。広告費をいくらかけても、全ての国民を原発賛成にすることは不可能ですから、情報の供給元であるメディアを同時に押さえることが重要だったのです。

ＮＨＫを除く日本の大手メディアのほとんどは、広告収入が大きな収益源となっています。特にテレビ局はその収入の八割近くが広告収入であり、大口スポンサーの批判は収益に直結するため、完全にタブーとなっています。そのため巨額の広告費を投入する東電をはじめ電事連は、メディアにとって神聖不可侵な絶対的スポンサーとして君臨していました。キー局や大手新聞社、雑誌社に対してさえそうだったのですから、企業規模が小さい地方メディアにとっては、より一層巨大な相手だったのです。

一度でもビジネスを経験された方なら自明のことですが、自社の製品や商材を買ってくれる得意先、ましてや巨額で買い取ってくれる上得意先は、絶対に失いたくないもので、そのためには相手の機嫌を損ねないよう細心の注意を払います。電力会社や電事連は、メディアの広告枠を大量に買い取ることによって大スポンサーとなり、批判的な報道や記事の自主規制をメディア各社に強いていたのです。その証が本書に掲載した莫大な量の広告ですが、違う言い方をするならば、要するに原発関連の広告とは、「広告費」という名を借りたメディアに対する口止め料、つまりは賄賂のようなものだったのです。

広告・記事の引用について

本書に掲載されている資料は、原発立地県の地方新聞に掲載された原発広告や社説・記事を、各地の原発建設時から二〇一一年三月の福島第一原子力発電所の事故直前に至る二〇一〇年まで、最大約四〇年間を遡って収集したものです（東海村原発のある茨城県では全国紙の読売新聞が購読シェアの大部分を占めているために、地方紙を扱う本書では茨城の事例は取り上げませんでした）。

収集は福島、福井に関しては各原発の建設竣工時、営業開始時とその前年を、他の地区は各原発の営業開始年とその前年を、原発広告が出稿される週末に絞り、その間に掲載された原発広告や記事を調べました。週末に絞ったのは、原発広告は、新聞の購読率が上昇する週末に出稿されることが多かったためです。しかしあまりにも量が膨大なためとても全部は収録できず、それらの中でも特徴的なもののみを掲載しました。単純に計算すれば、その期間は延べ一三六年分に及んでいます。

また、本書では当時の各紙の論調がどのような内容であったかにも注意を配りましたが、広告物を転載することは著作権上問題なしといえるものの、記事に関してはその制作者（新聞社）に著作権があり、見出し以外の本文を許可なく転載することは難しいという壁がありました。

そのため、本来ならば全ての記事をそのまま掲載して読者諸兄の判断を仰ぎたいところですが、本文そのままの掲載は法に抵触する可能性が高いと判断せざるを得ず、記事の掲載については見出しが判読できるサイズにとどめ、必要に応じて該当する文言を新たに書き起こして引用するという形になっています。また、記事に関しては主に稼働時や事故発生時に目についたものを収録しました。

引用にあたっては、その広告ないし記事が出た年月日、広告・記事の種別、出稿元、段数をキャプションに示してあります。ちなみに新聞の「段」とは紙面の大きさを表す単位で、紙面一ページを「一五段」といい、その一ページを天地で一五分割すると、最低単位は「一段」となります。広告には三段、五段、半五段、七段などの種類がありますが、原発広告でもっとも多用されたのは、五段と七段広告でした。

本書の目的の一つは、県民の安全と社会正義の実現に尽力すべき地方言論機関が、過去にどのような言論形成を行ってきたかを検証することにあります。しかし、現行の著作権法のあり方はこうした検証作業を拒むもので、ゆえにメディアは過去の記事を追及されず「言いっぱなし」にできるという地位に安住してきました。

しかしそれでは、我が国を存続の危機に陥れた原発事故を招いた元凶を追及することは困難です。それ故本書では引用に工夫を凝らし、できうる限り当時の記事を再現できるよう心がけています。記事そのものを全てご覧いただけないのは大変残念ですが、読者の皆様にはこうした事情をご賢察いただければ幸甚です。

原発広告出稿段数表（一九六五〜二〇一〇年）

本書の調査で明らかになった広告の段数を足し上げたもの。実数はさらに多いと考えられる。

77	78	79	80	81	82	83	84	85	86	87	88
								43	60	56	152
		63					123				
									777		
108	66	295	248	186		155			127*	185*	
	124	227	186	224	268				282	192*	
								510			
		204	37*	95			134	169	156	174	
	157									163	
137*				37*	15*				104*		
35*	42*						95	127			
280	389	789	471	542	283	155	352	849	1506	770	152
	福	3マイル							チェルノ		

01	02	03	04	05	06	07	08	09	10	合計
						170*	159	161	63	1105
249								364	294	2350
735	503	617	591	691	297*	470*		646	676	6911
								520	485	3093
								432	340	3211
								358	427	3461
								467	579	3825
				247*	117*			272	269	1469
				249				292	180	1242
								220	58	673
								195	151	480
								224	125	1037
								213	84	596
984	503	617	591	1187	414	640	159	4346	3731	29453
					六村	中越			六村	

	65	66	67	68	69	70	71	72	73	74	75	76
北海道												
河北												
東奥												
福島民報					19			57	16		72	143
福島民友						49	59		61	109	49	172
茨城												
新潟												
福井						57		28		154	106	93
北國												
静岡												135
愛媛												62*
山陰中央										55		
佐賀										14	42	
南日本												
年度合計					19	106	59	85	77	318	269	605
事故												

	89	90	91	92	93	94	95	96	97	98	99	00
北海道	106	135										
河北		38	107	134	104	124	115*			203	233*	199
東奥							211*	45*			460*	192*
福島民報											411	
福島民友											437	
茨城												
新潟	150*	441*		186*	195*	278		719	197*			
福井		218	255	215	61*	456	167*					
北國				360*	204*							
静岡					66							
愛媛						40						
山陰中央	79											
佐賀					204*	116*			312			
南日本												
年度合計	335	832	362	895	834	1014	493	764	509	203	1541	391
事故	福		美浜				も				志／東海	

注：* マークのある数値は調査が 1 年分ではなく、一部分であることを示す
アミがかかっている年は事故発生年

第一章

福島

福島民友／福島民報

福島県

世帯数　七五万四〇〇〇

県内の新聞シェア上位二社（以下シェアは読売新聞広告ガイド　メディアデータより。三ケタ以下切捨）

一位　福島民報（一八九二年創刊）　二五万三〇〇〇部、世帯普及率三三・五％
二位　福島民友（一八九五年創刊）　一八万四〇〇〇部、世帯普及率二四・五％

建設された原子力発電所と稼働開始年月

東京電力　福島第一原子力発電所（福島県双葉郡大熊町・双葉町）
一号機　一九七一年三月
二号機　一九七四年七月
三号機　一九七六年三月
四号機　一九七八年一〇月
五号機　一九七八年四月
六号機　一九七九年一〇月
七号機　計画中止
八号機　計画中止

東京電力　福島第二原子力発電所（福島県双葉郡楢葉町・富岡町）
一号機　一九八二年四月
二号機　一九八四年二月

三号機　一九八五年六月
四号機　一九八七年八月

民報・民友は共に原発翼賛一色の紙面だった

この本の最初に来るべきなのは、やはり大事故を起こした東京電力福島第一原子力発電所がある福島県ということになってしまうのでしょう。まずはこの県の地元新聞が原発をどう伝えていたか、どのような広告を載せていたかを、年代順に見ていきたいと思います。

まず他県とは異なる大きな特徴として、福島県では

- 福島民友
- 福島民報

という二つの新聞が県紙の座を争っています。設立はほぼ同時期で、企業規模も似通っていますが、民友が読売新聞系であるのに対し、民報が毎日新聞系という大きな違いがあります。

この「系」というのは、資本提携という面もありますが、報道姿勢や記事の内容について影響を受けていることを指しています。地方紙は全国紙に比べると企業規模が小さいため、地元のニュース以外のソース（政治経済、海外や他県のニュース、スポーツ記事など）について提携先の新聞社

や通信社から提供を受けています。つまり自然な流れとして、提携している新聞社の論調が色濃く出ることになります。

今回の調査にあたっては、この読売・毎日という現在では原発に対し正反対の立場に立つ提携先が、この二つの新聞にどのような影響を与えていたのか、つまり民友・民報の原発報道に差があったのかという点に注意を払いました。読売は三・一一以前もいまも原発推進の立場ですから、民友の論調がそれに倣っていたのか、広告掲載量において民報と目に見える差があったのかに注意しながら過去のデータを調べました。県紙の座を争っているのですから、おのずと論調には差が出ているのではないかと推測していました。

ところが結果として両紙の間には明確な論調の差は見られないどころか、両紙ともに特に一九七〇年代から八〇年代半ばまでの原発建設期に、原発礼賛の傾向が非常に強かったことが分かりました。特に七〇年代から八〇年代における両紙の社説や記事は、原発がもたらす地域への経済貢献を無条件に称賛し、いま顧みると恥ずかしいほどに原発の危険性には無頓着でした。

ただ、この頃は日本における原発の黎明期であり、原発の危険性とは具体的にどのようなものなのか、事故が起これば何がどうなるのか、という知識さえなかった時代であるということは若干差し引いて考える必要があると思われます。

しかし、同時期に原発を積極的に誘致した福井県の福井新聞が、七〇年代の中旬には早くも批判的記事を載せ始めたのに比べれば、その礼賛一辺倒は非常に長く続いたと言えるでしょう。民報・民友合わせて六割近い世帯シェアをもっていたのですから、その県民に対する影響力は計り知れないものがあったはずです。

両紙は競うように原発の特集記事を掲載していました。そのタイトルをいくつか挙げてみます。

- 「ふるさとと再発見」民友　七三年
- 「原発　その周辺」民友 七五年
- 「原発を見直す」民友　七五年
- 「エネルギーと生活」民友　七六年
- 「新しい電源と環境」民友　七八年
- 「放射線と暮らし」民友　七八年
- 「こども電気シリーズ　新しいエネルギー」民友　八六年
- 「変わりゆく電力」民報　七二年
- 「原子力発電　見直された安全確保」民報　七五年
- 「見直そう原発の安全性」民報　七六年
- 「エネルギーと新電源開発」民報　七八年
- 「新段階の電源立地」民報　七八年
- 「エネルギー新時代を考える」民報　七九年
- 「エネルギー教育を考える」民報　八一年

これ以外にもまだまだあるのですが、ここに挙げた特集記事のほとんどは、原発の安全性と電源三法交付金による地域振興を礼賛する内容に終始していました。

危険性について専門知識がない記者が、ことあるごとに記事中では「安全性が第一だ」と記述はするものの、その安全性を担うのは東京電力に完全に任せきりであり、どういう場合にどのような危険があるのかを真剣にシミュレーションした形跡はありませんでした。

七〇年代から八〇年代にそのような科学的検証を行うことは全国紙でも難しく、それは地方新聞社にとって過大な試みだったと擁護することもできますが、原発による地域経済の興隆は、さまざまな企業による新聞社への広告出稿増加という形で新聞社の収益増大にも寄与し、さらに電力会社による大量の広告出稿は、原発に対するネガティブな記事掲載を牽制《けんせい》するに十分な役割を果たしたであろうと考えられます。

この福島の二つの新聞社に掲載された過去の記事や社説は、人間が未来を正確に予測することは到底不可能であるという真理をまざまざと見せつけてきます。例えば一九七三年元旦の記事には、原発が「昭和七五年には電力需要の六九％を担う」という、いま見れば失笑ものの見出しが踊っていますが、この頃はそういう見方をした学者もいたのでしょう。

これらの記事を書いた人々は皆、郷土福島の豊かな繁栄を願い、原発がその一翼を担ってくれると信じていたのだと思います。しかし、その未来にあった現実は、あまりにも厳しく恐ろしいものでした。

福島における原発立地は、かつて「福島のチベット」と同県人にさえ揶揄《やゆ》された浜通り地区に集中しています。冬になると農業も漁業もままならず、東京に出稼ぎに出なければならない、日本の高度成長からも取り残された厳しい過疎地域の最後の経済的切り札として、原発が誘致されました。一九六五年の紙面では、日本国内初の原発誘致を誇らしげに紹介する内容の記事が頻繁に掲載されています。

迷惑施設を受け入れる代償に交付される電源三法交付金等による手厚い財政支援の結果、双葉町や大熊町は短期間に福島有数の豊かな地域に生まれ変わりました。道路や上下水道をはじめとする社会インフラや町役場、野球場、テニスコート、プール、公民館等が続々と整備され、あっという間に所得も県内で一番になりました。また、福島県全体もその予算的恩恵を享受しました。その様子が新聞では経済的発展という側面から大きく報道され、「原発を中心とした未来の街づくり」「原発との共存共栄」が華やかに喧伝《けんでん》されるようになります。しかしその栄華は長続きしませんでした。

八〇年代になると、地域の急激な経済成長を支えた電源三法交付金をはじめとする各種優遇税制が早くも期限切れとなり、最初の原発稼働から二〇年も経たずして、箱モノ行政の負担を心配する記事が登場します。つまり、行政も報道機関もすでにその頃には原発がもたらす負の側面を承知していたのです。

ところが、原発のおかげで達成された経済成長は、原発だけに依存する構造を作りだし、本当の意味での地域活性化を創生できませんでした。これは福井県でも同じですが、地元経済は原発のみに依存するようになり、元からあった地場産業は次々に姿を消してしまったのです。原発設置による固定資産税の支払いは一五年で激減し、電源三法の中核である電源立地促進対策交付金も、工事開始から稼働開始五年後まででした。つまり、福島第一原発で最後に建設された六号機の稼働開始五年後の一九八四年には、早くも電源三法の恩恵は消えていたのです。

そのため、双葉地区は、最初の頃に建設された箱モノや社会インフラの維持費を捻出するために、さらなる原発誘致を国や電力会社に要請しなければならないという「自転車操業」に陥っていきました。これが、世界でも例を見ない、原発の集中立地を発生させた要因となっていきます。事故を起こした福島第一原発の狭い敷地に原子炉が六つも並立していたのは、そうした理由があったのです。

地元や県の政治家たちは、八〇年代にはすでにその構造的問題を理解していたはずですが、その状況を変えようとする努力をしませんでした。変えようにも他に有効な経済的手段がなかったこともありますが、一度味わってしまった原発の巨大な経済的魔力から抜け出ることができなかったのです。

このように、原発誘致による過度な財源流入と放漫財政が繰り返された結果、すでに一九九〇年には福島第一原発が立地する双葉町の財政は赤字となっていて、財政再建団体入りさえ噂される事態となっていました。福島第一原発六基のうち四基が大熊町に立地されていたため、関連企業の多くが大熊町に行ってしまい、法人税がほとんど入らなかったのが大きく影響したのです。現在は鋭い反原発発言で知られる井戸川克隆元町長は就任後すぐに財政立て直しに奮闘するも虚しく、結局は第一原発七号機・八号機増設（後に中止）のための電源立地等初期対策交付金（毎年約一〇億円）をあてにするしかありませんでした。

そして、かつて両町の栄華を囃《はや》し立て、福島県のバラ色の未来を演出していた東電や東北電力の広告たちは、いま見ると滑稽を通り越して哀れを誘うほどです。その広告を掲載し、原発礼賛記事を大量にばら撒いた二つの新聞は、その責任を感じてはいないのでしょうか。三・一一後、福島民報は『福島と原発——誘致から大震災への五十年』を刊行して県と原発の歴史を検証しましたが、自らの紙面で原発礼賛の論陣を担った反省は見られませんでした。民友に至っては、過去を振り返る特集記事も散発的で、いまだに原発推進を唱える読売新聞に気兼ねしているようにさえ見えます。

民報と民友は、いまでも二紙合わせて六割近い世帯普及率シェアをもっています。その二紙が、福島における原発黎明期《れいめいき》にその経済利便性をこれでもかと煽《あお》り、周辺住民を原発誘致に駆り立てていった責任は大変大きいはずです。その一端を、この章でご覧いただければと思います。

民友新聞

70年代の夜明け

未来をになう"原子の火"

新しいエネルギーの基地 双葉

新年を迎えて

カラー特集

品質本位 花春 ハナハル 花春酒造株式会社

賀正 日本化学工業

沖電気は
通信と情報の
新鮮な世界を
開拓しております

エレクトロニクスの
沖電気
沖電気工業株式会社

1970年1月1日　記事
木村知事も登場し、「70年代の夜明け」「未来をになう原子の火」等、全県挙げての原発推進・祝賀ムードが感じられる。この頃はまだ「民友新聞」の名称だった。下は沖電気の5段広告。

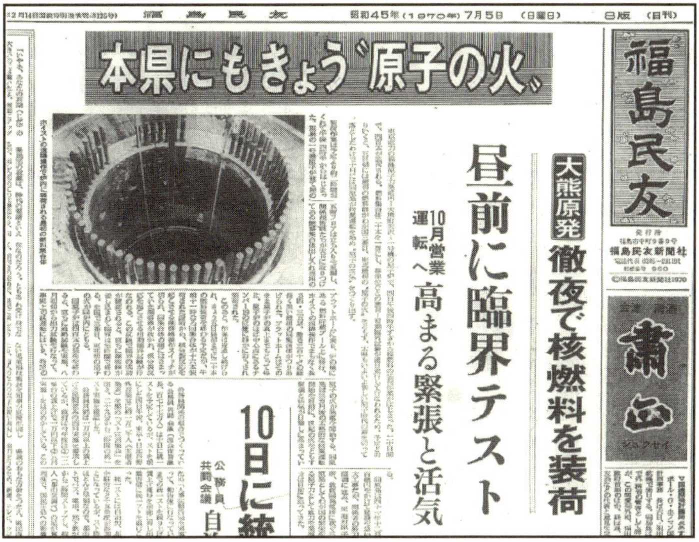
福島民友　昭和45年（1970年）7月5日（日曜日）

本県にもきょう"原子の火"

大熊原発　徹夜で核燃料を装荷

昼前に臨界テスト

10月営業運転へ　高まる緊張と活気

1970年7月5日　記事

一面トップで臨界テストを伝えている。「大熊原発」と表記されており、「福島第一原発」という呼称がまだ定まっていなかったことを示している。もし大熊原発という名称のままであれば、事故により「フクシマ」という呼称が拡散することもなく、国内はもとより世界的にもだいぶ印象が違っていたのではないだろうか。

(7) 福島民友 昭和45年(1970年)10月8日 (木曜日)

生れ変わる相双

脚光あびるオラが町

分配所得も一挙に上位

不安と安全性

災害の心配はない

四段階のコンクリート壁

発電のしくみ

燃料に原子ウラン

なぜ必要か

電力不足の"救世主"

安い費用も大きな魅力

1970年10月8日　記事

「生まれ変わる相双」として、分配所得額が前年の県内23位から4位に急上昇、今後は原発関係だけでなく弱電関係の工場も次々進出するから、所得はまだまだ増加するとある。また、原発冷却用水の利用による野菜・山菜の温室栽培、養殖漁業などが展開される、とする一方で、「災害の心配はない」と楽観的記述に終始する。「相双」は相馬地域と双葉地域をさす。

「四段階のコンクリート壁があり（中略）どんな事故がおこっても原子炉から放射性物質が外へ出る心配はなく、原子力発電所の従業員や、付近に住んでいる人たちに放射線災害をおよぼすようなことはない」とある。

ふくしま一直線

原発

動き出した福島基地

21世紀への回転音

1971年1月1日　記事

「原発　動き出した福島基地」との勇壮なタイトル、「町が生まれ変わった」「県勢発展のシンボル」と原発を持ち上げている姿勢には、原発への批判や事故への警戒感は微塵も感じられない。

社説　東北地方初の原発始動に思う

きのうから営業運転にはいった一号機

1971年3月27日　社説

「（中略）純技術的にいって現時点では石油より安全性の高いという原子力だが、それにつけても安全対策には慎重の上にも慎重を期してもらいたい。東電福島原発の建設工事に従事するものの80%までが地元の兼業農家であり、来年度はその労賃だけでも三億円以上が地元をうるおそうという。“チベット”といわれる双葉地方の所得や民生向上のうえに、直接間接を問わず今後期待される面もあり得よう」

大事であるはずの安全面に関しては「石油より原子力の安全性が高い」という意味不明の記述のみ、大部分は経済的恩恵を歓迎する文章。

福島民友

未来をひらく〝第三の火〟

福島原発 力強く始動

GENERAL ELECTRIC

PRIME CONTRACTOR

当社は東京電力福島原子力発電所のプロジェクトを一括受け請い、その設計・施工・管理を担当しました。

ゼネラル エレクトリック テクニカル サービセス カンパニー

C.C. THIESEN
シーシー・ティーセン

J.F. HANSJERGEN
ジェーエフ・ハンスジャーゲン

1971年3月29日　原発特集　紙面
第一原発を施工した日立、東芝、ＧＥが揃って広告出稿。
広告は下の５段のみだが、全面広告のように見える。

エネルギー革新時代を
総合技術で開く〈日立〉
日立原子力発電設備
HITACHI

またここにも未来のいぶきが…(活躍する東芝の技術)
東京芝浦電気株式会社
東芝

1971年3月29日　日立原子力発電設備　半5段
1971年3月29日　東芝　半5段

電力需要激増に備えてすすむ
東電福島原子力発電所の建設

やがて発電の主流
原子力 昭和75年には69%
ただいま好調運転中

見学者でにぎわう
サービスホール

新しい装備と定期検査で安全に

1973年1月1日　記事
まるで広告のような紙面だが、れっきとした記事。昭和75年（西暦2000年）には電力の69%が原子力になるという珍説にはびっくりだが、このころはまじめにそういう予想があったのだろう。また、「ただいま好調運転中」というまるで電力会社の広報のような見出しにも唖然とさせられる。

これからの電気はどうなるか

原子力が未来の支え

アメリカの石油政策転換で

天然資源は先細り

近づくエネルギー不足時代

安全管理十分に

放射能はもれない

アメリカのエネルギー消費と資源

放射能は自然界にも

念には念入れる原発

1973年3月25日　記事

「原子力が未来の支え」とし、「放射能はもれない」、「住民に被害及ぼさぬ」との見出しに加え、本文でも「もしECCS（緊急炉心冷却装置）の働きが悪くて一部の燃料が溶けたとしよう。その時でも格納容器が原子炉や機器をすっぽりと覆っていて、放射能が外部へ出るのを防いでくれる」と記述。まるで大本営発表のように電力会社の代弁をする姿勢には、いくら昔の文章とはいえ驚愕させられる。

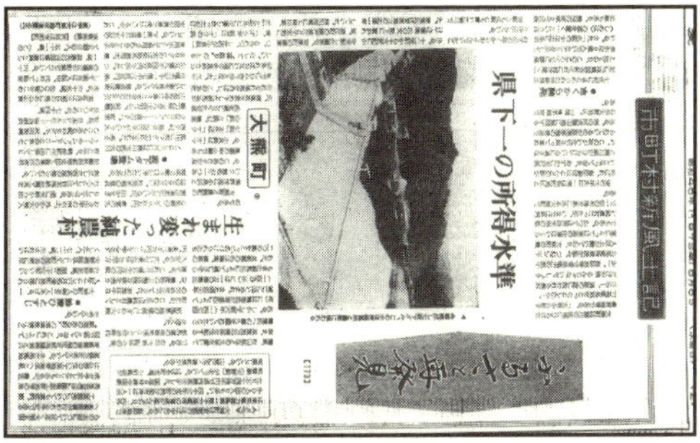
市町村新風土記
ふるさと再発見
県下一の所得水準
大熊町
生まれ変った純農村

市町村新風土記
ふるさと再発見
なくなった出稼ぎ
大熊町
原発でうるおう財政

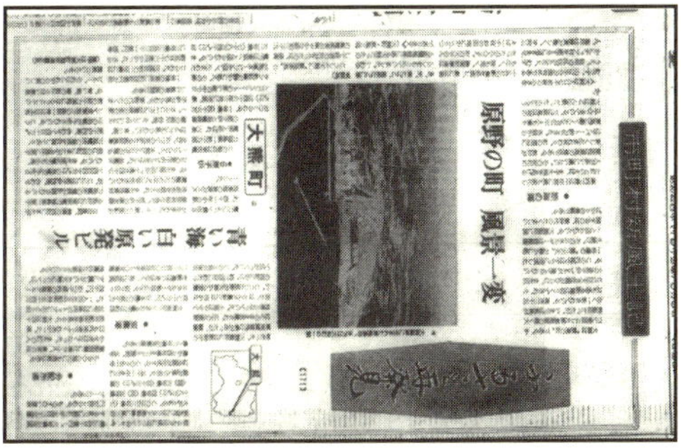
市町村新風土記
ふるさと再発見
原野の町 風景一変
大熊町
青い海 白い原発ビル

1973年8月5日～　連載記事

原発ができる以前の大熊町がいかに過疎の町だったかを詳しく紹介、その後原発のおかげで財政がうるおい、住民の平均所得も県内で一位になったと解説。原発はいいことずくめと言うのみで、安全面の問題やその将来への考察は全く見られない。

この海は、かけがえのない母。
かけがえのない自然
かけがえのない郷土
必要な電力づくりといえども
汚すことは許されない
万全の体制できれいな
電力づくりを目指します
きれいな自然を きれいなままに
東北電力
東京電力

1973年8月31日　東北電・東電　15段
東北電・東電による初めての全面広告。「かけがえのない自然　かけがえのない郷土」「万全の体制できれいな電力づくりを目指します」という、歯の浮くようなコピーが並んでいる。

われら日本家族。みんなで未来の
エネルギーをもう一度考えよう!
石油に支えられている日本の電気
石油輸入量の減少と石油価格の値上り
今こそ新しいエネルギー対策が必要な時です
東北電力
東京電力

「新しいエネルギーを求めて」
新春を迎えた相双地区。
くらしにかかせない
電力エネルギーの開発に
皆様の深いご理解とご協力を
お願いいたします。
東北電力
原子力発電所建設候補地(浪江・小高地点)

1974年1月1日　東北電・東電　10段
1974年1月3日　東北電　5段

福島原発

日本の未来支える エネルギー基地

二号機が営業運転 78万KW

発電規模、わが国で最大

スポット

TOSHIBA

安全で環境に調和した
原子力発電所

東芝原子力発電プラント

GENERAL ELECTRIC

祝 東京電力福島第一原子力発電所２号機営業開始

PROGRESS(進歩)がG. E. 社の最も重要な
PRODUCT(製品)です.

ゼネラル エレクトリック テクニカル サービセス カンパニー

1974年7月24日　福島第一原発２号機運転開始告知　紙面
記事は上８段部分、下７段が広告だが、全面広告のように見える。

原発　その周辺

【1】

安全性

燃料は「多重防護」

放射能漏れ　心配ない

整備計画

道路や水道造り

電源立地交付金　開発プラン

電源三法

立地促進を図る

協力市町村に　交付金配布

豊かな町づくり

町民の生活向上

多額な固定資産税　町財政に潤い

1975年3月20日～　「原発　その周辺」シリーズ記事　全9回
次ページ「原発を見直す」シリーズと内容が似ている。見出しだけを見ても、安全や経済的思惑ばかりを強調している。

温排水の利用

漁業振興に役立てる

海の生活環境にも害ない

より確かな道を

"暴走"しても心配ない

原子炉の安全実験進む

原発を見直す ②

放射線を多重防護

ケタ違いの対策、規制

安全対策の基本

安全設計の原子炉

集中化しても問題ない

内田東大教授に聞く

あすへの合意

"低開発地帯"から脱出

安全問題では県も配慮

安全性の追求

県庁周辺にも放射線

少量なら影響全くない

1975年11月24日～　「原発を見直す」シリーズ記事　全10回
前ページの「原発　その周辺」から半年後だが、ただひたすら「安全」を繰り返す。一体何を「見直」していたのか。

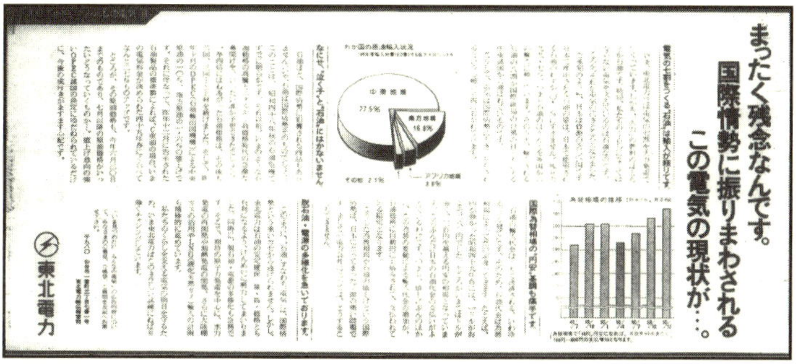
まったく残念なんです。
国際情勢に振りまわされる
この電気の現状が…。
東北電力

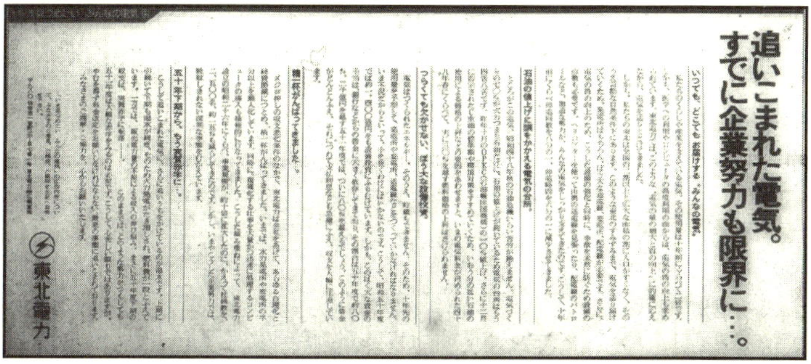
追いこまれた電気。
すでに企業努力も限界に…。
東北電力

1976年1月11日・2月8日　「いま見つめたい　みんなの電気」全13回シリーズ　東北電　各5段
シリーズで石油に頼る電気の現状を解説し、最終回で「もう原発しかない」という結論に至るロジック。

エネルギーと生活 ＞3＜

原発が生まれて…

潤う大熊町の財政

町民の分配所得、県一

エネルギーと生活 ＞6＜

安全を基調に…

繰返し厳しい検査

"万一"に備え最大

エネルギーと生活 ＞4＜

電源地帯と開発…

400億円の公共投資

電源三法で特別交付金

エネルギーと生活 ＞7＜

安全を求めて…

何重もの装置、防壁

課題にたゆみな

1976年3月16日～27日　「エネルギーと生活」シリーズ記事　全10回

原発立地による安全不安も紹介しつつ、財政面の恩恵を強調、事故対策も万全という見出しが連綿と続く。

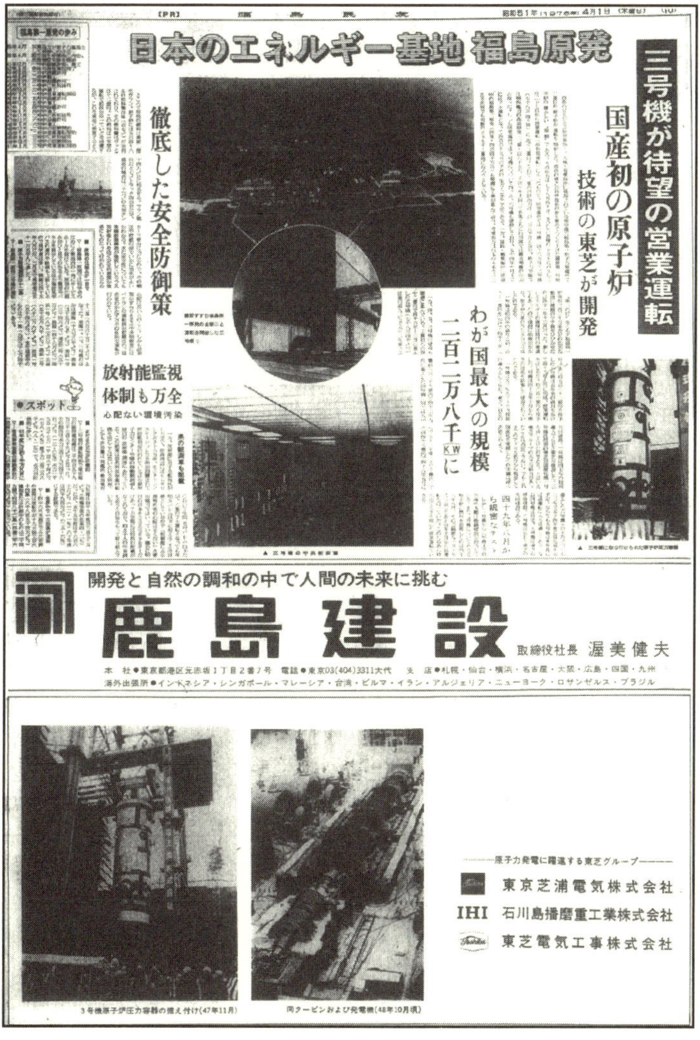
【PR】
日本のエネルギー基地 福島原発
三号機が待望の営業運転
国産初の原子炉
技術の東芝が開発
わが国最大の規模
二百二万八千KWに
徹底した安全防御策
放射能監視体制も万全
心配ない環境汚染
●スポット
開発と自然の調和の中で人間の未来に挑む
鹿島建設
取締役社長 渥美健夫
本 社●東京都港区元赤坂1丁目2番7号 電話●東京03(404)3311大代 支 店●札幌・仙台・横浜・名古屋・大阪・広島・四国・九州
海外出張所●インドネシア・シンガポール・マレーシア・台湾・ビルマ・イラン・アルジェリア・ニューヨーク・ロサンゼルス・ブラジル
3号機原子炉圧力容器の据え付け(47年11月)
同タービンおよび発電機(48年10月頃)
原子力発電に躍進する東芝グループ
東京芝浦電気株式会社
IHI 石川島播磨重工業株式会社
東芝電気工事株式会社

1976年4月1日　連合広告　15段
欄外に「ＰＲ」の文字が見える、おそらく民友初の記事風全面広告。

1976年10月26日　「原子力の日」（民報同日掲載）　科学技術庁　7段

昭和53年（1978年）3月15日（水曜日）

原発の事故 まずあり得ぬ

放射能と私たちの生活

大事故の確率

20万年に1回の計算
イン石に当たるのと同じ

放射線の影響

ツユクサの突然変異問題
人と相関関係ない

ガンとの関連

排気ガスやたばこ
放射能より怖い

1978年3月15日　「放射能と私たちの生活」　記事
司会は民友編集主幹、対談者は東北大学教授、科学技術庁の事務所長、原子力センター所長。民友の座談には反対派が登場しない。「大事故の確率は20万年に1回の計算」とあるが、実際はどうだったか。

日本の未来を支える福島の原子力

5号機が運転を開始

わが国最大の規模

四基で二八一万KWに

福島第一原発の歩み

さらに厳しいチェック対策

地域振興へ大きく貢献

はかりしれない"経済効果"

お祝いの言葉

開発と自然の調和の中で人間の未来に挑む

鹿島建設

取締役社長 石川六郎

安全で環境に調和した原子力発電所

5号機原子炉圧力容器

5号機タービンおよび発電機

原子力発電に躍進する東芝グループ

東京芝浦電気株式会社

IHI 石川島播磨重工業株式会社

東芝電気工事株式会社

1978年5月2日　福島第一原発5号機運転開始告知

施工各社　全面広告　15段

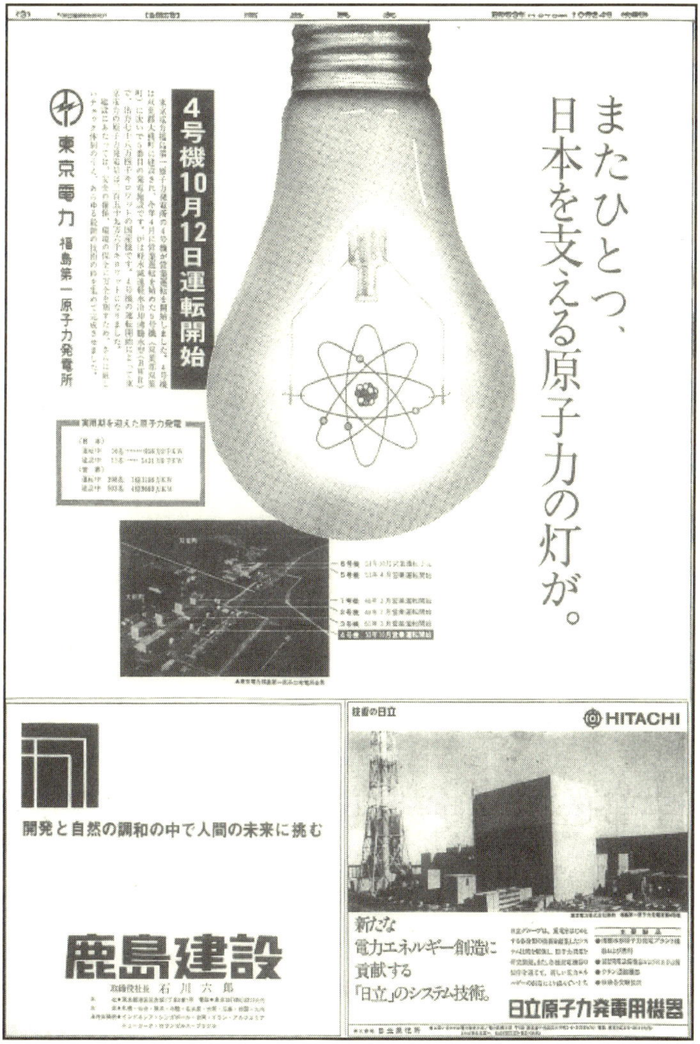
またひとつ、日本を支える原子力の灯が。
4号機10月12日運転開始
東京電力 福島第一原子力発電所
開発と自然の調和の中で人間の未来に挑む
鹿島建設
取締役社長 石川六郎
技術の日立
HITACHI
新たな電力エネルギー創造に貢献する「日立」のシステム技術。
日立原子力発電用機器

1978 年 10 月 24 日　福島第一原発 4 号機運転開始告知　東電・鹿島建設・日立　全面広告　15 段

1979年11月4日　福島第一原発6号機運転開始告知　東電・施工各社　15段

「ピカちゃん」というキャラクターのネーミングセンスにもびっくりさせられる。

住みよい地域づくりに貢献する電源立地

電力の安定供給をめざして

80年代のエネルギー問題を考える

発電所建設促進しよう

豊かなあすのために…

石油確保ますます困難に

代替エネルギーの主役は原子力

豊かになる町財政

公共施設もどんどん充実

最も効率よい燃料

東北電力(株)

浪江小高地点原子力準備事務所

原町火力準備事務所

人間の歴史は
エネルギー利用の歴史です。

1980年1月3日　東北電　15段

欄外に「全面広告」とある、記事風全面広告。東北電は浪江小高に原発を建設する計画があったため、積極的に出稿していた。

友　昭和55年(1980年)8月31日(日曜日)

すばらしい施設

交付金でうるおう原発の町

武道館も建設中

住民の生活環境向上へ

来年1月完成を目指し約1億円を投じ建設が進む武道館

ワイドレポート

1980年8月31日　記事

電源三法交付金で大熊町に武道館、プール、総合運動場、野球場、テニスコート、体育館が建ち、料金は格安。原発は「打ち出の小づち？」との見出しまである。まるで広告のようだ。

福島民友

第4本紙

豊かなあすへ躍動

活気みなぎる電源基地

脱石油めざして

ことしから本格的工事へ

（東京電力福島第二原子力建設所）

1981年1月1日　記事

「建設工事も、働く若者も躍動する東電福島第二原子力発電所」というキャプション入りの写真はまるで広告のようだ。「原子力発電所は（中略）安全確保と環境保全には十分な配慮がとられ、設計、建設、運転を通じて万全の対策がとられている」との記述も、電力会社のパンフレットからそのまま写してきたようである。

原子力の灯がともって10年。
今、エネルギー確保のため
安定運転を続けております。
福島第一原子力発電所サービスホールが新しくなりました
●原子力発電所のしくみや安全性が一目でわかります――
◁展示ホール
6号機▷54年10月営業運転開始(110万KW)
5号機▷53年4月営業運転開始(78.4万KW)
1号機▷46年3月営業運転開始(46万KW)
2号機▷49年7月営業運転開始(78.4万KW)
3号機▷51年3月営業運転開始(78.4万KW)
4号機▷53年10月営業運転開始(78.4万KW)
東京電力
福島第一原子力発電所

1981年3月24日　東電　15段
福島第一原発ありし日の勇姿を伝えている。

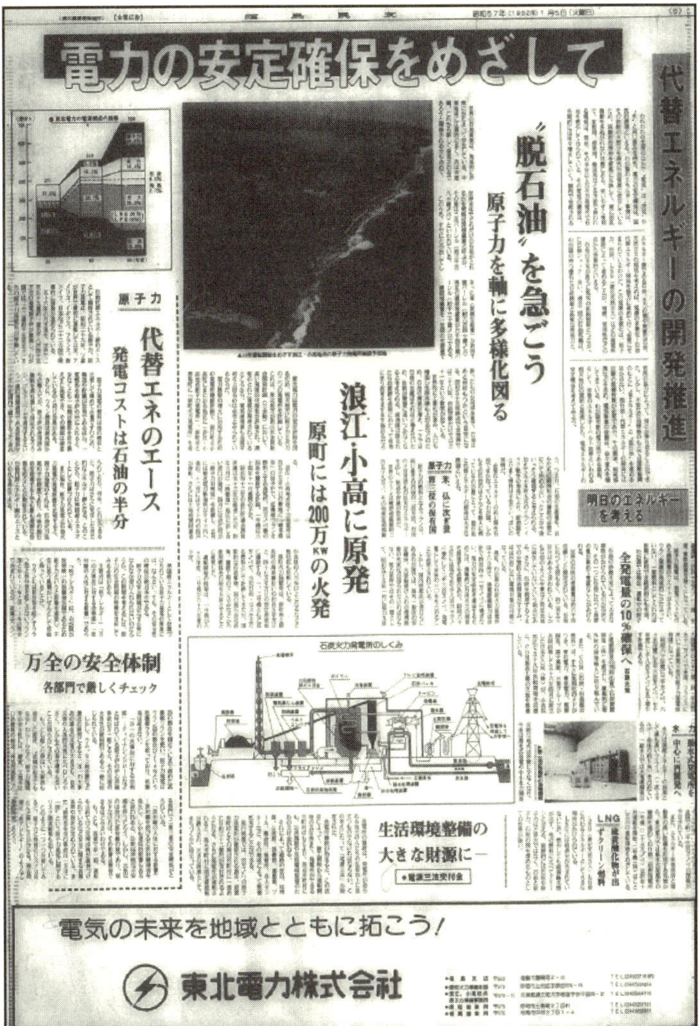

1982年1月5日　東北電　15段

記事なのか広告なのか非常に分かりにくい紙面。

東電福島第二原発 1号機が待望の営業運転

脱石油へ大きく前進

出力110万キロワット誇る
沸騰水型の軽水炉(BWR)

福島第2原発の歩み

東京電力
福島第二原子力発電所
福島第二原子力建設所

第一原発の実績生かし安全体制万全

地域開発の原動力
はかりしれぬ経済波及効果

お祝いのことば
楢葉町長 結城定重

祝・営業運転開始

私たちが東京電力(株)福島第二原子力発電所の1号機完成に協力いたしました。(順不同)

前田建設工業株式会社
株式会社間組
株式会社熊谷組
鹿島建設
東京芝浦電気株式会社
東芝プラント建設株式会社
宇徳運輸株式会社
石川島播磨重工業株式会社
関東電気工事株式会社
五洋建設 PENTA OCEAN CONSTRUCTION
株式会社東京電気工務所
東電工業株式会社
東電環境エンジニアリング株式会社
新日本空調株式会社
三菱重工業株式会社

1982年4月21日　福島第二原発運転開始告知　連合広告　15段
欄外にPR版とある。

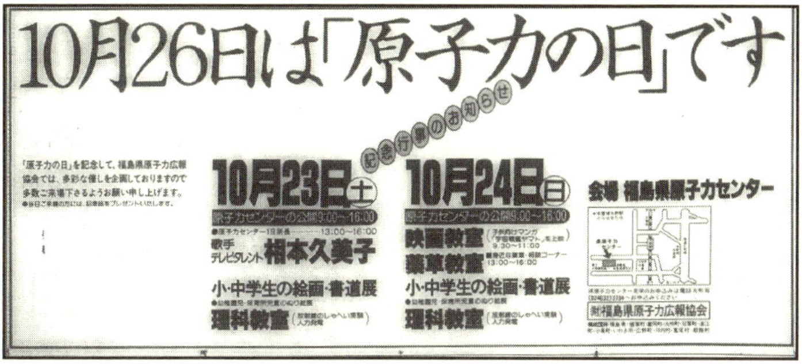
10月26日は「原子力の日」です
記念行事のお知らせ
「原子力の日」を記念して、福島県原子力広報協会では、多彩な催しを企画しておりますので多数ご来場下さるようお願い申し上げます。
10月23日(土)
原子力センター1日所長　13:00〜16:00
歌手 テレビタレント 柏本久美子
小・中学生の絵画・書道展
理科教室
10月24日(日)
映画教室
小・中学生の絵画・書道展
理科教室
会場 福島県原子力センター
財福島県原子力広報協会

食糧・エネルギー、その明日を考えたい。
福島原子力懇談会

1982年10月21日　5段　福島県原子力広報協会
1982年10月25日　5段　福島原子力懇談会
電力会社以外にも、さまざまな広告主があった。どちらの団体も原発事故後に解散している。

福島民友
1986 あけまして　おめでとう ございます
私たちは、この地に生まれ、
原子力と一緒に育ってまいりました。
浜通りの原子力発電も、
今年で十五歳の春を迎え、
この間、百万人近くの方々が
ご見学に訪れました。
いま、
わが国では、四軒に一軒の割合で
原子力の電気が使われているのです。
今年も皆様のおいでを、
心からお待ちいたしております。
東京電力

1986 年 1 月 1 日　東電　10 段

「私たちは、この地に生まれ、原子力と一緒に育って参りました。浜通りの原子力発電も今年で十五歳の春を迎え、この間、百万人近くの方々がご見学に訪れました」写真は和装の PR センターコンパニオン。「原子力と一緒に育つ」という表現が不気味。

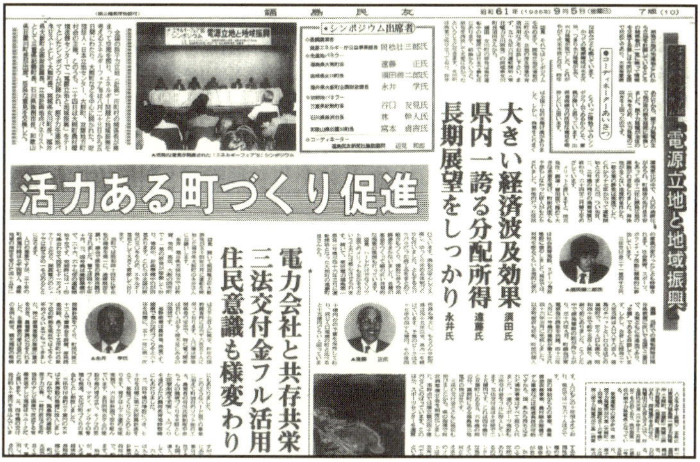
福島民友　昭和61年（1986年）9月5日

電源立地と地域振興

大きい経済波及効果　須田氏

県内一誇る分配所得　遠藤氏

長期展望をしっかり　永井氏

活力ある町づくり促進

電力会社と共存共栄

三法交付金フル活用

住民意識も様変わり

●シンポジウム出席者

1986年９月５日　電源立地と地域振興シンポジウム報告

出席者

基調講演者：資源エネ庁事業部長

先進地パネラー：大熊町長、女川町長、大飯町企画課長

初期地パネラー：三重県紀勢町長、石川県珠洲市長、和歌山県日置川町長

コーディネーター：福島民友論説顧問

原発立地町を「先進地」、誘致予定地を「初期地」と呼ぶセンスもすごいが、チェルノブイリ事故（1986年4月26日）後にもかかわらず、原発を推進していこうというシンポジウムを開く無神経さに驚く。語られるのは金のことばかりというのも異様。

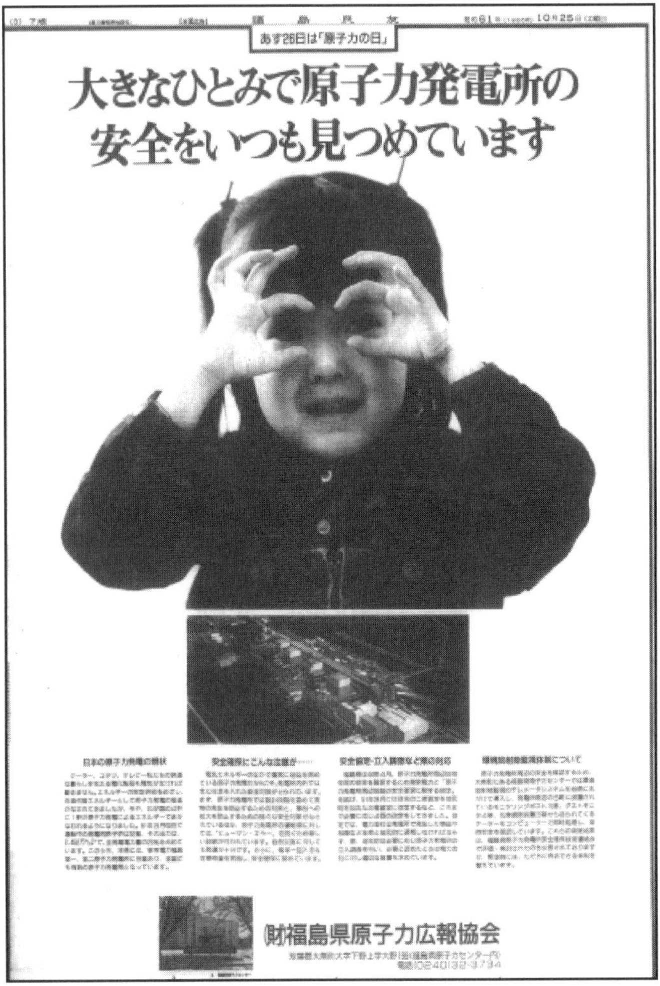
あす26日は「原子力の日」
大きなひとみで原子力発電所の
安全をいつも見つめています
(財)福島県原子力広報協会

1986年10月25日　福島県原子力広報協会　15段
同協会でも珍しい15段広告。恐らくはチェルノブイリ原発事故に対する危機感からの出稿と思われる。3.11の時、彼らは何をしていたのだろうか。

福島民友 昭和61年(1986年)12月9日(火曜日) 7版 (16)

●この目で確かめました……

浜通りのエネルギー地帯

民友カルチュア教室

社会科見学感想文

不安解消…万全の監視体制

●いまや、4軒に1軒が"原子力の灯"

●原子力発電の安全性を再認識

●目を見張る鋼鉄製の格納容器

●原子力センターの活躍に期待

東京電力株式会社

原子力 知恵と理解で育む未来

(財)福島県原子力広報協会

1986年12月9日　東電・福島県原子力広報協会　10段
「民友カルチュア教室・社会科見学感想文」と題し、45人の女性読者に福島第一・第二原発と原子力センターの3ヶ所を見学させ、その感想を掲載。完全なパブ記事（記事風広告）になっている。

この美しい自然をいつまでも
広野火力発電所の構内
第15回 環境週間
6月5日～11日
浜通りにある東京電力の３つの発電所ではみどりの発電所づくりを進めてまいりました。
海を埋立てた敷地に植えた松・タブノキ・トベラ・シャリンバイ等の木がこんなに大きく育ち、立派な林になりました。
クリーンエネルギー電気
東京電力
福島第一原子力発電所
福島第二原子力発電所
広野火力発電所

1987年6月5日　東電　5段
そして「美しい自然」はどうなったか？

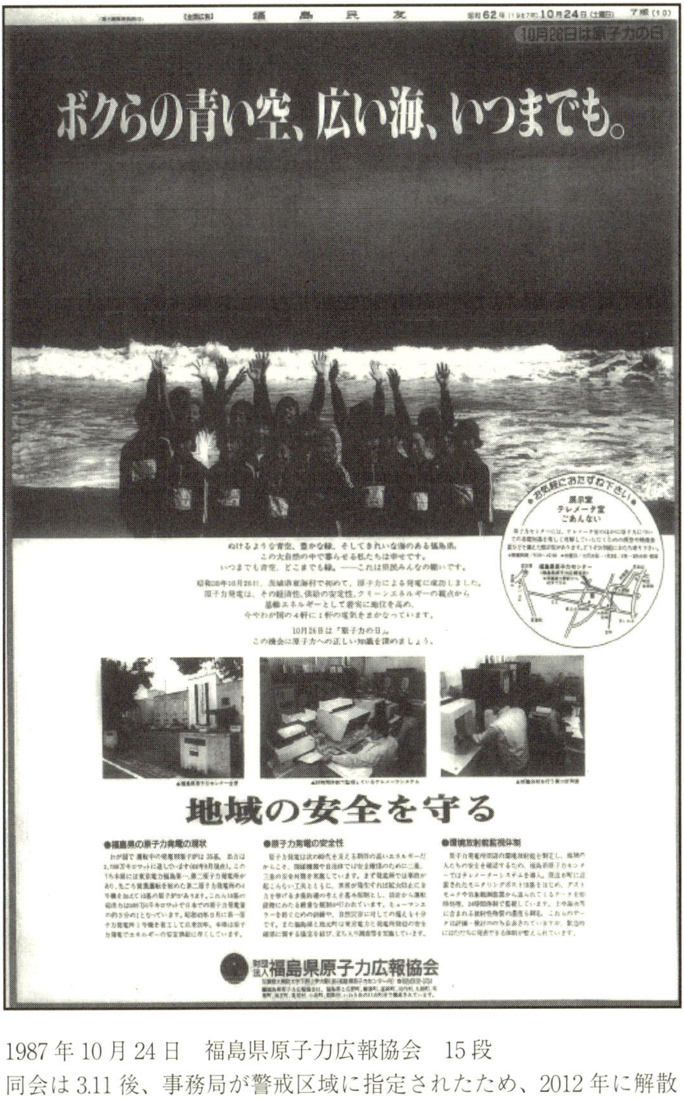
福島民友
10月26日は原子力の日
ボクらの青い空、広い海、いつまでも。
10月26日は「原子力の日」。
地域の安全を守る
●原子力発電の安全性
福島県原子力広報協会

1987年10月24日　福島県原子力広報協会　15段
同会は3.11後、事務局が警戒区域に指定されたため、2012年に解散した。

毎回、テレ美ちゃん家族が原子力について学んでいきます。今回は自然がいっぱい!!
テレ美ちゃん家族の
原子力なるほど日記
④おじいちゃんに会うの巻
今日はおじいちゃんの家に遊びに来ました
自然がいっぱいで、とてもいい所だよね
あっ!! あそこにおじいちゃんが
お〜、来たな
おじいちゃ〜ん
なぜ、牛乳を飲むとき片方の手は腰に当ててるんだろう
私たちの身近な食べものにも放射性物質が存在しているの。例えばジャガイモや牛乳にも、カリウム40やセシウム137など、ごく微量の放射性物質が含まれているのよ。
福島県は原子力発電所周辺地域の安全のために
農畜産物の放射能を測定しています。
平成20年度7月から9月の測定結果はこれまでと同程度のレベルでした。
原子力発電所からの影響は認められませんでした。
知ってる?
放射線とは、エックス線・ガンマ線などの電磁波とアルファ線・ベータ線・中性子線などの粒子線の総称です。一口に放射線といっても、いろいろな種類があり、性質もさまざまです。
[Gy] グレイ(Gray)
(財)福島県原子力広報協会
TEL.0240-32-3734
HP アトムふくしま
福島県原子力センター

2009年2月22日　福島県原子力広報協会　5段（民報同時掲載）
テレ美ちゃん家族の「原子力なるほど日記」第4回。自然界に存在するわずかな放射線と原発の放射線を混同させる手法は2000年代に多用された。また、その表現手段として漫画を使って若年層に読ませようとするパターンは90年代から頻繁に見られるようになった。

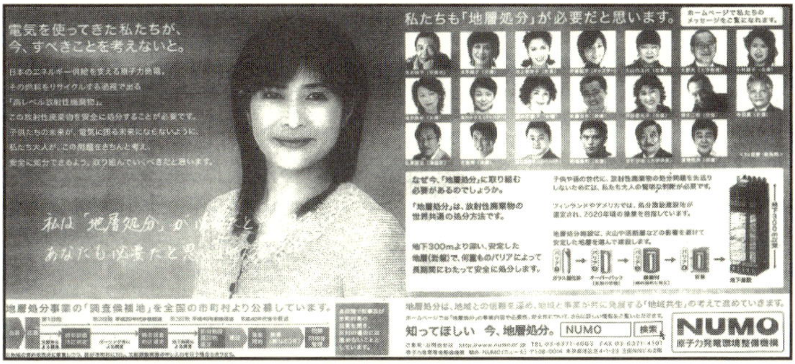

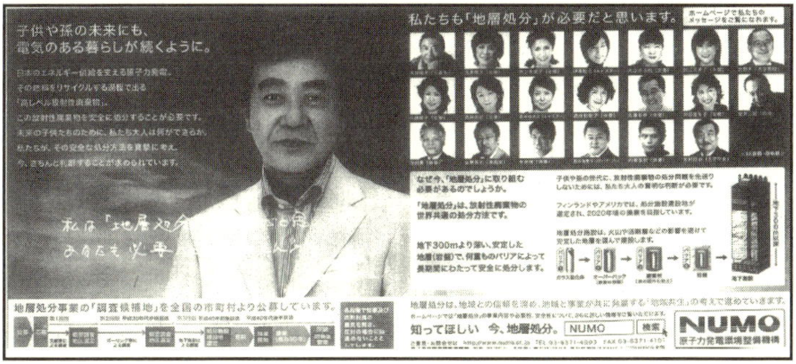

2009年3月14・24日　NUMO（原子力発電環境整備機構）　5段（民報同時掲載）
「電気を使ってきた私たちが、今、すべきことを考えないと」
「子供や孫の未来にも、電気のある暮らしが続くように」
タレントの岡江久美子氏と俳優の渡瀬恒彦氏のこの広告は、全国紙や雑誌にも掲載、CMも放映されていた。

あなたも、新潟県の原子力発電所を見学しませんか!
参加費無料
第1回
原子力研修会参加者募集
募集期間◎平成21年7月3日(金)まで
(財)福島県原子力広報協会
TEL.0240-32-3734

あなたも、地元福島県の原子力発電所を見学しませんか!
参加費無料
第2回
原子力研修会参加者募集
募集期間◎平成21年8月21日(金)まで
(財)福島県原子力広報協会
TEL.0240-32-3734

2009年5月31日・8月2日　福島県原子力広報協会　3段

この財団法人は福島県11市町村で構成。参加費無料であり、40名分の一泊二日の飲食費用も全て協会負担。もちろん、こうした協会は電力会社からの多額の寄付で運営されていたので、実質はすべて電気料金だったことになる。3.11以前、この手の原子力施設見学は全国各地で頻繁に開催されており、食費・宿泊費・お土産までついて無料ということで大人気だった。

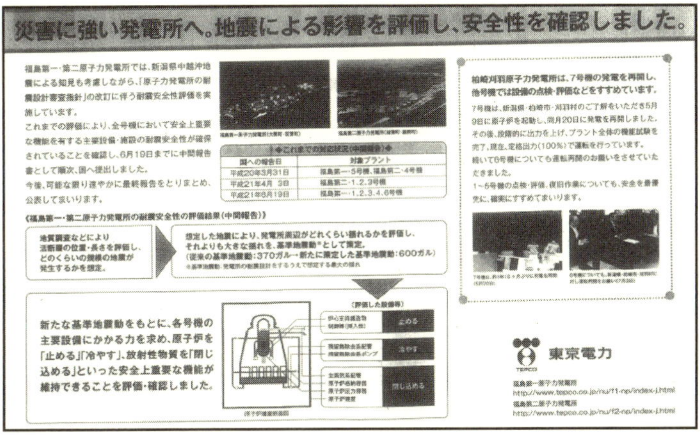

災害に強い発電所へ。地震による影響を評価し、安全性を確認しました。

福島第一・第二原子力発電所では、新潟県中越沖地震による知見も考慮しながら、「原子力発電所の耐震設計審査指針」の改訂に伴う耐震安全性評価を実施しています。
これまでの評価により、全号機において安全上重要な機能を有する主要設備・施設の耐震安全性が確保されていることを確認し、6月19日までに中間報告書として順次、国へ提出しました。
今後、可能な限り速やかに最終報告をとりまとめ、公表して参ります。

福島第一原子力発電所（大熊町・双葉町）

福島第二原子力発電所（楢葉町・富岡町）

◆これまでの対応状況（中間報告）◆

国への報告日	対象プラント
平成20年3月31日	福島第一・5号機、福島第二・4号機
平成21年4月 3日	福島第二・1、2、3号機
平成21年6月19日	福島第一・1、2、3、4、6号機

《福島第一・第二原子力発電所の耐震安全性の評価結果（中間報告）》

地質調査などにより活断層の位置・長さを評価し、どのくらいの規模の地震が発生するかを想定。

想定した地震により、発電所周辺がどれくらい揺れるかを評価し、それよりも大きな揺れを、基準地震動※として策定。
（従来の基準地震動：370ガル→新たに策定した基準地震動：600ガル）
※基準地震動：発電所の耐震設計をするうえで想定する最大の揺れ

新たな基準地震動をもとに、各号機の主要設備にかかる力を求め、原子炉を「止める」「冷やす」、放射性物質を「閉じ込める」といった安全上重要な機能が維持できることを評価・確認しました。

〔評価した設備等〕
炉心支持構造物
制御棒（挿入性）
止める
残留熱除去系配管
残留熱除去系ポンプ
冷やす
主蒸気系配管
原子炉格納容器
原子炉圧力容器
原子炉建屋
閉じ込める

原子炉建屋断面図

柏崎刈羽原子力発電所は、7号機の発電を再開し、他号機では設備の点検・評価などをすすめています。
7号機は、新潟県・柏崎市・刈羽村のご了解をいただき5月9日に原子炉を起動し、同月20日に発電を再開しました。その後、段階的に出力を上げ、プラント全体の機能試験を完了、現在、定格出力（100%）で運転を行っています。
続いて6号機についても運転再開のお願いをさせていただきました。
1～5号機の点検・評価、復旧作業についても、安全を最優先に、確実にすすめてまいります。

東京電力

福島第一原子力発電所
http://www.tepco.co.jp/nu/f1-np/index-j.html
福島第二原子力発電所
http://www.tepco.co.jp/nu/f2-np/index-j.html

2009年7月18日　東電　7段（民報同日掲載）

新潟県中越沖地震を受けて耐震性評価を実施したとあるが、3.11の事故を防ぐことはできなかった。本文中に「基準となる地震動を370ガルから600ガルに修正した」とあるが、地震発生時のこの地域の最大値は550ガルなのに、全く対処できなかった。自然の猛威に対しては、机上の想定がいかに無力かをさらけ出した。

もう、目をそらす訳にはいかない現実があります。
約3割
家庭から「ゴミ」が出るように、原子力発電からも、「廃棄物」が出ます。
約40年。
今、この瞬間も、
まだ処分場がありません。
フィンランドとスウェーデンは、すでに
日本では、まだ、
あなたはどう考えますか？「電気の廃棄物」問題
「地層処分」で、解決に取り組む。
NUMO
原子力発電環境整備機構

2009 年 10 月 17 日　NUMO　15 段
他の地方紙、全国紙などでも繰り返し掲載された。

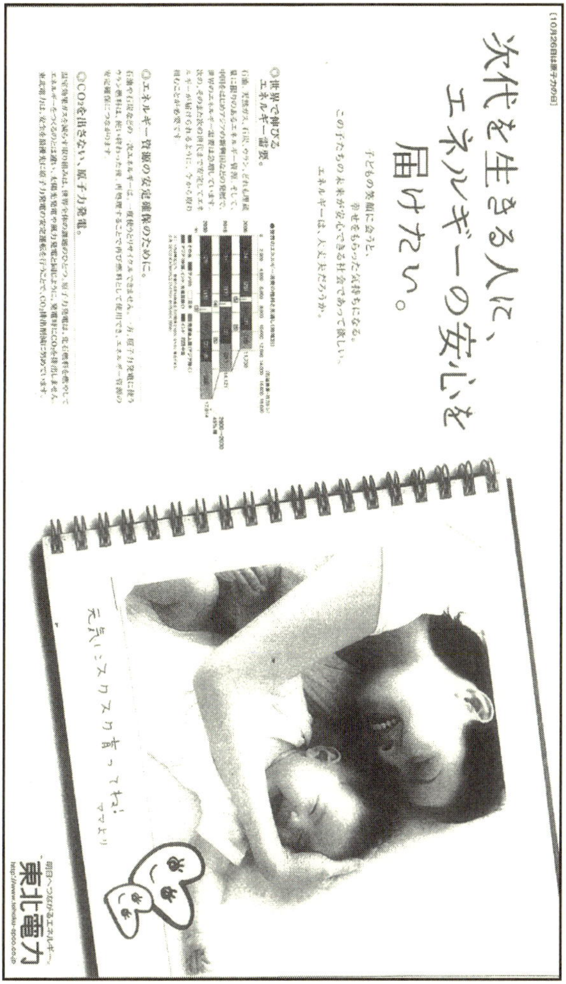
【10月26日は原子力の日】
次代を生きる人に、エネルギーの安心を届けたい。
子どもの笑顔に会うと、幸せをもらった気持ちになる。
この子たちの未来が安心できる社会であって欲しい。
エネルギーは、大丈夫だろうか。
◎世界で伸びるエネルギー需要。
◎エネルギー資源の安定確保のために。
◎CO2を出さない、原子力発電。
元気にスクスク育ってね！
ママより
明日へつなげるエネルギー
東北電力

2009年10月24日　東北電　7段（民報にも掲載）

エネルギーの安定供給のためには、リサイクルのきく原発が必要。さらに原発は発電時にCO_2を出さない、というロジックを、赤ん坊と母親という写真と共に見せるあざとさは原発広告の真骨頂。

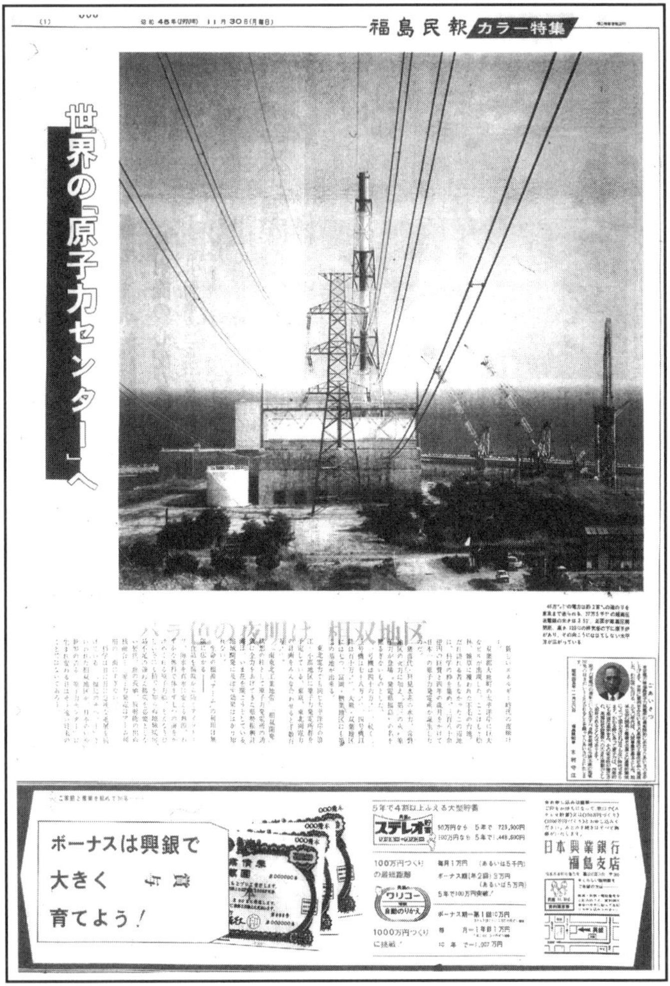
昭和45年(1970年)11月30日(月曜日)

福島民報 カラー特集

世界の「原子力センター」へ

バラ色の夜明け 相双地区

福島民報　昭和45年(1970年) 11月30日(月曜日)　(4)

未来都市づくりの時代にはいる

明るく活気に満ちた町に

科学と自然との調和いつまでも

原発に期待する

鹿島建設株式会社

株式會社熊谷組

株式会社間組

前田建設工業株式会社

五洋建設株式会社

技術が生かす電気設備

電気工事の総合企業

関東電気工事

1970年11月30日　紙面　見開き30段
次の見開きと合わせて4面にわたる原発完成記念特集。「バラ色の夜明け　相双地区」、「原発に期待する」と題して立地地区の人々の期待が込められている。

民　　報　　昭和46年(1971年)11月30日(月曜日)　(3)

“安全”へきびしい目

放射能の心配ない
技術進み二重、三重の装置

くさらない魚、野菜
はかり知れない利用法
海水の真水化や地域暖房も

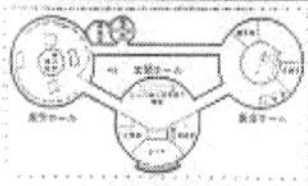

理解深める模型原子炉
建て物は核分裂を図

4次元へ飛び出すフィーリングマシン　新発売
FM
TOSHIBA IC RADIO
NEW IC 70
東芝
Toshiba

太平洋を背に
巨大なビル
一号機いよいよ始動
まさに怪物タコ坊主
電気使用量、ふえる一方
発電機の仕組み
燃料にウラン使う
核分裂で巨大な熱
身近になった原子力
水力・火力は伸びなやむ
AMBIOPHONIC
再現
アンビオフォニックシステムがあなたのお部屋を新しい音響空間に変える
アンビオフォニック効果をさらに高める音響技術
技術の日立
新発売
日立ステレオ
ボウリングセット
プレゼントセール
実施中!!
HITACHI Hi-Fi STEREO
CASTLE SERIES
日立家電販賣株式會社　日立クレジット株式會社

1970年11月30日　紙面　見開き30段
日立と東芝の家電広告が入っている。

政府広報
原子力　小さくても……
石油の二〇〇万倍の力もち　明日のエネルギーです
わたくしたちと原子力
&
科学技術庁
資源エネルギー庁

原子力発電所を自分の目で確めて下さい。
民報女性社会科教室
原子力発電所を見る
主催＝福島民報社

1975年9月6日　科学技術庁・資源エネ庁　5段
1975年10月11日　民報女性社会科教室「原子力発電所を見る」参加者募集告知

相双6町 原発地域の住民意識 福島民報社世論調査

信頼する…30％に

不安持つ 2年間で10％減

科学技術を重視

設備や防止協定も評価

強い"原爆"のイメージ

廃棄物処理はっきりしない

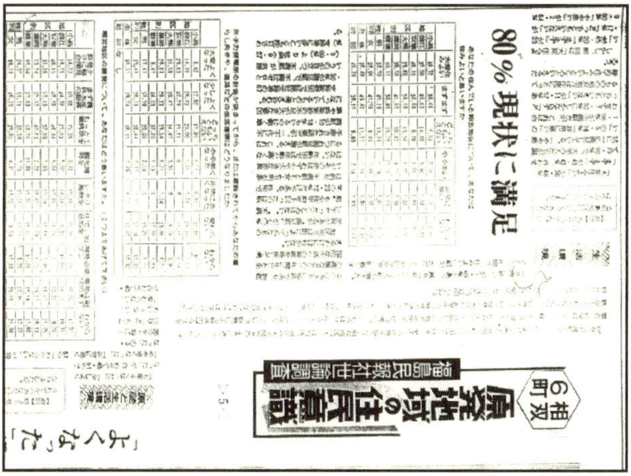

相双6町 原発地域の住民意識 福島民報社世論調査

80％現状に満足

「よくなった」

1975年10月25日～「相双6町　原発地域の住民意識　福島民報社世論調査」5回シリーズ記事

原発立地町での調査は画期的だった。未だ原発への信頼度は30％程度と高くはないが、生活には8割が満足と答え、特に大熊・双葉町では原発をテコにさらなる開発への期待が高かった。

見直そう原発の安全性 ▷5◁

保安部設け努力

住民への情報・PRを

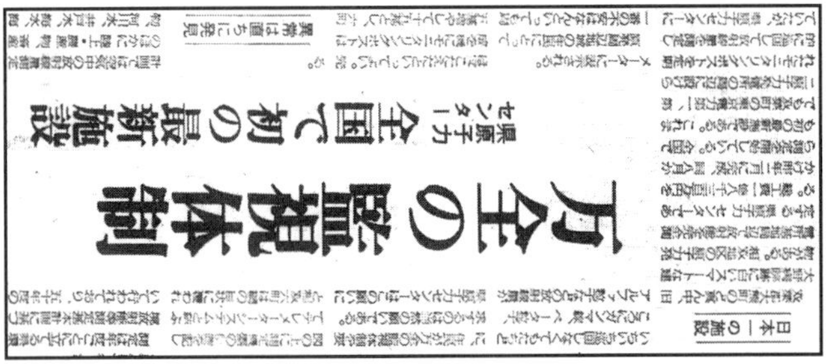
万全の監視体制

県原子力センター

全国で初の最新施設

日本一の施設

異常は直ちに発見

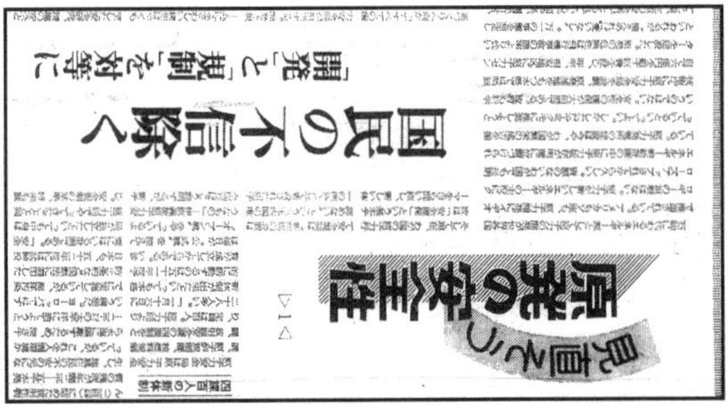
見直そう原発の安全性 ▷1◁

国民の不信解く

「開発」と「規制」を対等に

1976年3月17日～　「見直そう原発の安全性」6回シリーズ記事

1976年3月に掲載されたこのシリーズは、県や東電が原発の安全確保に向けて実施している様々な仕組みや組織を詳細に解説。今こうした記事を読めば読むほど、人間が万全と思い込んでも、自然の猛威の前には歯が立たないことを思い知らされる。

福島民報 昭和51年(1976年) 4月1日(木曜日)

【全面広告】

電力エネルギーの新時代 軌道に乗る原子力発電

東京電力福島第一原子力発電所 三号機待望の運転開始

東電初の国産原子炉 三基 最大の原発基地

原子力発電所の全景

新たなエネルギー3号機

地域の安全守り活躍 環境放射能を常時観測

県原子力センター

開発と自然の調和の中で人間の未来に挑む

鹿島建設

取締役社長 渥美健夫

本社●東京都港区元赤坂1丁目2番7号 電話●東京03(404)3311大代

支店●札幌・仙台・横浜・名古屋・大阪・広島・四国・九州

海外出張所●インドネシア・シンガポール・マレーシア・台湾・ビルマ イラン・アルジェリア・ニューヨーク・ロサンゼルス・ブラジル

3号機原子炉圧力容器の据え付け(47年11月)

同タービンおよび発電機(48年11月)

―原子力発電に躍進する東芝グループ―

東京芝浦電気株式会社

IHI 石川島播磨重工業株式会社

東芝電気工事株式会社

1976年4月1日　福島第一原発3号機運転開始祝い　連合広告　15段（民友も別内容掲載）

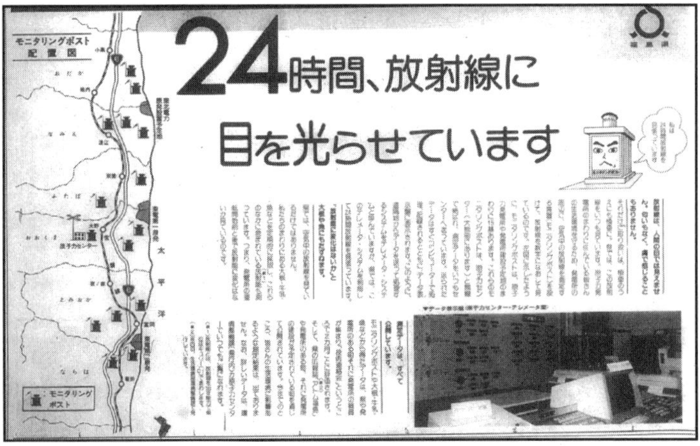

1977年4月10日　東電　5段
1977年6月23日　福島県　5段

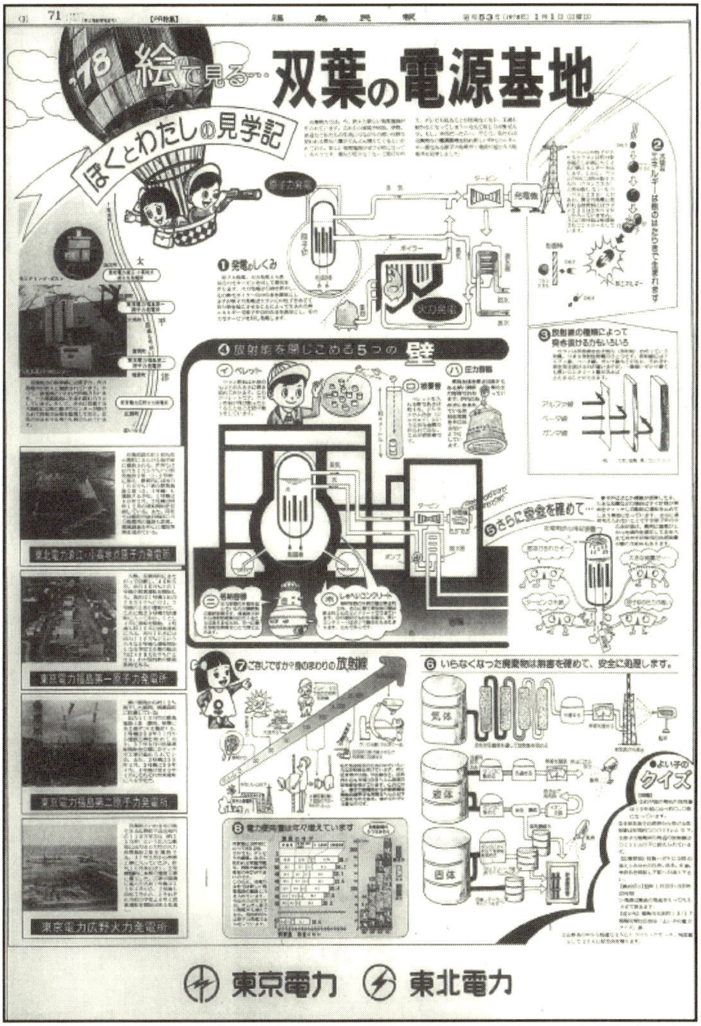

1978年1月1日　東電・東北電　15段
子供向けに優しく原発を解説。

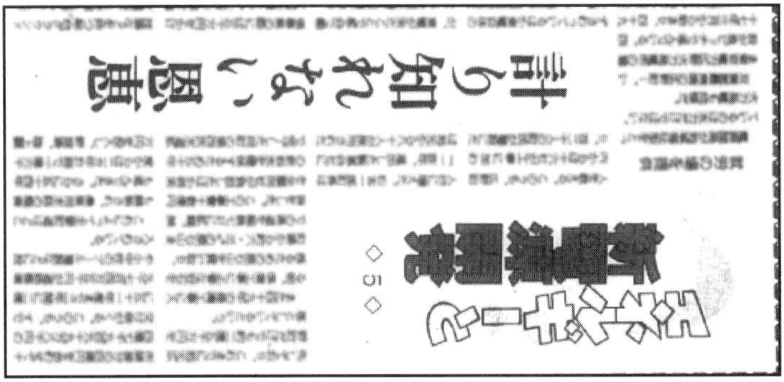

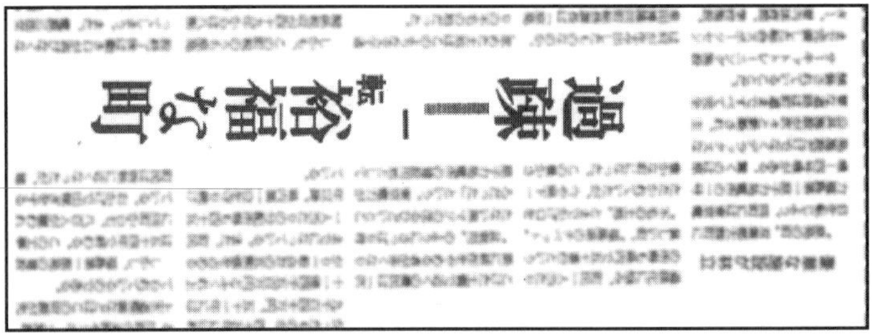

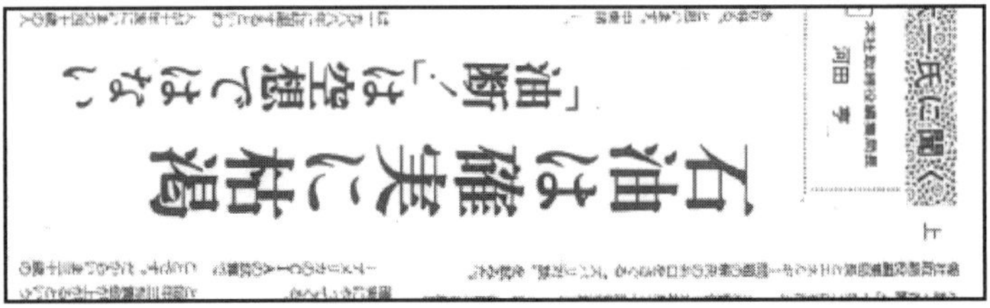

1978年2月25日～「エネルギーと新電源開発」8回シリーズ記事
原発や火力·水力を含めた電源開発が地元に与える経済的恩恵を強調。最終回は「油断!」の文字とともに作者の堺屋太一氏を登場させ、「石油はもうすぐ枯渇する」と煽ったが、実際はどうだったか。

福島民報
またひとつ
新しい灯が生まれました
53年4月18日
東京電力福島第一原子力発電所　5号機営業運転開始
祝・5号機運転開始
開発と自然の調和の中で人間の未来に挑む
鹿島建設
石川六郎
安全で環境に調和した原子力発電所
原子力発電に躍進する東芝グループ
東京芝浦電気株式会社
IHI 石川島播磨重工業株式会社
東芝電気工事株式会社

1978年5月2日　福島第一原発5号機運転開始祝い連合広告　15段

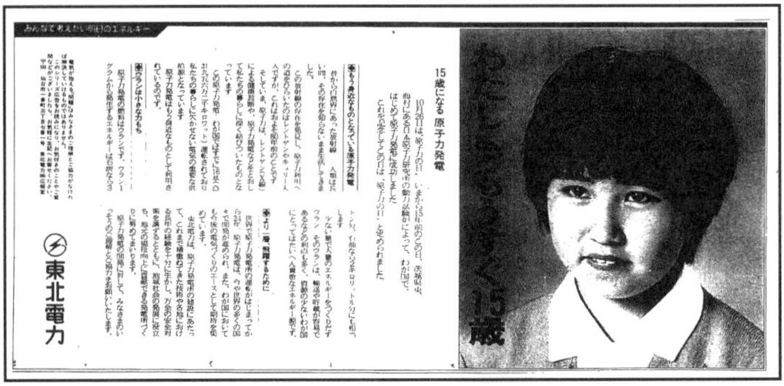

みんなで考えたい明日のエネルギー

わたしももうすぐ15歳

15歳になる 原子力発電

10月26日は"原子力の日"。いまから15年前のこの日、茨城県東海村にある日本原子力研究所の動力試験炉によって、わが国ではじめて原子力発電に成功しました。

これを記念してこの日は"原子力の日"と定められました。

◉もう身近なものとなっている原子力発電

昔から自然界にあった放射線。人類は長い間、その存在を知らないまま生活してきました。

この放射線の存在を発見し、原子力利用への道をひらいたのはレントゲンやキュリー夫人ですが、これはおよそ80年前のことです。

そしていま、原子力は、レントゲン（X線）による健康診断や、原子力発電などをとおして私たちの暮らしに深く結びついたものとなっています。

この原子力発電、わが国ではすでに16基（約九五六万二千キロワット）運転されており私たちの暮らしに欠かせない電気の重要な供給源となっています。

原子力発電はもう身近なものとして利用されているのです。

◉ウランは小さな力もち

原子力発電の燃料はウランです。ウラン1グラムから発生するエネルギーは石炭なら3トン分、石油なら2キロリットル分にも相当します。

少ない量で大量のエネルギーをつくりだすウラン。そのウランは、輸送や貯蔵が容易であるなどの利点も多く、資源の少ないわが国にとってはたいへん貴重なエネルギー源です。

◉より一層、飛躍するために

世界で原子力発電所の運転がはじまってから24年。原子力発電は、今や世界の多くの国々で開発が進められ、また、わが国においても今後の電気づくりのエースとして期待を集めています。

東北電力は、原子力発電所の建設にあたって、これまで積重ねてきた技術や各地における長年の経験を十分に生かし、万全の安全対策を講ずるとともに、地域社会の発展に役立ち、地元の福祉向上に貢献できる発電所づくりに努めてまいります。

原子力発電の開発に対して、みなさまのいっそうのご理解とご協力をお願いいたします。

電気が抱える問題はみなさまのご理解とご協力がなければ解決していけるものではありません。このシリーズ広告をお読みになり、お気付きのことやご質問などがございましたら、お気軽に左記へお寄せください。〒980 仙台市一番町三丁目七番一号 東北電力㈱広報室

東北電力

この子らの二〇年後

その時の社会を築いていくために

◉東北は大きな発展が期待されています。

いま、二一世紀にむかって、大きく飛躍しようとしている東北。

これまで東北は産業構造の高度化をめざした工業の導入や、わが国の食糧供給基地としての農林漁業の振興を基本方向に開発が進められ、発展してきました。

現在は、東北、上越両新幹線や高速自動車道を軸とした交通ネットワークの整備が進められています。さらに、国土の均衡ある発展をめざした定住構想を中心政策とする「第三次全国総合開発計画」が、具体化されようとしています。

広大な開発適地、豊富な水資源、豊かな労働力などの資源に恵まれている東北は、わが国全体の中でも特に、新たな発展の可能性をもつ地域として、大いに期待されているのです。

そうした期待を現実のものとするためには、東北に住んでいるわたしたち自身も創造性を発揮し、主体的に開発を進めていかなければなりません。

◉電気は東北の発展に欠かせません。

東北電力は、只見川における水力発電の開発以来、これまで一貫して東北開発の原動力となる電気の安定供給に努めてきました。

今後とも豊かな東北を築き、そして、それを支えていくためには、どうしてもエネルギーを欠かすことはできません。このエネルギーのなかでもとりわけ安全で便利な電気は、わたしたちの暮らしの向上や産業活動の活発化などに伴い、需要は増え続け、一〇年先には現在の約二倍になるものと予想されています。

ところが、発電所は、計画してから運転を開始するまでに火力で八年、原子力では一〇年以上という長い年月を必要としますので、五年先、一〇年先を見越して、いまからその準備をしていかなければならないのです。

◉次代のために。

わたしたちが、次の世代へ残していかなければならないもの、それは数多くあります。

美しい自然、調和ある社会、豊かな文化、そして、それを支えるエネルギー。

東北電力は、現在の厳しいエネルギー情勢のなかで電気の安定供給の確保という社会的使命を果たしながら、"豊かな東北"づくりに積極的に参画し、それを二一世紀につないでいくことが大きな役割であると考えています。

豊かな東北づくり、毎日の暮らしに欠かせないエネルギーとしての電気。この電気を安定して供給していけるよう東北電力はさらに努力してまいります。みなさまのご理解とご協力をお願いいたします。

東北電力

1978年10月22日　東北電　5段

「私ももうすぐ15歳　15歳になる原子力発電」

1978年11月2日　東北電　5段

〝魅力ある〟交付金

地元のメリット

新段階の電源立地 ・6・

迫る電力ピンチ

1978年11月25日～　「新段階の電源立地」シリーズ記事
またしても地元のメリットが強調された記事を連発。このような記事を読めば、原発誘致が得だと考える人が出ても、おかしくないだろう。

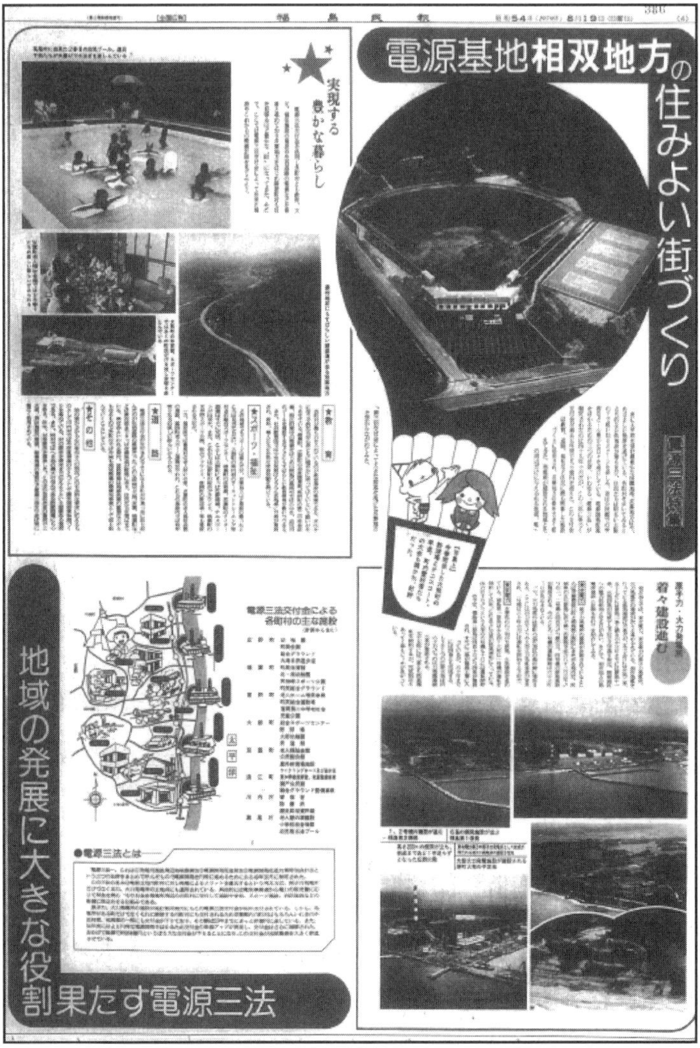

電源基地相双地方の住みよい街づくり

実現する豊かな暮らし

電源三法交付金による各町村の主な施設

●電源三法とは

着々建設進む

地域の発展に大きな役割果たす電源三法

1979年8月19日　電源三法特集　15段
欄外に「全面広告」とあるが、社名がない。

論説

望まれる原発への合意

1979年9月19日　論説

「（中略）もっとも、安全をはかるモノサシをどうするかが難題である。しかし、人間の英知と科学者の良識は許容できる安全をきっと確立するはずだし、現に追求してきたと信じる。そうだとすれば、『安全のモノサシ』は科学者、技術者、そして原子力安全委員会に託すべきではないか。少なくとも政争の具に供すべきではない。素人の感情論も慎みたい」。判断は全て専門家に丸投げせよという、驚くべき論法は本当に新聞社の意見だったのか？

論説

いま、10軒に1軒は、原子力の灯

10軒に1軒は原子の灯

1979年10月25日　論説

「（中略）原発の推進に安全性の確保は大前提である。そのために専門の学者や技術者がチエをしぼっているのである。安全の保証は科学者にまかせるべきであり、電力会社をはじめ県や関係自治体は科学的な研究に基づいて対策を立てている。科学の力を信じてエネルギーの主役を育てなければ無資源国日本の将来は暗い」。このあまりに無邪気に電力会社や専門家を信じ、全てを任せるべきという楽天的な論法は、たびたび民報の論説に登場した。

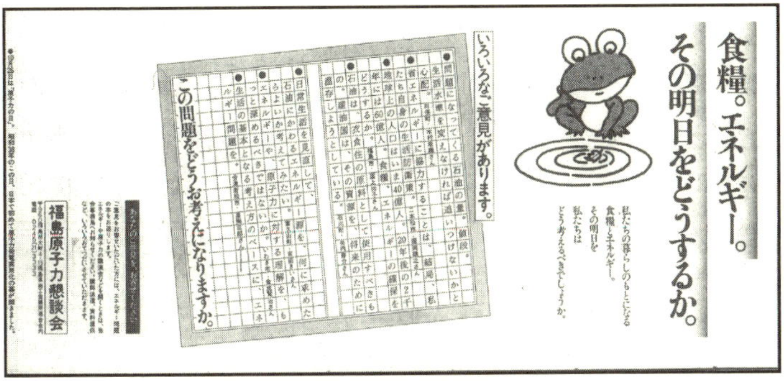

食糧。エネルギー。
その明日をどうするか。
私たちの暮らしのもとになる
食糧とエネルギー。
その明日を
私たちは
どう考えるべきでしょうか。
いろいろなご意見があります。
この問題をどうお考えになりますか。
福島原子力懇談会

10月26日は「原子力の日」
いま、期待される"原子力の灯"
10軒に1軒は原子力の灯。
将来の日本を支える原子力発電。
東北電力
東京電力

1979年10月25日　福島原子力懇談会　5段
1979年10月26日　東北電・東電　5段
右の記事、上の広告とともに26日の「原子力の日」に関連する出稿。

電気の$\frac{1}{10}$は――原子力でつくられています。
原子力の役割が期待されています。
安全性の確保に努めています。

電気づくりに、2つの重荷。
東北電力

1979年10月26日　科学技術庁　5段
1979年10月28日　東北電　5段

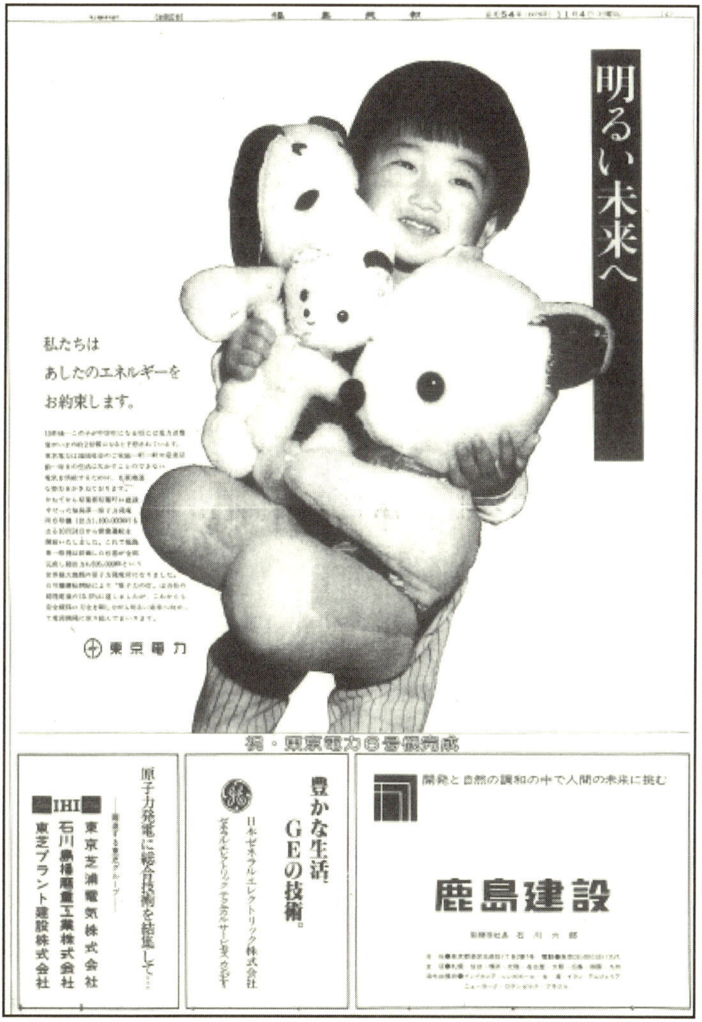
明るい未来へ
私たちは
あしたのエネルギーを
お約束します。
東京電力
原子力発電に総合技術を結集して…
IHI
東京芝浦電気株式会社
石川島播磨重工業株式会社
東芝プラント建設株式会社
豊かな生活、GEの技術。
日本ゼネラルエレクトリック株式会社
開発と自然の調和の中で人間の未来に挑む
鹿島建設

1979年11月4日　東電・鹿島建設・GE他　福島第一原発6号機完成祝い　15段
今ならスヌーピーの無断使用でアウトな広告。

エネルギー新時代を考える
「代替」原発が1位
約3割が支持 次いで太陽熱

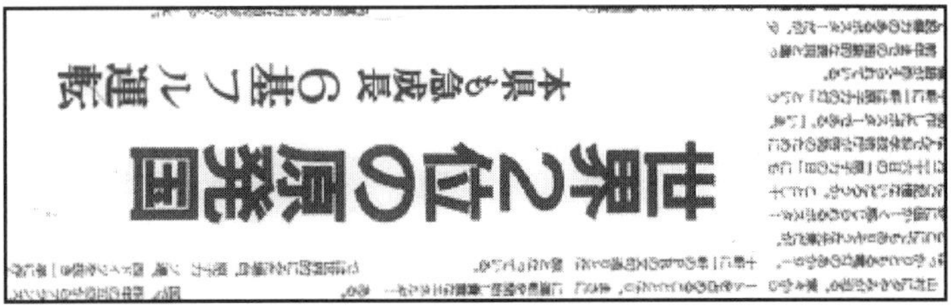
世界2位の原発国
本県も急成長 6基フル運転

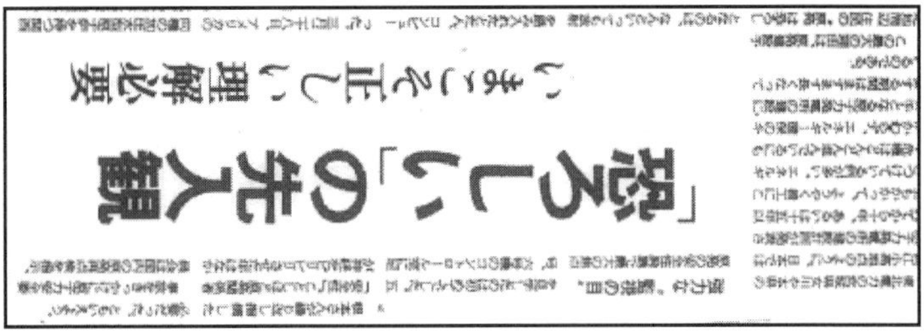
「恐ろしい」の先入観
いまこそ正しい理解必要

1979年11月26日～「エネルギー新時代を考える」7回シリーズ記事

県民意識調査で石油の代替として原発が1位となったことを紹介。石油は21世紀初頭に枯渇するので、先入観を捨てて原発を推進すべきだという論法。「（中略）安全性について疑問を持っている人の中に、まだ一度も○○さんのように原発の見学をしたことがないといった“食わずぎらい”の人が多いことも事実である」。見学さえすれば原発の安全性を信じることができる、と本気で考えていたのだろうか？

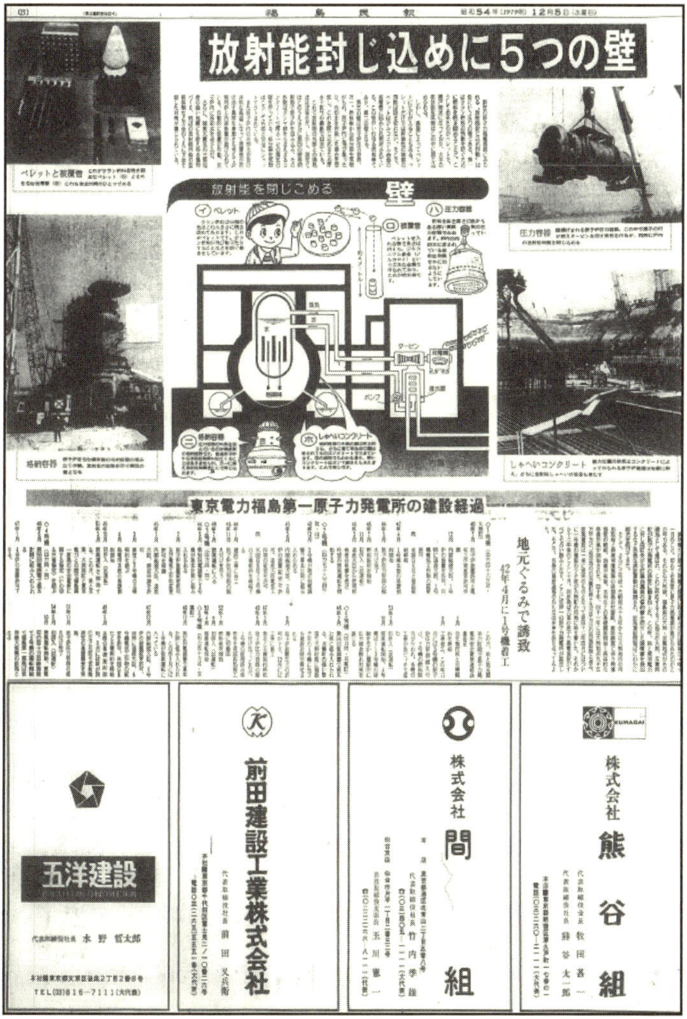

福島民報　昭和54年（1979年）12月5日（水曜日）

放射能封じ込めに5つの壁

放射能を閉じこめる壁

ペレットと被覆管

圧力容器

格納容器

しゃへいコンクリート

東京電力福島第一原子力発電所の建設経過

地元ぐるみで誘致　42年4月に1号機着工

五洋建設

前田建設工業株式会社

株式会社　間組

株式会社　熊谷組

1979年12月5日　全機営業運転開始広告　45段のうちの15段
原子炉格納容器を解説。下5段分が連合広告。

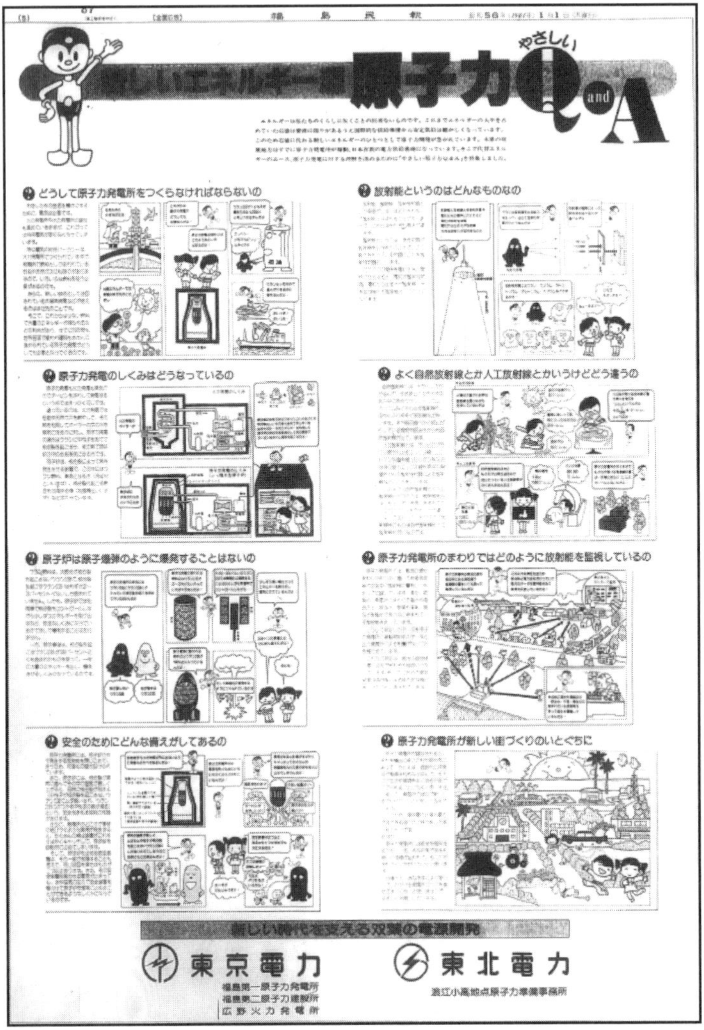
福島民報
新しいエネルギー源
原子力
やさしい
Q and A
どうして原子力発電所をつくらなければならないの
放射能というのはどんなものなの
原子力発電のしくみはどうなっているの
よく自然放射線とか人工放射線とかいうけどどう違うの
原子炉は原子爆弾のように爆発することはないの
原子力発電所のまわりではどのように放射能を監視しているの
安全のためにどんな備えがしてあるの
原子力発電所が新しい街づくりのいとぐちに
新しい時代を支える双葉の電源開発
東京電力
福島第一原子力発電所
福島第二原子力建設所
広野火力発電所
東北電力
浪江小高地点原子力準備事務所

1981年1月1日 「新しいエネルギー源　原子力Q&A」 東電・東北電　15段

安全管理をさらに徹底
敦賀の事故を教訓に
二重、三重のガー
施設、
第2原発に建設されている集中処理施設

1981年4月27日　敦賀原発の放射性物質漏えい事故（1981年4月18日）を受けての記事
「二重、三重のガード」「敦賀とは施設が違う」「事故は絶対ない」（福島第一の所長談）。「（中略）今度の現地ルポを通じ、東京電力、東北電力は日本原電とは比べようがないほど安全管理に心を砕いていることがわかった」。なぜここまで電力会社を信用できるのか。この盲目的信頼は、もはや電力会社との癒着を疑わせるに十分なほどだ。

敦賀発電所事故の教訓を生かして
●事故をふり返って
●周辺環境への影響
●今回の事故に対する政府の取り組み
一、日本原子力発電に対する措置
二、他の原子力発電所に対する措置
三、国の安全規制体制の強化
●安全の確保と原子力発電の推進
安全確保にいっそう努めます。
政府広報：科学技術庁・通商産業省

1981 年 6 月 18 日　政府公報（科学技術庁・通産省）　5 段
事故発生の度に似たような広告が繰り返し掲載された。

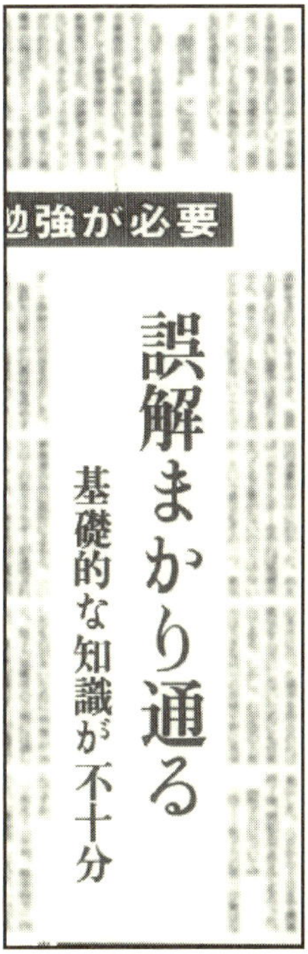
勉強が必要

誤解まかり通る

基礎的な知識が不十分

原発への信頼度

不信と認識不足

望まれる積極的話し合い

エネルギー教育を考える ③

の意識

原発に深い知識

大熊 前向きの姿勢で勉強

1981年7月1日～「エネルギー教育を考える」シリーズ記事　全15回

民報、民友を通じて最も回数の多いこの特集はひたすら推進側に立ち、全国的に「エネルギー教育は全くなっていない」「原発への誤解が不信を生む」という苛立ちを感じさせる。反原発派を「歩み寄らない頑固な態度」と批判し、「原発事故で死亡する確率は三億分の一」との説を紹介する記事は、まるで国や電力会社の広報担当のようだ。

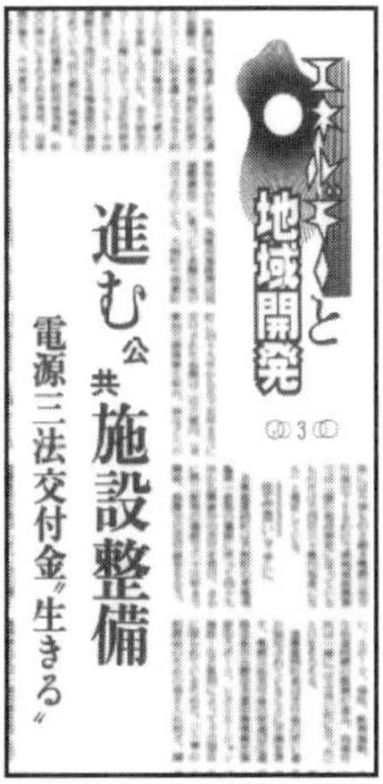

エネルギーと地域開発

進む公共施設整備

電源三法交付金"生きる"

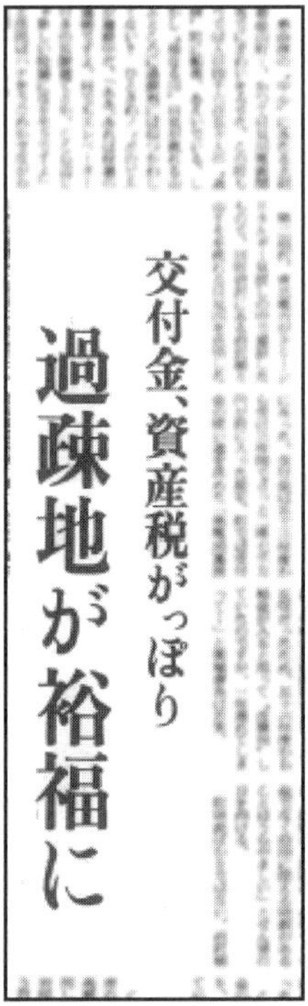

交付金、資産税がっぽり

過疎地が裕福に

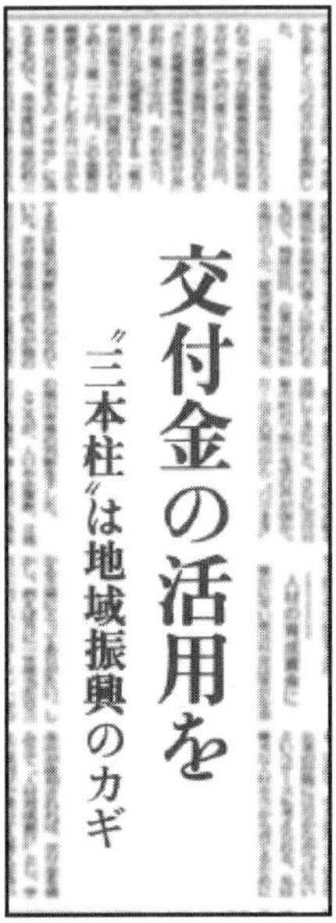

交付金の活用を

"三本柱"は地域振興のカギ

1981年10月26日～　「エネルギーと地域開発」シリーズ記事　全9回

「エネルギー」とはすなわち原発のことだが、原発を誘致すれば、電源三法交付金による地域振興でいいことずくめであると説く。「交付金、資産税がっぽり」という品のない見出しには驚愕する。

明るく、健やかに、子どもを一人立ちさせるのは大変です。
おなじようなことが、電気づくりにも言えます。
過去15年間に、日本の電気の消費量は3倍以上も増えました。
これからも需要はますます増えていくでしょう。
不安定な石油情勢の中で、
暮らしに必要な電気を確保するために、
政府は最大限の努力をしています。
元気な電気を育てるにも、
10余年かかります。
中でも、安くて安定供給できる原子力は不可欠といえます。
しかし、原子力発電所は計画から運転を始めるまでに、
10余年もかかります。
電気も今から育てていかないと、
この子が大きくなる頃には
足りなくなるかも知れません。
電源開発にご理解、
ご協力をお願いします。
政府広報 通商産業省

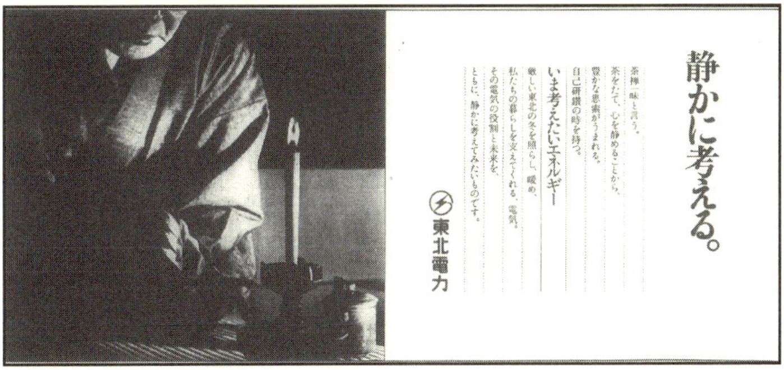
静かに考える。
茶禅一味と言う。
茶をたて、心を静めることから、
豊かな思索がうまれる。
自己研鑽の時を持つ。
いま考えたいエネルギー
厳しい東北の冬を照らし、暖め、
私たちの暮らしを支えてくれる、電気。
その電気の役割と未来を、
ともに、静かに考えてみたいものです。
東北電力

1981年12月16日　政府公報（通産省）　5段
1981年12月20日　東北電　5段
「静かに考える。」は8作品作られ、民友にも掲載された。敦賀原発事故による批判がうるさい、静かに考えましょうと言いたかったようだ。

エネルギーとくらし
くらしの中に生きる原子力シリーズ……⑫
対談

放射線を上手に利用すれば人類の進歩に大いに役立ちますよ。

原子力の活用で私たちの生活は広がっていくんですね。

エネルギーとくらし
くらしの中に生きる原子力シリーズ……④
対談

草柳 文恵さん

原発誘致が地域開発のエネルギーとなり豊かな住み良い町になりました。

しっかりとした21世紀のビジョンもあり双葉地方の将来は前途洋々ですね。

1983年9月28日～「エネルギーとくらし　くらしの中に生きる原子力シリーズ」対談

草柳文恵氏（キャスター）/友田昇氏（福島県副知事）、田中清太郎氏（双葉町長）。しかし双葉町は90年代以降税収が不足、大幅な歳出カットを迫られることになる。

福島民報
1987
あけましておめでとうございます
浜通りは私たちが生まれ育ったふるさと
そしていま　私たちは浜通りの原子力発電所を育てています
東京電力
福島第一原子力発電所
福島第二原子力発電所

1987年1月3日　東電　10段
「浜通りは私たちが生まれ育ったふるさと
そしていま　私たちは浜通りの原子力発電所を育てています」
「原発を育てる」というコピーに唖然とする。

ドキュメント 東北電力㉓
女川から東北へ、夢発信。
電力の安定供給と効率化をめざして
東北電力

5月は原子力発電安全月間。一人一人の決意も新たに。
東京電力が原子力発電を開始して16年。建設・運転には、何よりも安全を最優先にしてきました。私たちはこれからも人と設備のより良い関係を築いて一層の安全確保をめざします。
東京電力
福島第一原子力発電所
福島第二原子力発電所

1987年3月22日　東北電　5段
1987年5月1日　東電　5段

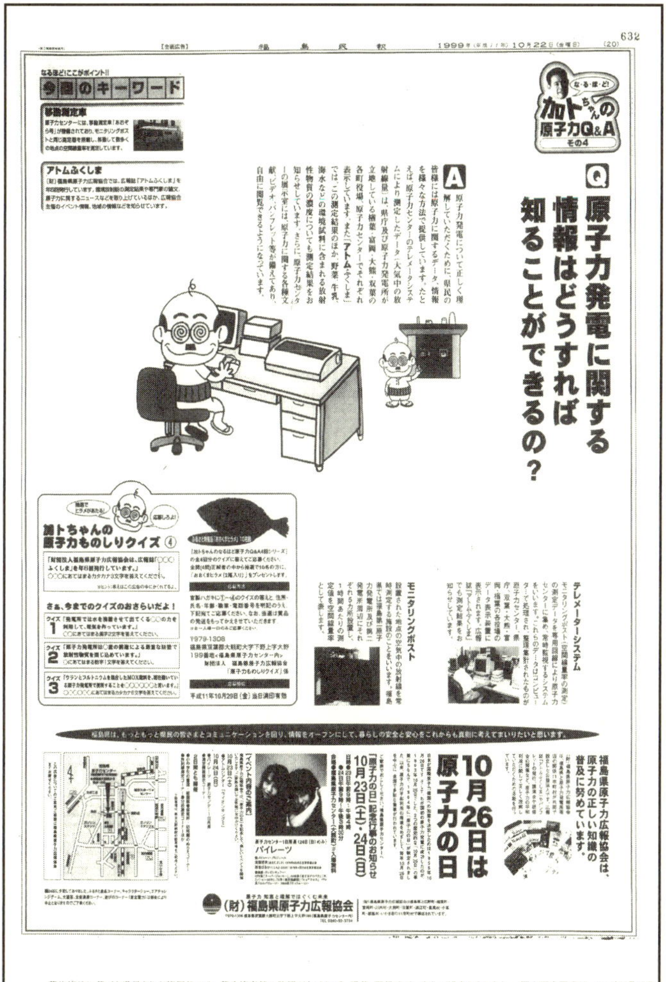

【全面広告】　福島民報　1999年（平成11年）10月22日（金曜日）　(20)　632

なる・ほ・ど！ 加トちゃんの原子力Q&A その4

Q 原子力発電に関する情報はどうすれば知ることができるの？

A 原子力発電について正しく理解していただくために、県民の皆様には原子力に関するデータ、情報を様々な方法で提供しています。たとえば、原子力センターのテレメータシステムにより測定したデータ（大気中の放射線量）は、県庁及び原子力発電所が立地している楢葉・富岡・大熊・双葉の各町役場、原子力センターでそれぞれ表示しています。また「アトムふくしま」では、この測定結果のほか、野菜、牛乳、海水などの環境試料に含まれる放射性物質の濃度についても測定結果をお知らせしています。さらに、原子力センターの展示室には、原子力に関する各種文献、ビデオ、パンフレット等が備えてあり、自由に閲覧できるようになっています。

なるほど！ここがポイント!!
今回のキーワード

移動測定車
原子力センターには、移動測定車「あおぞら号」が配備されており、モニタリングポストと同じ測定器を搭載し、移動して数多くの地点の空間線量率を測定しています。

アトムふくしま
（財）福島県原子力広報協会では、広報誌「アトムふくしま」を年4回発行しています。環境放射能の測定結果や専門家の論文、原子力に関するニュースなどを取り上げているほか、広報協会主催のイベント情報、地域の情報などを知らせています。

テレメーターシステム
モニタリングポスト（空間線量率の測定）の測定データを専用回線により原子力センターに集め、常時監視するシステムをいいます。これらのデータはコンピューターで処理され、整理集計されたものが原子力センター、県庁、双葉・大熊・富岡・楢葉の各役場のデータ表示装置に表示されます。広報誌「アトムふくしま」でも測定結果をお知らせしています。

モニタリングポスト
設置された地点の空気中の放射線を常時測定する施設のことをいいます。福島県では福島第一原子力発電所及び第二発電所周辺にそれぞれ5カ所設置し、1時間あたりの測定値を空間線量率として表します。

加トちゃんの原子力ものしりクイズ ④

さあ、今までのクイズのおさらいだよ！

福島県は、もっともっと県民の皆さまとコミュニケーションを図り、情報をオープンにして、暮らしの安全と安心をこれからも真剣に考えてまいりたいと思います。

福島県原子力広報協会は、原子力の正しい知識の普及に努めています。

10月26日は原子力の日

「原子力の日」記念行事のお知らせ
10月23日(土)・24日(日)

パイレーツ

（財）福島県原子力広報協会

1999年10月22日　「加トちゃんの原子力Q&A」シリーズ　福島県原子力広報協会
同シリーズは4回掲載された。

著作権法に基づき提供された複写物です。著作権者等の許諾がなければ、掲載・配信等ができない場合があります。　国立国会図書館　2014年8月30日

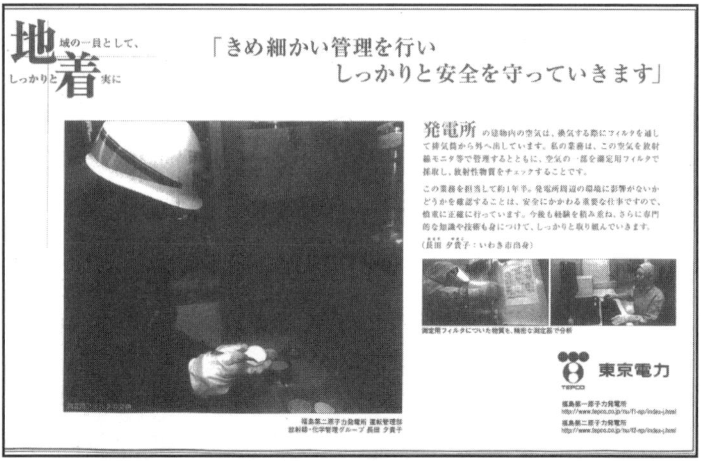
地域の一員として、
しっかりと着実に
「きめ細かい管理を行い
しっかりと安全を守っていきます」
発電所の建物内の空気は、換気する際にフィルタを通して排気筒から外へ出しています。私の業務は、この空気を放射線モニタ等で管理するとともに、空気の一部を測定用フィルタで採取し、放射性物質をチェックすることです。
この業務を担当して約1年半。発電所周辺の環境に影響がないかどうかを確認することは、安全にかかわる重要な仕事ですので、慎重に正確に行っています。今後も経験を積み重ね、さらに専門的な知識や技術も身につけて、しっかりと取り組んでいきます。
（長田 夕貴子：いわき市出身）
測定用フィルタについた物質を、精密な測定器で分析
福島第二原子力発電所 運転管理部
放射線・化学管理グループ 長田 夕貴子
TEPCO
東京電力
福島第一原子力発電所
http://www.tepco.co.jp/nu/f1-np/index-j.html
福島第二原子力発電所
http://www.tepco.co.jp/nu/f2-np/index-j.html

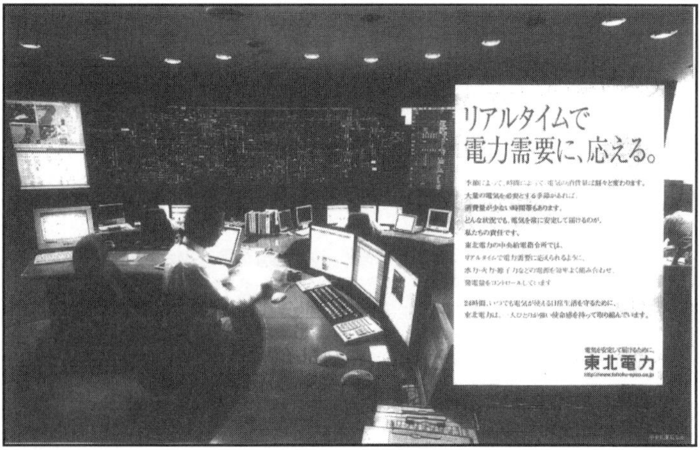
リアルタイムで
電力需要に、応える。
季節によって、時間によって、電気の消費量は刻々と変わります。
大量の電気を必要とする季節があれば、
消費量が少ない時間帯もあります。
どんな状況でも、電気を常に安定して届けるのが、
私たちの責任です。
東北電力の中央給電指令所では、
リアルタイムで電力需要に応えられるように、
水力・火力・原子力などの電源を効率よく組み合わせ、
発電量をコントロールしています
24時間、いつでも電気が使える日常生活を守るために、
東北電力は、一人ひとりが強い使命感を持って取り組んでいます。
電気を安定して届けるために。
東北電力

2009年3月28日　東電　5段
2009年3月29日　東北電　5段
原発の技術は人が管理していることを訴求するシリーズも数多く作られた。

もう、目をそらす訳にはいかない現実があります。
対談：電気の廃棄物と地層処分を考える
環境のため、エネルギー確保のため。あらためて注目される原子力発電。
世界各国が取り組んでいる今考えうる最も安全な方法、地層処分。
次世代にツケを残さないよう、今こそ、処分の道筋をつけるとき。
電気の廃棄物の現実を、国民一人ひとりの問題として受け止めることが大事ですね。
地層処分はわが国に不可欠な事業。みなさまのご理解のもとに取り組んでいきます。
あなたはどう考えますか？「電気の廃棄物」問題
「地層処分」で、解決に取り組む。
NUMO

2009年10月25日　NUMO　15段
蟹瀬誠一氏（キャスター）・山路亨氏（NUMO理事長）の対談。
この広告も全国的に展開された。

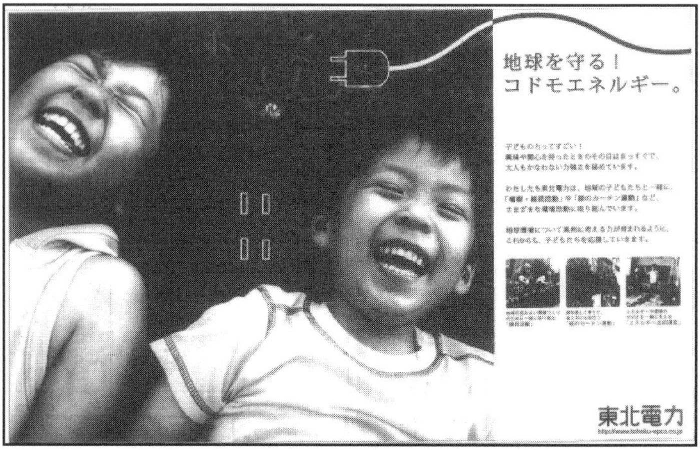
地球を守る！
コドモエネルギー。
東北電力

この美しいふるさとを、百年先へ。
東北電力

2010年6月20日　東北電　7段
2010年8月29日　東北電　5段
子供たちの笑顔を多用するパターン広告の例。

交付金申請でズレ
県と立地町
増設の思い異なる

安全確認など課題
プルサーマル始動 上
県の判断を歓迎
立地4町コメント
プルサーマル計画受け入れを審議する佐藤知事（左列中央）。検証作業に慎重を期したと強調した
燃料再処理は不透明

2010年8月7日・8日　記事

佐藤雄平知事はプルサーマル受け入れを表明したものの、あくまで慎重・安全第一として交付金申請を遅らせた。しかし、一刻も早く金が欲しい地元からは不満も。そして驚くべきことに、「地元経済界の関心は第一原発7・8号機増設に移った」とある。

第二章

北海道

北海道新聞

北海道　世帯数　二七〇万

県内の新聞シェア上位二社

一位　北海道新聞（一九四二年創刊）一一〇万部　道内世帯普及率四〇・七％
二位　読売新聞（一八七四年創刊）二二万一〇〇〇部　道内世帯普及率八・一％

建設された原子力発電所と稼働開始年月

北海道電力　泊原子力発電所（北海道古宇郡泊村大字堀株村）
一号機　一九八九年六月
二号機　一九九一年四月
三号機　二〇〇九年一二月

常に原発に対する警戒感が強い紙面

北海道新聞（道新）は今回調査した原発立地県紙の中で、県紙というよりもブロック紙（複数の県や地域に販路をもつ新聞のこと）として約一一〇万部というダントツの部数を誇っています。北海道は他県に比して広大な土地と人口があるからですが、編集においては昔から反権力・反中央という気風が顕著で、広告代理店の間でも「手強い相手」として有名でした。

その道新にしても地元経済界の王者である北海道電力と対立するのは相当な勇気が必要だったはずですが、泊原発が建設された一九八九年にはすでにチェルノブイリ事故（一九八六年）が発生していて、原発の恐ろしさも十分伝わっていたこともあり、その紙面は原発に対して常に批判的であり、厳しいものでした。本書序章の「原発広告出稿段数表」からも明らかですが、泊原発は純粋に道内の電力用ということもあり、広告の出し手は北電しかなく、したがって広告出稿量も他県に比して圧倒的に少ないものでした。

面白い傾向としては、毎年の原子力の日（一〇月二六日）に原発関連の広告が載ると、その当日または翌日にはまるでその広告内容を批判・否定するかのように、原発に対して厳しい記事が掲載されていたことです。このような傾向は他紙にはなく、報道を司る編集部と広告部が完全に分離され、なおかつ編集部が原発に対し、常に厳しい見方をしていた証左であると考えられます。

また、道新や新潟日報のように原発反対を前面に出す新聞社と、原発推進に賛同した福島民報、民友や福井新聞、東奥日報との間には、その報道姿勢に大きな違いがありました。道新や新潟日報が幌延反対デモや巻原発反対デモに参加する人々の写真を積極的に掲載したのに対し、他の三紙は極力、反対派の写真掲載を避けていました。そうした写真は特に原発反対派を鼓舞する恐れがあったためで、「反原発を主張するのは一握りのわずかな人々」という書き方をしていた推進側の新聞には、「多数の」人々がデモに集まっている写真を掲載することは論外だったのです。

そんな明確な編集方針の道新でさえ、ある程度の原発広告は掲載していました。量は決して多くありませんが、その代表的なものを集めました。

①にアメリカ
②にフランス
③にソ連
④にニッポン。
世界の原子力発電設備容量ランキングです。
人類は原子力を駆使しつつ21世紀へと。
日本の稼働率は世界のトップクラスです。
北海道電力

いま、泊発電所は。
北海道電力

1985年4月29日・10月26日　北海道電　各5段
建設期間中から広告出稿。

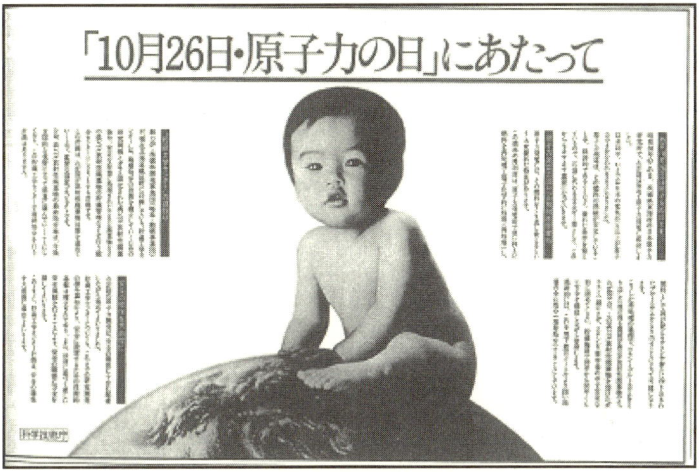
「10月26日・原子力の日」にあたって
科学技術庁

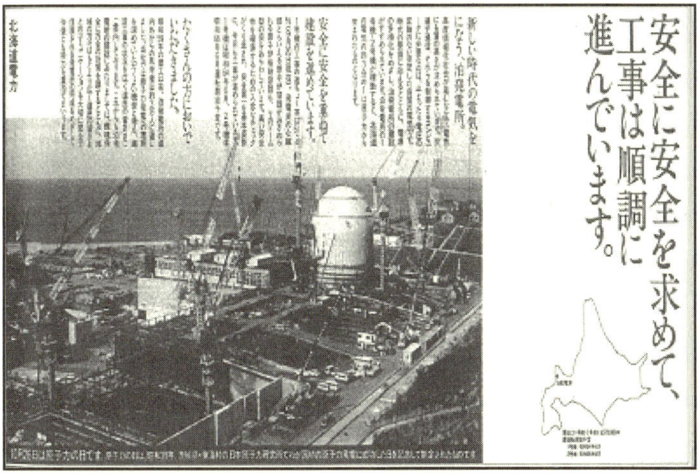
安全に安全を求めて、工事は順調に進んでいます。
新しい時代の電気をになう、泊発電所。
安全に安全を重ねて建設を進めています。
たくさんの方においでいただきました。
北海道電力

1986年10月25日　科学技術庁　7段
1986年10月25日　北海道電　7段

秘密主義

強行後も「正々堂々」

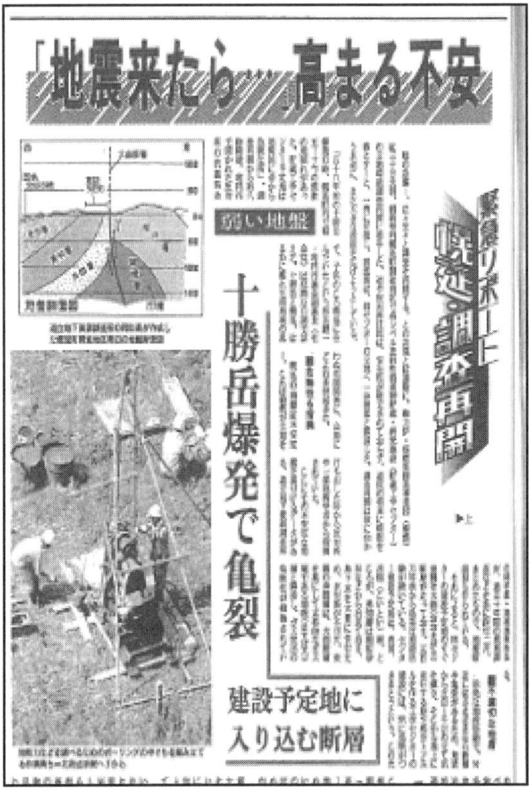

「地震来たら…」高まる不安

緊急リポート上

幌延・調査再開

弱い地盤

十勝岳爆発で亀裂

建設予定地に入り込む断層

1986年8月31日 「緊急リポート　幌延・調査再開」シリーズ記事　全3回

高レベル放射性廃棄物貯蔵・研究施設の予定地には断層があるとする記事をはじめ、建設反対の意見を多く報道。道新は社説でも立地反対を表明していた。

1986年12月3日・17日　日本原子力文化振興財団によるミニ枠
隔週水曜日の掲載で数百回続いた。

チェルノブイリを忘れるな

社説

納得できない原発拡大路線

社説

道民を無視した動燃の姿勢

1987年4月29日・1987年6月24日・1988年4月17日　社説
繰り返し、原発に対して厳しい意見が掲載されている。

対談

進む核燃料サイクルの技術開発

動燃、創立20周年を迎える

広告

総発電量の四分の一強を占める

21世紀を見据えた原子力長計

開発進む核燃料サイクル

千年級の安全性を追求

"分かれば"不安は解消

地域社会との共存は不可欠

動力炉・核燃料開発事業団

1987年10月24日　動燃　10段

都甲泰正氏（東大工学部教授）・岸ユキ氏（タレント）「原子炉には何重もの安全装置が施されているため多量の放射能や放射線が外部に漏れることは、まずありません」「原子力は一般の人には分かりにくいんですね。交通事故で過去に何十万人もの人が死んでいる。それでも安全論争は起きないんですね。現象や原因が単純ではっきりしているからなんです」

交通事故や飛行機事故を原発事故と同列に扱うレトリックは多用され、今でも使われている。

明日は、「原子力の日」です。
科学技術庁

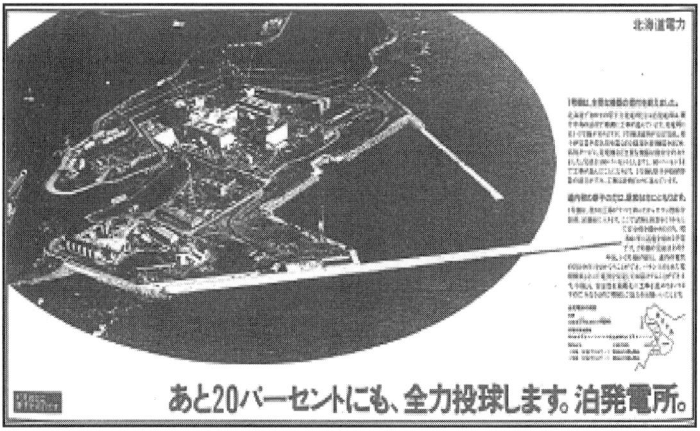
北海道電力
あと20パーセントにも、全力投球します。泊発電所。

1987 年 10 月 25 日　科学技術庁　5 段
1987 年 10 月 26 日　北海道電　5 段

1987 年 10 月 26 日　記事

前ページの「原子力の日」の広告出稿を真っ向から否定する内容。デモ参加者の写真も掲載している。

原子力発電所
私たちが「安全」を守っています。
安全がなにより大切であることは、
私たち自身がいちばんよく知っています。
2年前のチェルノブイル原子力発電所の
事故は、安全設計の違い、
重ねがさねの規則違反……
とても信じられないものでした。
日本では起こりえない事故ですが、
私たちはこれまで以上に心をひきしめて、
安全確保につとめます。
電気事業連合会
北海道電力・東北電力・東京電力・中部電力・北陸電力・関西電力・中国電力・四国電力・九州電力・日本原子力発電

1988 年 4 月 27 日　電事連　15 段
原発で働く人々の顔写真を載せ、親近感をかもし出す手法。

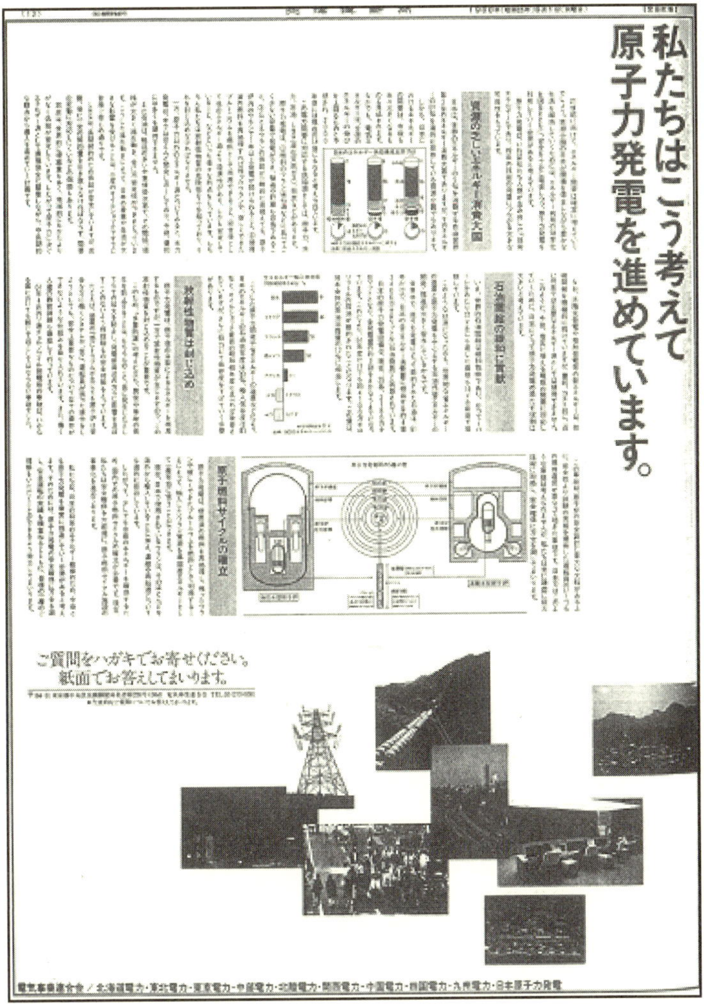
私たちはこう考えて原子力発電を進めています。

資源の乏しいエネルギー消費大国

石油依存の脱却に貢献

放射性物質は閉じ込め

原子燃料サイクルの確立

ご質問をハガキでお寄せください。紙面でお答えしてまいります。

電気事業連合会／北海道電力・東北電力・東京電力・中部電力・北陸電力・関西電力・中国電力・四国電力・九州電力・日本原子力発電

1988年6月1日　電事連　15段
泊原発営業開始1年前。

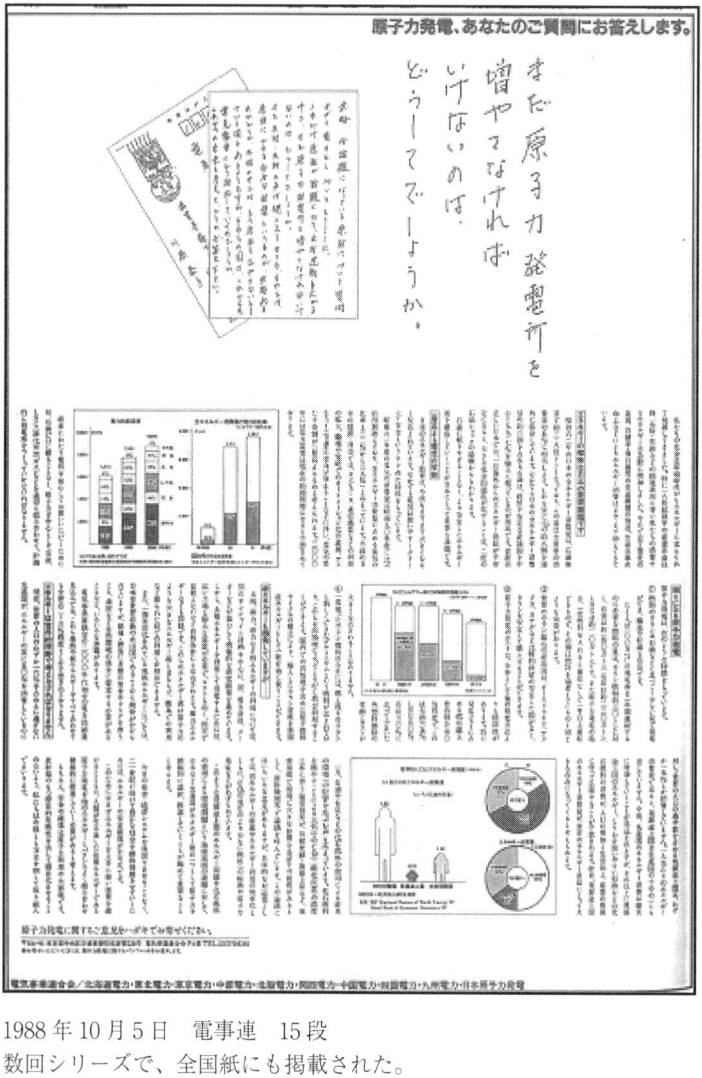

原子力発電、あなたのご質問にお答えします。
また原子力発電所を増やさなければいけないのは、どうしてでしょうか。

1988年10月5日　電事連　15段
数回シリーズで、全国紙にも掲載された。

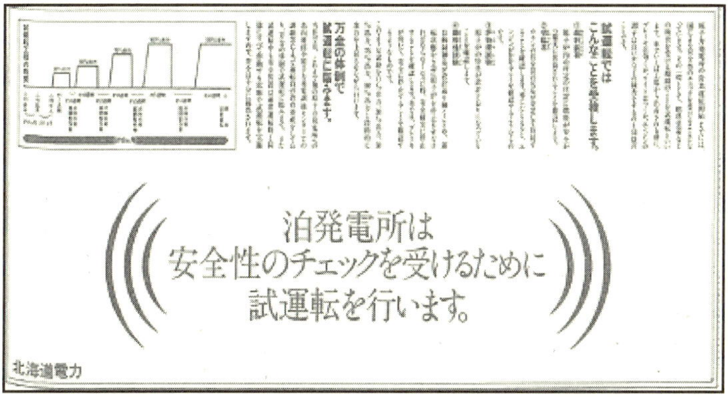
試運転では
こんなことを確認します。
万全の体制で
試運転に臨みます。
泊発電所は
安全性のチェックを受けるために
試運転を行います。
北海道電力

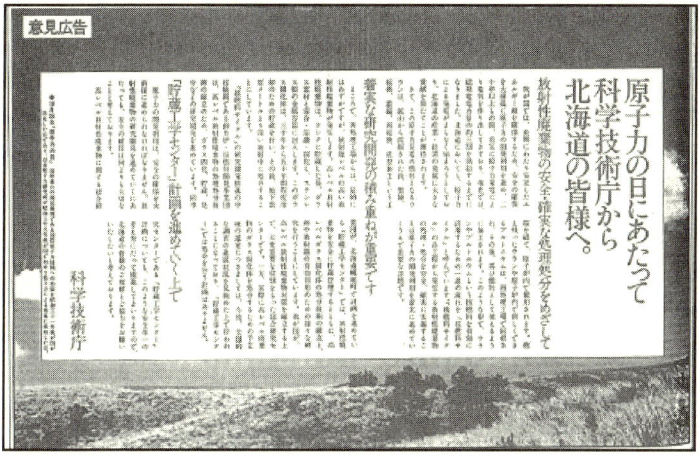
意見広告
原子力の日にあたって
科学技術庁から
北海道の皆様へ。
放射性廃棄物の安全確実な処理処分をめざして
着実な研究開発の積み重ねが重要です
「貯蔵工学センター」計画を進めていく上で
科学技術庁

1988年10月16日　北海道電　5段
1988年10月26日　科学技術庁　7段

北海道新聞

夕刊

泊原発が営業運転

「チェルノブイリ」後国内初

計画から20年 反対運動続く中

道内需要19％賄う

通産省が合格書交付

浜と原発 永遠の同居

泊1号機 営業運転

住民には不安の始まり

「孫がかわいそう…」

1989年6月22日　記事
中面では「住民には不安の始まり」「孫がかわいそう」など、立地県であるにもかかわらず、道新の原発に対する反対姿勢がはっきり出ていた。

議論と検討の月日を重ねて―。
私たちが自信をもって作りました泊発電所。

ほくでんの全社員にとって、
泊発電所の安全性は最大の命題です。
数多くのセクションのひとりひとりの力によって運転を開始した泊発電所。
その安全性について、それぞれの立場から自信をもって発言します。

北海道電力

広告

1989年6月24日　北海道電　15段
見出しに「原発」の文字を入れない配慮がなされている。

動力炉・核燃料開発事業団　提供

広告

地球環境時代と原子力開発

対談

林 政義　高橋揆一郎

脱化石燃料は先進国の義務　高橋

原子力は最適のエネルギー　林

地球温暖化は自然の危機

国際協力で安全確保

1989年10月26日　動燃　8段

林政義氏（原子力委員）・高橋揆一郎氏（作家）

広告
唐津 一さん、大山のぶ代さん、竹内 宏さんが語る
人間、地球、そして電気。
21世紀の社会を支えるエネルギー
原子力発電もそのひとつです。
電気事業連合会／北海道電力・東北電力・東京電力・中部電力・北陸電力・関西電力・中国電力・四国電力・九州電力・日本原子力発電

1989年11月3日　電事連　15段
唐津一氏（東海大教授）・大山のぶ代氏（声優）・竹内宏氏（長銀総合研究所理事長）

ケンちゃん あかりちゃんの夏休み泊発電所見学記
北海道初の原子力発電所・泊発電所は、この夏も小・中学生のみなさんに見学いただいています。
ここに紹介するのは、ケンちゃん、あかりちゃんの見学記。
今年もいっしょに見学しませんか。
●トマリン
（泊発電所のマスコット）
いままで9万3千人のみなさまに見学いただいています。
■見学された方の感想をご紹介します。
もっと詳しく知りたい方に
「原子力なぜなぜ教室」
プレゼント
北海道電力

1990年8月11日　北海道電　15段
子供を取り込む工夫にも余念がない。

地球をきれいにする北電のノウ・ハウ。海外7ヵ国で特許をとりました。
地球の環境を守る技術が求められています。
画期的な脱硫装置を開発、「発明賞」を受けました。
北海道電力

お母さん 原子力って
キャッチャーみたいだね。
だって、ホームベースを守って
チームの中心に
なっているんだもの。
ぼくの意見

1990年9月11日・17日　北海道電　7段

美浜原発
19年目の細管破断
突然倒れた"働き盛り"
事故起きて分かる老化

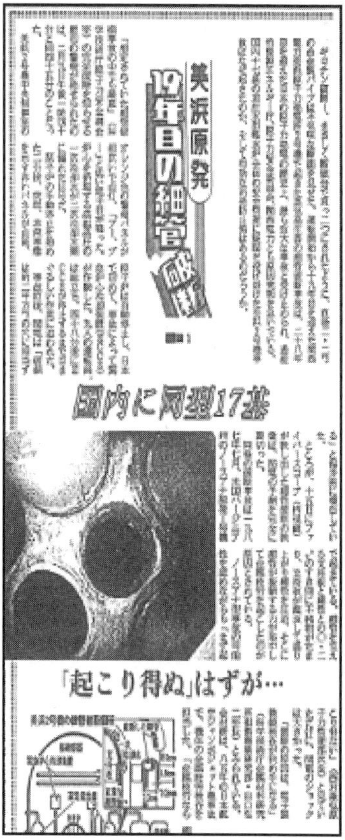
美浜原発
19年目の細管破断
国内に同型17基
「起こり得ぬ」はずが…

1991年2月26日・3月2日　「美浜原発19年目の細管破断」シリーズ

「28年目を迎えた日本の原子力発電の歴史上、最も重大な事故と受け止められ…」同じ加圧水型軽水炉の泊原発1号機を抱える北海道としても、重大な問題であった。

JNES
ズバリ、回答!
原子力発電所の高経年化に対する対策は、このような考えで行われています。
一般的に、機器や設備は使用年数が長くなるに従って、徐々に劣化します。「高経年化対策」とは、劣化にともなう原子力発電所の機器と設備の性能低下などの特徴を把握して、これに対応した取り替えや補修などの保守管理を行ってゆくことを言います。このように、高経年化対策を通じて劣化と保守管理を事前に検討しておくことは、原子力発電所の安全性を確保する上でとても大切です。現在、運転開始後30年を経過するまでに高経年化対策を行うことが、法令によって電力会社に義務づけられています。日本各地の原子力発電所が運転を続けていく中で、今後も高経年化対策の重要性はますます大きくなってきています。
関村直人氏
独立行政法人 原子力安全基盤機構
Japan Nuclear Energy Safety Organization (JNES)
03-4511-1111(代表)

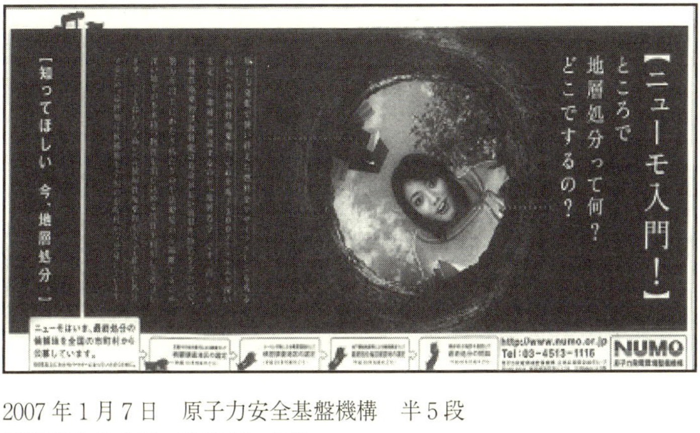
【ニューモ入門!】
ところで地層処分って何?どこでするの?
【知ってほしい 今、地層処分】
ニューモはいま、最終処分の候補地を全国の市町村から公募しています。
http://www.numo.or.jp
Tel:03-4513-1116
NUMO

2007年1月7日　原子力安全基盤機構　半5段
2007年1月7日　NUMO　5段
このNUMOのシリーズは全国紙にも繰り返し掲載された。

10月26日は原子力の日
10月26日は、1956年に日本が国際原子力機関に加盟し、1963年には日本で初めて原子力による発電に成功した日です。
みんなでエネルギーや原子力について考えてみよう。
—原子力発電が必要な4つの理由—
1枚…
2℃…
未来のために1枚重ねよう。
http://www.10-26atom.com/
011-726-7474

地球環境とエネルギーを、深いところで支えてくれるんだ！
http://www.numo.or.jp
NUMO

2007 年 10 月 26 日　経産省　7 段
2007 年 11 月 18 日　NUMO　5 段
この NUMO の広告は、この年だけで 19 回掲載された。

広告

エネルギーも暮らしも
大切なのはリサイクル

http://www.ett.gr.jp/

2007年11月3日　フォーラム・エネルギーを考える　10段
「『ものを大切にする』『リサイクルする』というライフスタイルへ」などと、ライフスタイルとプルサーマルという全く次元の違うことを強引に結びつける論理展開は、他の広告でも頻繁に使用された。司会はキャスターの木場弘子氏。

伊藤聡子の
"地層処分"トップインタビュー編
エネルギーの安定供給に向け
「地層処分」は重要な事業です
知ってほしい 今、地層処分。
国が前面に立って相互理解促進活動を進めたい
経済産業大臣
甘利 明氏
生活者一人ひとりの問題として考えたい
NUMO
原子力発電環境整備機構
http://www.numo.or.jp
広告

2008年3月23日　NUMO　15段
甘利明氏（当時、経産相）・伊藤聡子氏（キャスター）。

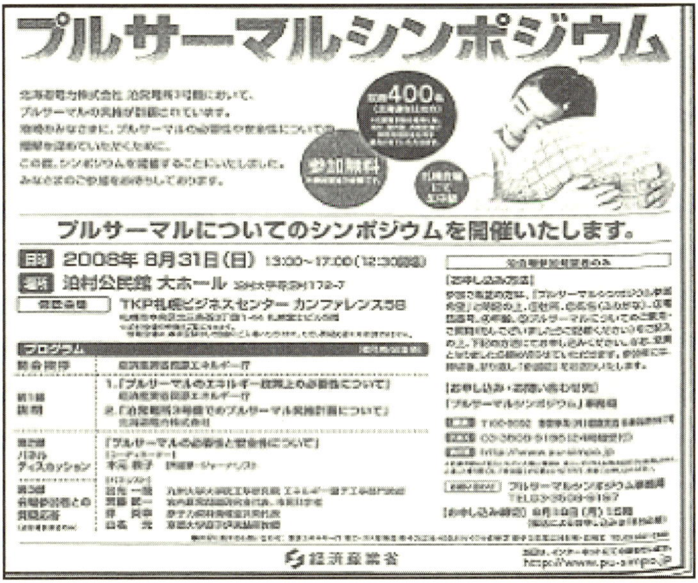

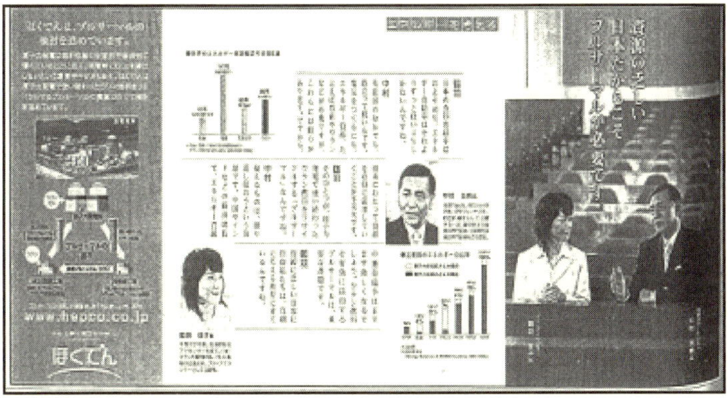

2008年7月26日　経産省　半5段
2008年9月8日　北海道電　5段
対談は鶴羽佳子氏（フリーアナウンサー）・中村浩美氏（科学ジャーナリスト）

地球温暖化防止と原子力
暮らしもエネルギーもリサイクルへ
自分の目や足を使って信頼できる情報に触れましょう。
正しく伝えるだけでなく、相手に伝わる広報を。
日常の省エネとともに、エネルギーのあり方を考えることが大切。
各エネルギー源の特長を生かし、組み合わせるのがベスト。
広告

2008年9月14日　フォーラム・エネルギーを考える　10段
パネリスト：神津カンナ氏（作家）・増田明美氏（スポーツジャーナリスト）・山名元氏（京大教授）
コーディネーター：木場弘子氏（キャスター）
同会は、毎回ほとんど同じ出席者で全国行脚していた。

北海道新聞

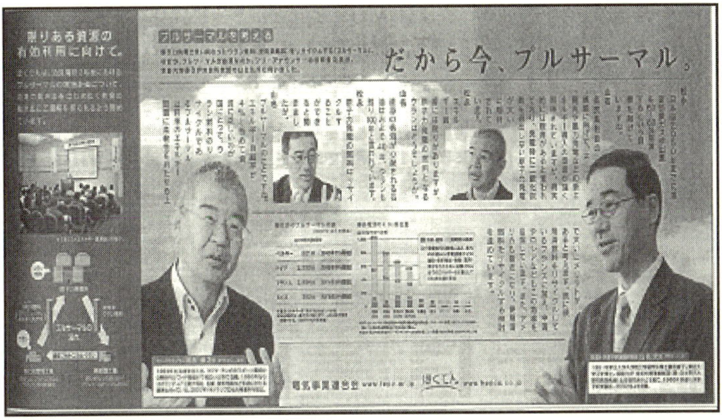
限りある資源の
有効利用に向けて。
だから今、プルサーマル。
電気事業連合会

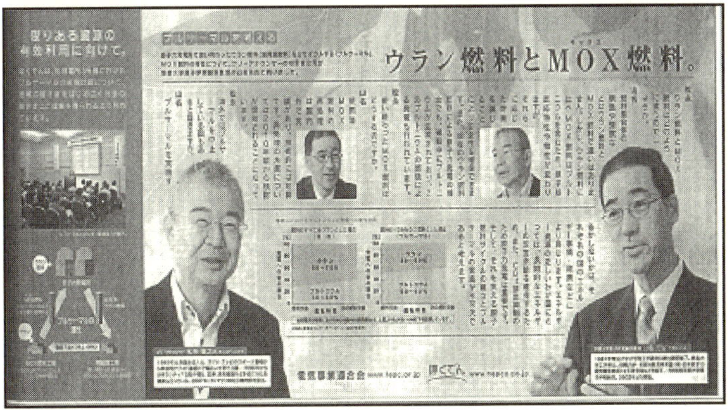
限りある資源の
有効利用に向けて。
ウラン燃料とMOX燃料。
電気事業連合会

2008年10月5日・11月2日　電事連　5段
山名元氏（京大教授）・松永俊之氏（フリーアナウンサー）

地層処分の安全性。
自分で確かめようと思った。
蟹瀬 誠一
地層処分のこと、なるほど、
まだまだ詳しく知らなかった。
広 告
知ってほしい 今、地層処分。
NUMO

2008年11月16日　NUMO　15段
蟹瀬誠一氏（ジャーナリスト）。福島、青森でも掲載。

北海道にプルサーマルはいらんべさ
ヘンでないかい?プルサーマル

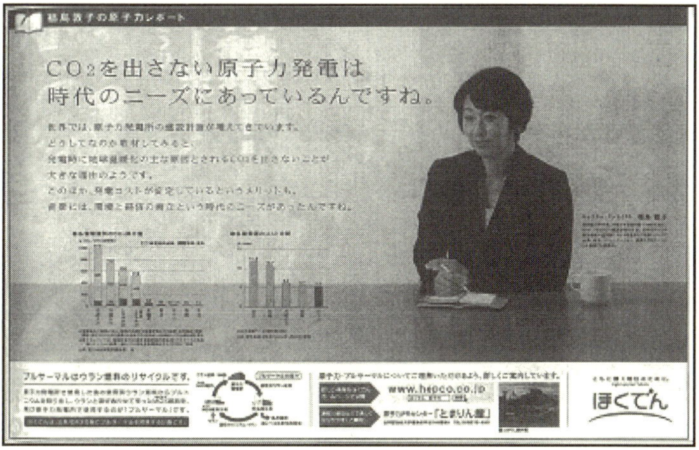
福島敦子の原子力レポート
CO2を出さない原子力発電は
時代のニーズにあっているんですね。
ほくでん

2008年12月8日 「脱原発・グリーンエネルギー市民の会」 7段
2009年10月24日 「福島敦子の原子力レポート」 北海道電 5段

2010年1月6日　北海道エナジートーク21　半5段
石原良純氏（俳優）・石川迪夫氏（日本原子力技術協会）による講演会の告知。
2010年1月27日　資源エネ庁　半5段
浅井慎平氏（カメラマン）・葛西賀子氏（キャスター）のトークセッションほかの告知。

本間龍×佐藤潤一
（グリーンピース・ジャパン事務局長）

対談

原発広告の実態

本間　本書のゲラをご覧になってどんな感想をもたれましたか。

佐藤　前著『原発広告』を拝見して原発広告とは何か、またそのトレンドについては大体分かっていましたが、今回のご本では、それがここまで露骨に出ているのを目の当たりにさせられてまず驚いたし、やっぱりそうだったんだとガッカリしました。

本間　みんな薄々思っていることが、この本ではっきり可視化されていますよね。当たり前ですけれど東京に住んでいたら青森の様子は分からないし、逆に青森に住んでいたら東京の様子は分からない。

佐藤　特に福井、福島と、七〇年代から原発政策が始まっているところ、それと青森は顕著に原発広告が多いですね。事故の前後とか、新潟日報では巻町の住民投票の前に出稿が急増するのを見ても（第四章を参照）、広告で意見を変えよう、世論を操作しようという意図がはっきり見えます。

本間　巻町なんてわざとらしいくらいですね。住民投票二ヶ月前にいきなりガンガン広告が出始めて、いろんなシリーズ広告を作ります。新潟のお話が出たので新潟を見ると、これだけ独自にシリーズをやっているのもすごい。例えば二三五ページ。

佐藤　これ、すごいですね。「駅弁シリーズ」。どうして東電が駅弁シリーズを作るのか、わけが分からない。

本間　要するに地元に密着した企業だと思わせたいのでしょう。こういうのって、この地方に住んでいる人からすると、自分たちのことを理解してくれていると感じるんでしょうね。地域のことを大事にしています、というアピールの広告です。一方で、二三三ページの「原子力カメラルポ」は原発の中の写真を撮っている。原発の中で働く人々のシリーズもある。で、住民投票が近くなってくると、世界では四三二基の原発が動いている(二四七ページ)とか、原発は三一・六%ある(二四六ページ)とかと数字だけをドカンと出して、目を引く広告シリーズを作っている。

佐藤 そうですね。

本間 細かいところでは、「地球を守り、未来をひらく　原子力発電シリーズ」とか。非常にマメに、いろんなシリーズを作っています。中でもぼくがちょっと驚いたのが、二五三ページの「エネルギーのある街は、笑顔のある街です」。ぎょっとしますよね。たぶんこれ仕込みじゃなくて本物だと思うんです。民宿を営んでいる人とか、いろんな商売をやっている人たちを出して、原発のある街は笑顔のある街ですと。このようなシリーズを短期間に投入する。新聞というものがいかに重要視されていたかが分かりますね。一九九六年ですから、ネットもまだ行き渡っていなくて新聞が力をもっていた。

佐藤 特に地方紙は地元では圧倒的な影響力がありますよね。

本間 富山に五年いたので分かるんですが、その地方にはこの新聞しかないというような状況がままあります。ほかに新聞がないからそればかり読んでいる。隅から隅まで、広告まで全部読む。だから、こんな広告すっ飛ばして読まないだろうって言う人もいるけれど、広告は影響力をもっているんです。最初はなんだこりゃと思っていても、これだけ継続的に毎日広告が載っていたら、悪い印象だってだんだん弛緩《しかん》していきますよね。

佐藤　地方で地方紙をずっと読んでいる人にとってみると、新聞への信頼度は高い。そこに一緒に載っているというだけで信憑性が高くなります。何々新聞でこう書いてあったというだけで、もう議論しなくてもいいような状態になる。広告もそういう力がありますよね。特に地元の人の顔を出してきて、ここで私たち働いてますという広告は、親近感も強くなる。

本間　数字を出すよりも信憑性が高い印象を受けます。

佐藤　でもこうやって一つ一つ違う広告を出すと、制作費も高くなりますよね。

本間　そうです。ほんとに青天井の予算。

佐藤　制作費としても広告会社には相当落ちるんですね。

本間　「笑顔のある街」シリーズは柏崎刈羽や女川など、あちこちで撮影している。当然そこの取材費も必要になる。そういうカネは無尽蔵にあったということです。

佐藤潤一氏

報道機関であることをやめる新聞

佐藤　福島民友・民報、福井新聞は七〇年代からずっと原発推進の論調が明らかですが、新潟日報に関しては、広告は載せつつも一方で批判的な記事も書く。それはどういうバランスなんでしょうか。

本間　電力関係の広告が経営を左右するほどの量ではなかったためだろうと思います。巻原発の住民投票の時は異常に増えるけど、それ以前はそんなでもなかったんじゃないか。住民投票が一九九六年で、その年は少なくとも七〇〇段出ています。

佐藤　すごいですね。

本間　それでも最低限に見積もっての数字です。それ以前は正確ではないけれど、二〇〇段前後で推移している。それでも多いわけですけど、九六年がやはり異常に増えている。

福井や福島の場合は一九七〇年ぐらいから原発が始まっていて、その頃から広告の出稿が新聞社の経営を支えている。原発の広告がどんどん入ってくる。新聞社にそれほど潤沢な広告収入があったわけではない頃から、原発広告はひとつの確立した収入源としてあって、それが外せなくなっていったのではないかと推測できます。そうすると、記事を書く編集局――これは、報道部とか編集部とか呼び名はさまざまですが――と、広告を司る広告局があって、二つはフロアもたいてい分かれているわけですが、最終的にどっちの力が強いかとなった時に、おそらく広告出稿が非常に多い新聞は広告局の方が強くなる図式があると思うんです。

佐藤　広告局が強くなってしまうと、報道としての本来の機能は薄れていってしまいますよね。そうすると誰のための新聞なのかということに疑問符が付きます。

本間　新聞は報道機関ではなくなってしまって、ただの広告を載せるメディアに変貌してしまう。ただ、これは地方紙ごとの差が結構あって、特に福井と福島はわりと早くからそこに組み込まれてしまっているので、記事の論調も非常に原発推進です。もちろん、社主や経営者の考え方もあるし、ほかの要素もいっぱいあるけれど、結局最後に拠るところはカネです。

佐藤　これだけ顕著に出稿の金額や広告数、内容の傾向が現れるというのは、調べてみないと分からないことですよね。

本間　今回は記事も極力調べました。もちろんぜんぶ拾えたわけじゃないけれど、集まった記事を見るだけでも、この新聞は原発翼賛しているとか、この新聞は中立だとかは分かります。

佐藤　グリーンピースもこれまでずっと現地の市民運動と一緒になって原発反対の活動を行ってきましたが、例えば青森で活動している人たちの話を聞くと、東奥日報は原発推進派だとみなさんおっしゃるわけです。そういう中で広告の位置づけが非常に大きかったというのは、なんとなくは知っている。でも、こうやってまとめられたものを改めて見ると、いかに現地で反原発活動をすることが難しいかがよく分かります。グリーンピースがいちばん多く反原発活動をしてきたのは最も原発推進が強かった青森と福島と福井です。

そこでは市民活動もちゃんと存在していて、現地の方々と協力しながら活動を進めてきましたが、現地の新聞に記事を出してもらうとか世論を作るとかは非常に難しかった。なぜそうなのかが、この本で納得がいきました。

本間　福井や福島は反対派の人の顔写真やデモの様子をあんまり載せていないんです。やっぱり顔写真が出ると出ないとでは違うわけですよ。事件記事に犯人の顔が出るか出ないかで印象が違うのとある意味一緒です。賛成派の写真は山のように出て、それは広告にもなっている。ところが反対派の顔写真は出ない。福井や福島の新聞だと、「反対派はごく一部」とか、「わずかな反対派のために」とか、わざとそういった言葉を入れるんです。それで顔写真もデモ写真も載せない。そうすると人間のイメージってすごく小さくなっていく。そういう印象操作があったわけです。

佐藤　記事の作り方ひとつで、顔も見えないわけの分からない人間が反対してるっていうイメージが作れちゃう。

本間　新潟日報や北海道新聞は逆で、デモの写真もたくさん載っています。お母さんが子供と一緒にいる写真もある。そういうところを巧妙に計算してわざと載せないようにしている新聞と、ちゃんと載せている新聞と、その差はあります。どうしてそういうことが起こるのかといえば、それは流れているカネが違うということです。

佐藤　いわゆる原発推進側としては、総括原価方式で、みんなのカネを吸い上げながらそれを使って広告を出す。一方で吸い上げられながらも反対活動しなきゃいけない人たちは一切それにアクセスする権利がないわけですよね。そうすると圧倒的な宣伝広告力の違いが出てしまう。

本間　そういう構造って、反対運動をしている人にはなかなか分かりにくいところでしょう。でも、推進派は圧倒的な物量と資金力で、ローラーで潰しにかかる。それに対して今までは対抗の方法がなかったけれど、インターネットが少し風穴を開けているという気はします。それでも差は依然として大きいですけどね。

佐藤　トータルのパッケージで見ると、もちろん広告だけじゃなくて、補助金という形で相当な税金が地域に落ちるわけです。そういうのを総合すると本当にこれに対抗するのはすごく難しい。だから巻町みたいに住民投票までもっていって原発を追いやることができたのは非常に貴重ですよね。

本間　他でも住民投票したいという声が上がったところがいくつかあったけれども、実際に投票までこぎつけたのは巻町しかない。これはやはり画期的です。でも、もしこの時、新潟日報がカネに転んで、賛成派・推進派の片棒をかつぐような報道を展開していたら、結果はひっくり返っていたんじゃないか。そこを踏みとどまって頑張ったのは偉いと思います。そうはいっても、新潟日報にも原発広告は結構出てますけどね。

地方の広告事情

佐藤　地方紙にとってみると、広告を掲載したいと来たものに関しては、審査は一応あるけれどもたいていすべてＯＫになるわけですよね。そうすると、うちは別に選んでいるわけじゃなくて、ただ来るものを載せているだけという風に言えるのですか。

本間　新聞社には広告審査部があって、広告はすべて審査します。そこでどうしようもない広告はハネるわけです。やっぱりあるんですよ、これを食べると百年生きられます、みたいなのが（笑）。そういう健康食品の広告とかは厳しくハネる。仲介している広告代理店がどこなのかも重要です。博報堂や電通がもってくる広告は、チェックはしますがハネない。でも地場の小さな広告代理店がもってきたものは厳しく審査する。そういう傾向はどうしてもあります。そういうことを前提にしても、地方紙の原発広告に対するチェックは異常に甘いと思います。ＮＵＭＯ（原子力発電環境整備機構）の広告は九〇年代後半から出るわけですけれど、地層処分は安全であると言い切っちゃっている。全国紙なら、言い切りは審査の段階で引っかかるから、なかなか載らない。だから審査の甘い地方紙にバカスカ出す。地方紙にＮＵＭＯ（原子力発電環境整備機構）の広告がほぼ同じ原稿でずっと出ているのには、そんな理由があるわけです。

佐藤　地方ならば断定的な広告も審査を通っちゃうわけですね。

本間　代理店でも、全国紙はきついから地方紙にもっていこうぜという話になる。それは内部でそれを作っていた人から聞いた話なので、まず間違いない。

佐藤　広告局は、例えば原発推進の広告を載せたから原発反対の広告もなんとか獲ってこようという風にバランスを取るような方向では動かないのですか。

本間　動かないですね。反対派の広告を獲りにいく努力をしていることが推進派に知れたら、そんなことするなら載せないよと言われかねない。それは恐いから、やりません。

佐藤　おカネの論理というのはすごいですね。こうやってまとめて見れば、露骨な誘導であることは疑う余地がありません。広告局の人には、こういうのを載せ続けたら世論操作につながりかねないぞという意識とか危機感はないのですか。

本間　たぶんないでしょうね。いやあ、今日も広告枠が埋まってよかったなあ、くらいだと思いますよ。

佐藤　日々広告枠を埋めるのに必死になっちゃう。

本間　ぼくも富山にいてローカルの新聞社と仕事していたわけですが、ミニ枠だと三万円くらいでした。それでもその枠が埋まらなくて、前の日にいきなり「博報堂さんなんとかなりませんか」と電話がかかってくる。埋まらなくていつも苦労している。そこへ、電力会社というか原発はいくらでも広告出してくれる。なんてありがたいんだろうって思っちゃうわけです。

佐藤　新聞社の経営において購読料と広告料の比率ってどれぐらいですか。

本間　全国紙ではだいたい五対五ですね。六対四で購読料の方が多いところもある。ただ地方紙は部数が少ないわけです。例えば福島でいえば、民報と民友は、二三万部と二五万部くらいでしかない。ということは購読料はたかが知れているわけですから、広告に頼る。購読料だけではやっていけない。

佐藤　広告料の比率が上がるわけですね。

本間　地方紙は全国紙より広告の割合が高いと思います。部数が少なければ広告で稼ぐしかない。

形を変えて復活する原発広告

佐藤　そういう中で原発推進が続いてしまったという構造ですね。これは、今だからこそ見直さなきゃいけない。にもかかわらず原発広告が復活しているという終章の指摘は驚きました。原子力産業協会に博報堂とアサツーディ・ケイが入ったというのはびっくりしましたが、この辺りはどうしてなんですか。

本間　大きなカネの匂いがしたということだと思います。広告費だけでいえば当然三・一一以前の方が圧倒的にあった。東電が山のように出していた。今は電力業界または電気事業連合会から広告費を得ようとしても、かつてより圧倒的に少ないはずだから、それを獲りにいくということは考えにくい。じゃあ誰がカネ出すのかっていったら、あとはもう国や政府しかないですよね。そして、国の機関が出すとしたら、今は復興予算という名目で出すしかない。ここに何か大きなタマがあるということなんじゃないかなと睨んでいます。

佐藤　なるほどね。

本間　広告の研究をしている海外の大学の学生がこのあいだ東北博報堂に行って福島支局の副支社長だかにインタビューしてきたそうです。そうしたら、今の東北博報堂の売り上げの三割は風評対策費だと言われた。風評対策といっても、みんなバラバラにやっているわけですよ。福島市の風評対策もあれば福島県もある、なんとかの農協の風評対策費もある、という具合に。それを積み上げていくと売り上げの三割になる。

佐藤　風評対策と言えばカネが落ちるという状況があるんですね。

本間　獲りやすいということなのかもしれない。あるいは、それ以前にあった広告がなくなってしまって、風評対策という名の公共事業に頼らざるを得なくなっているとも見える。そこはちょっとはっきりしないんですが。ともかく、東北博報堂の例を聞いて、だから博報堂もアサツーディ・ケイも入ったのだと合点が行きました。結局、復興予算はまだまだ続くわけですから、風評対策を名目にいろんなおカネが落ちてくる。それを獲りにいっているのだなと思います。

で、以前のような原発広告は今はさすがに打ちにくい。復活はしているけれど、量としては圧倒的に少ない。今は全国のどこかで原発広告が出ると誰かがツイッターで「本間さん、こんな広告が載りましたよ」と通報してきてくれる（笑）。それをぼくがリツイートすると、たぶん抗議の電話かけたりする人がいると思うんです。だからメディアとしてもやりにくい。そこで、原発広告は風評対策に姿を変える。「原発事故は起きない」とはもう言えないけれども、「事故の被害なんて大したことない」とか、「全てコントロールできる」とか、「除染すれば大丈夫」という、新たなPRになりつつある。そこに国や地方から予算がつく。それに広告業界は乗っかりつつある。

佐藤　今後原発を再稼働したいということに

なってくれれば、それに対しての広報は広がってくるわけですよね。

本間　新たに広告として出せるとしたら、「規制委員会が出した基準を満たしました」、「こんなに防壁が高くなりました」という形でしょう。「前のものは五メートルしかなかったけど今のは一〇メートルあります」とか、「免震重要棟は必ずあります」とかいうのを広告で作って、またニッコリと笑った女性が「原発行ってきました」みたいな広告なら作れなくはない。バカスカとは打てないけれども、それは可能性あります。

佐藤　ある程度はそういうものが出ているわけですね。

本間　「復活」には二つの形があります。ひとつは従来の広告の形で少しずつ復活している。もうひとつは、もう「事故は起きない」とは言えないから、「起きたとしても」というPR・PAに特化した新しい形。今はそっちにカネが行く。ある意味これは三・一一以前よりもタチが悪い。完全に国民を騙しにいっているわけだから。三・一一以前の原発広告はもちろん悪いけれども、それはしょせん広告で、信じない人は信じない。だけど新しい形のものは非常に巧妙で、そこにまたぞろ大学の先生とかが山のように出てきて、大丈夫と太鼓判を押す。しかも今度は広告じゃなくて風評被害対策となっていくと、もっと信じる人が増える可能性もある。たぶん今そっちに向かっていて、博報堂とアサツーディ・ケイはそれをやることに決めたということだと思うんです。

普通の市民が変える
――グリーンピース・ジャパンの可能性

本間　今回、グリーンピース・ジャパンがぼくとタッグを組んだ作業が、この本に結実しました。そもそも、グリーンピース・ジャパンというのはどういう組織で、これまでとくに原発問題に関してはどんな運動を展開してきたのか、そこを少しお話しくださいますか。

佐藤　一九七一年にアメリカの地下核実験に反対し、「船で実験場の近くまで行って抗議しよう」と集まった人々が、環境を守る「グリーン」と反核・反戦・平和の「ピース」を結びつけ「グリーンピース」と名乗ったのが、そもそものグリーンピースの由来です。現在はオランダ・アムステルダムに本部を置き、全世界二八〇万人のサポーターに支えられ四〇ヶ国以上の国と地域で活動しています。気候変動、核、森林保護、海洋生態系保護、持続可能な農業、有害物質など幅広い問題を取り上げて非暴力の抗議活動を展開したり、独自の調査・研究、代案提示、政策提言を行ったりしてきました。

団体の大きな特徴は二つ、非暴力直接行動

の活動と、政府や企業からの資金に頼らず個人の方からの寄付のみで独立して活動しているということです。

日本支部であるグリーンピース・ジャパンでは、原発の問題には、一貫して取り組んできています。具体的に言うと、六ヶ所村の問題に関してはずっと活動してきています。具体的に言うと、青森六ヶ所村の原発が稼働する前に放射性物質の放出がないか大気汚染調査をしたり、福島では二〇〇〇年のMOX燃料使用差し止め裁判の裁判事務局になったりしました。住民投票のあった巻町へはグリーンピースの船が行って原発反対活動をしました。現在は再稼働を止めるべく鹿児島の川内《せんだい》原発に注力していて、いかに避難計画が穴だらけかを現地調査から明らかにしていきます。グリーンピースは、問題を調査し、まとめ、告発し、その後講演会やロビー運動を展開しマスコミに語りかけるというサイクルを活動の基本にしています。そういう組織であるので、本間さんの『原発広告』を拝見したときに、グリーンピース・ジャパンの活動と姿勢が似ているなと感じました。

さて、原発広告にカネが費やされ、それが原発推進に使われていくというブルドーザーのような流れ。これをどうやったら断ち切れるのか。福島の事故があって、広告そのものは一気に減ったけど、またこれが形を変えて復活しようとしていると。そうすると結局、こうしたことを生じさせる構造自体にメスを入れなきゃいけない。

グリーンピース・ジャパンは本間さんと講演会もご一緒しましたが、講演会のあとに、本間さんと、地方に関しても何かできないかという話になって、それで今回、地方紙の調査に協力させていただいたわけです。ボランティアさんにも協力いただきましたけど、とにかくすごい量の広告ですね。集まった資料の束を見た時はびっくりしました（笑）。

本間　すごいですよね。ボランティアさんは何人になるのですか。

佐藤　合計三六人です。延べ時間にすると一〇〇〇時間以上は費やしていると思います。延べ一三六年分調べていて、一年調べるのに九時間はかかる。私も最初だけ見たんですけど、すごく大変な作業です（笑）。

本間　今回の本はグリーンピース・ジャパンの協力がなかったら、とても作れなかった。全てを犠牲にして国会図書館に一年間籠ってやるというなら別だけど、仕事もあるし、ちょっとできないじゃないですか。この本を作るにあたって、過去をきちんと検証することは大きな意義があるけれども、それと並んでもうひとつ、こうしてNGOの力でメディアを検証できるということを証明できたことが大きいと思います。こうやって記事をたくさん集めて本にしてみれば、ほら見ろよ、こんなひどい広告が山のように載ってたんだぜ、ということが一目瞭然で分かるようになる。しかも調べてくださったボランティアさんたちは一般の市民なわけですよね。

佐藤　そうです。

本間　特殊な能力が必要な、専門的な作業を依頼したわけじゃない。これとこれとこれの何曜日の紙面を調べてくださいと言って、それをみんなで集めることさえできれば、普通の市民の手でメディアや世の中に警鐘を鳴らすことができる。

佐藤　今回どうしてもボランティアさんに協力してもらいたいと思ったポイントはそこです。三・一一以降、今まで市民活動に参加したことがなかった人でも、何か自分もやりたいという人が増えている。でも具体的に何をすればいいか分からないし、自分一人で何かをやってもきちんとしたものができるかどうか不安という方がいっぱいいる。そういうところへグリーンピースが一緒にやれる具体的な作業を提案することができ、実際に良い資料がこんなに集まった。これってメディアに対してかなりのプレッシャーになると思うんです。不正や社会問題を生み出す構造をしっかりと調べて検証し、具体的な事実として追及する、そういうものを作り上げることができた。これは、今NGOや一般市民社会がやるべきことのひとつだと思います。

本間　タイミング的にも原発の再稼働が近づいていて、それに伴って原発広告もそろそろ蠢きだしている。博報堂もアサツーディ・ケイも向こう側へ行っちゃった。これから原発推進勢力がアクセル踏み込むかというところで、こっちだって本腰入れて抵抗するよというものが作れた。今回は地方紙を調査するという形でしたが、このやり方は、応用の仕方が色々考えられますよね。

佐藤　参加した方が今回三十数人いたので、国会図書館に行くと仲間がだいたい三、四人はいるんです。顔も知っている。そういう仲間がいたからやれたという参加者の感想がありました。調査に際して、チェックする箇所が被らないようにメーリングリストを作って作業を共有していたのですが、それが自然と違う方向に変わっていった。例えば集団的自衛権をめぐるデモがどこそこで行われますとか講演会や勉強会がありますとかいう情報共有の場にもなっていったんです。

本間 それは素晴らしいことですね。ボランティアさんは男女どちらが多かったですか。

佐藤 女性が多いです。国会図書館が平日の一九時までしかやってないこともあって、日中に融通の利く方が中心でした。

本間 グリーンピース・ジャパンの会員の男女比はどうですか。

佐藤 男女五分五分、若干女性が多いです。

本間 海外と比べて日本には、原発問題にかぎっても、図抜けたNPO、NGOがないですよね。例えば原発再稼働という局面で、海外だったらグリーンピースが発言すると、その重みが違います。会員数も全然違うしね。そういう市民チェッカーとしての大きな団体がないのが日本のきついところです。もっとグリーンピース・ジャパンに大きくなってもらいたいと思うのだけれど、どうも鯨方面でシーシェパードと混同されて（笑）、グリーンピースの活動が誤解されていると感じます。

佐藤 海外だと必ずマスコミは両論併記しようとします。で、反対派というとグリーンピースに取材に来て、市民社会代表としてのコメントを求める。だからブルームバーグでもCNNでもABCでもBBCでも重要な問題に関してはほとんど取材に来る。ところが日本の新聞は、まず来ない。両論併記というジャーナリズムの基本がそもそも欠けている。そうやってこれまで市民社会の声を紙面に載せてこなかったので、市民社会は怪しい、NPO、NGOは怪しいというイメージが根強くあります。

本間　何にでも反対する極端な集団というレッテルを貼っていますよね。それは日本にとって損失です。かつてイーデス・ハンソンさん時代のアムネスティ・インターナショナルが力をもっていた時期がありましたが、ここ一〇年以上、低迷気味です。どうして原発に反対しないいんだってアムネスティに訊いたんです。そうしたら「うちは人道問題だけやってるから」と。いやいや十何万人が避難させられているんだから、立派な人道問題でしょうと言ったんだけど、いまだにアムネスティは表立って反対はしていません。

佐藤　市民社会で重要なのは、反対をいかにきちんと言えるかです。何もかもに反対ということじゃなく、きちんと代替案を出す。例えばグリーンピースは国連の「総合協議資格」という、国際会議で発言できる資格ももっている。海外に行くと例えばドイツでは会員が八〇万人いる。するとどの政党の会員よりもグリーンピースの会員の方が多いわけです。だから国の政策に対してＮＧＯやグリーンピースのチェック機能は果たされる。三・一一以降にドイツで原発を最終的にどうするかという議論が巻き起こりましたが、そういう国の政策を左右する場面でも必ずグリーンピースの代表者が出て行き、市民代表として議論に参加する。そういうチェック機能を果たすという点でグリーンピースの役割は重要だと考えています。それと、今回こういう調査協力ができたのも、グリーンピースが政府や企業に一切カネをもらってないからです。ヒモ付きになってしまう、つまりメディアや東電や政府から寄付をもらったりしてしまえば、こういう批判をやろうとしてもどうしても躊躇してしまう。そこは一般市民の寄付だけで運営されているということの強さです。

本間　そういう組織にきちんと力をつけてほしい。じゃないとこうやって増長する輩が現れるから。

佐藤　インターネットの普及によって初めてグリーンピースのことを知ったという人は結構多いですけれど、以前は新聞だけの報道で、すごく誤解されてきました。三・一一以降、政府や企業への信頼度が下がってきて、それに対してもの言うグリーンピースの信頼度が上がっていくという流れが出てきたものの、まだまだ日本社会の中では力が弱い。そこを変えていかなきゃいけない。その鍵になるのが、一般市民と協力してやるということだと思っています。今回ボランティアさんが参加してくれて、すごく良いものが出来上がった。二〇一四年の今年はグリーンピース・ジャパン創立二五周年ですが、その節目に当たって、市民との協力で問題追及したことが形になったというのは、これからの日本の市民社会にとって大きなことです。

第三章

青森

東奥日報

青森県

世帯数　五八万一〇〇〇

県内の新聞シェア上位二社

一位　東奥日報（一八八八年創刊）　二四万八〇〇〇部、世帯普及率四二・六％
二位　デーリー東北（一九四五年創刊）　九万八〇〇〇部、世帯普及率一六・九％

建設された原子力発電所と稼働開始年月

東北電力　東通原子力発電所（青森県下北郡東通村）
一号機　二〇〇五年一二月
日本原燃　濃縮・埋設事業所（青森県上北郡六ヶ所村）
一九八八年八月
日本原燃　再処理事業所（青森県上北郡六ヶ所村）
一九九九年一二月
電源開発　大間原子力発電所（青森県下北郡大間町）
建設工事中

まるで土砂降りのような広告出稿量

序章の「原発広告出稿表」で一目瞭然ですが、いわゆる複数の原発や核燃料サイクル施設がある原発立地県の地方紙の中で、東奥日報ほど原発広告を掲載してきた新聞はありません。それは原発だけでなく核燃料サイクル施設があり、電力会社以外にも複数の広告主が存在していたからでもありますが、それにしても同じ日にいくつもの異なる原発広告が掲載されていた紙面は明らかに異様であり、もしリアルタイムでその日の新聞を読んでいたら、原発広告ばかりが並ぶ紙面構成に驚愕していたことでしょう。

二〇〇〇年代後半の毎年六〇〇段以上というのもすごいのですが、一番目を引くのは、八六年に七七七段という最高段数を記録していることです。この年は言わずと知れたチェルノブイリ原発事故が発生し、他紙では広告出稿が減少したのですが、核燃料サイクル施設建設のスタートにあたっていた青森では、逆に広告出稿を増やして県民の不安を鎮めようとしたのではないかと思われます。しかもこの調査は週末の広告出稿を足し上げただけであり、八六年の全日を調べたわけではないので、この数字はもっと増える可能性があるのです。

通常、地方紙においては、契約段単価（出稿する段数に応じた単価。段数が多ければ単価は安くなる）の設定は多くても三〇〇段程度までしかありません。ブロック紙である北海道新聞は六〇〇段までありますが、地方紙ではそこまでのスポンサーがなかなかいないので、そういう規定がないのです。ですから、東奥日報における原発広告の出稿が六〇〇段以上あるというのが、いかに巨大なものかお分かりいただけると思います。

ちなみに公開されている同紙の段単価は二〇段で一八万五〇〇〇円ですから、その金額で計算するならば、八六年は七七七段で一億四〇〇〇万円、二〇〇九年は六四六段で一億一〇〇〇万円、二〇一〇年は六七六段で一億二〇〇〇万円という、地方で一社（正確には一社ではないが、原発関連というカテゴリーでまとめて一社とする）としてはありえないくらいの広告出稿があったことになります。

しかも、電力会社の支払いは全て定価ベースで行われていた、という情報もあります。もしそうならば、段単価は二四万一〇〇〇円となるので、八六年の広告費は一億八〇〇〇万円にもなっていたことになります。そして当然ですが、この金額は全て電力料金から支払われたのです。

特に毎年一〇月二六日の「原子力の日」はそれが際立っていました。この日はどこの原発立地県でも必ず一つか二つの広告出稿はありますが、例えば二〇〇三年の東奥日報は七広告主・合計二九段もの原発広告ばかりが並んでいたのですから、異様な紙面だったに違いありません。また、電力関連企業ばかりでなく、青森県による出稿が非常に多いことも、一つの特色でした。

そして、同社は原子力産業協会に加盟しています。この協会は原発製造企業を中心に、銀行や生保など金融関連も含め、ほとんどの原発関連企業が加盟していますが、全国の新聞社で加盟しているのは東奥日報・福井新聞・三重新聞の三社だけです。つまり、同社は基本的に原発推進の立場に立っているのです。ただし、福島民報や民友に見られたような、一方的な原発翼賛記事はあまり見られず、チェルノブイリやＪＣＯなどの事故の報道は、量的にかなり多い部類に入ります。

ただ、新潟日報や北海道新聞に見られるような、原発に対して痛烈な批判記事はほとんど見られません。そこには、事象としての原発事故の報道はするが、原発の存立に関わるような根源的部分を批判しない、という不文律のようなものが存在しているのでしょう。スペースの都合で実際の掲載量の数分の一しかお見せできませんが、その様子を垣間見ていただければと思います。

東奥日報

'86年、本番を迎える原燃サイクル

特集

六ヶ所村のサイクル施設とは

サイクル施設を訪ねて

エネルギー自立へ

安全確保を最優先に

三倍にふえた人口

原子燃料サイクル施設の建設に一層のご理解を

日本原燃サービス株式会社　日本原燃産業株式会社　電気事業連合会

1986年1月1日　原燃・電事連　15段

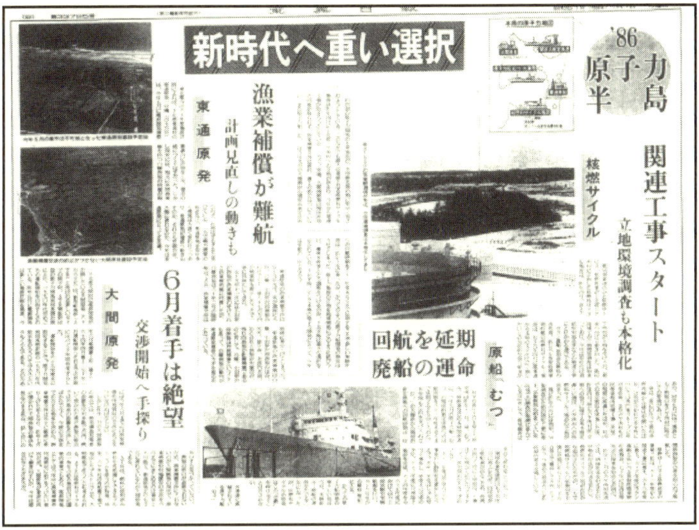

'86 原子力半島

新時代へ重い選択

関連工事スタート
立地環境調査も本格化
核燃サイクル

漁業補償が難航
計画見直しの動きも
東通原発

6月着手は絶望
交渉開始へ手探り
大間原発

回航を延期
廃船の運命
原船「むつ」

1986年1月1日　記事
まさしく青森県は「原子力半島」になることを宣言しているかのような記事。この時点では、まだ原子力船むつがあり、東通原発も核燃料サイクルも完成していない。漁業交渉や地権者との交渉を円滑に進めるため、本格的な広告攻勢が開始される。

原子燃料サイクルの施設を訪ねて―12 再処理工場

六ヶ所村に建設される再処理施設には、最新の技術が結集されます。

六ヶ所村につくられる再処理施設には、とても大きな意味があるのですね。

●レポーター
岩谷昭子さん

東海再処理工場で確立された高度な技術が生かされます。

国内外のさまざまな最新技術が導入されます。

六ヶ所村に建設される再処理施設の概要をご紹介します。

日本原燃サービス株式会社
日本原燃産業株式会社
電気事業連合会

原子燃料サイクルの施設を訪ねて―13 動力炉・核燃料開発事業団 東海事業所

六ヶ所村につくられるウラン濃縮施設は、高度な技術の集大成です。

日本は20年以上もウラン濃縮の技術を積み重ねているのですね。

●レポーター
岩谷昭子さん

ステップをふみながら、高度な技術に磨きをかけています。

確立されたさまざまな最新技術が結集されます。

六ヶ所村につくられるウラン濃縮施設の概要をご紹介します。

日本原燃サービス株式会社
日本原燃産業株式会社
電気事業連合会

1986年1月5日・1月19日　原燃・電事連　各5段

「原子燃料サイクルの施設を訪ねて」シリーズNo.12、13。同シリーズは18回続いた。

原子燃料サイクルの再処理施設は次のようにして安全が確保されます

一　国による厳しい安全審査等の実施

国は、立地環境調査等を踏まえて作成された基本設計を対象に厳しい安全審査を行うとともに、詳細設計・工事方法等についても厳重なチェックを行います。

なお、安全審査にあたっての指針は、原子燃料サイクル施設全般を対象にしたものがありますが、今月[illegible]日には、再処理施設を対象とした指針が決定される予定です。

二　国による検査等の実施

国は、操業前に設備・機器類のチェックを十分に行うとともに、保安規定を厳しくチェックします。また、毎年一回、設備・機器類のチェックを行うなど、操業中の安全を確保します。

三　国内外の最良の技術の採用等による安全の確保

事業者は、安全を確保するため、①国内外における最良の技術を採用し、建設及び運転を行う、②多重防護の考え方により放射性物質を閉じ込めるとともに、異常の発生防止・事故への拡大防止を図る、③周辺環境での安全を確認するため、環境モニタリングを実施するなどの対策を講じます。

四　県による環境モニタリングの実施

住民の安全と健康を守る立場から、県も環境放射線、環境放射能の測定・監視など環境モニタリングを実施し、環境の安全を確認します。

五　安全協定の締結による規制

国による安全規制のほか、県も事業者と安全確保のためのきめ細かい内容を盛り込んだ安全協定を締結して、これを守るよう指導して行きます。

〈再処理とは〉

原子力発電所では、ウラン235が燃えて（核分裂して）発生する熱を利用し発電しますが、同時に燃えないウラン238の一部がプルトニウムという新しい燃料になります。

したがって、燃え終った使用済燃料には、燃え残りのウラン、プルトニウム及び燃えかすである核分裂生成物等が含まれています。

使用済燃料から、このウランやプルトニウムを取り出し、有効利用しようとするのが再処理です。

再処理工場では、一般の化学工場のように、化学処理により、ウラン及びプルトニウムを取り出します。

〈再処理工程の概要〉

青森県

（国からの委託広報事業）

1986年2月18日　青森県　15段
まるで事業者のような広告を青森県が出稿。

1986年2月22日　「赤木春恵さんの原子力レポート」　資源エネ庁
15段

東奥日報

原子燃料サイクルの施設を訪ねて 17 東京電力・福島第一原子力発電所
大熊町、双葉町では雇用が増え、経済活動も活発になりました。
出稼ぎに行く人がとても少なくなったそうです。
日本原燃サービス株式会社
日本原燃産業株式会社
電気事業連合会

(電源三法交付金による地域振興)
電源三法交付金制度とは 原子力発電所等の立地する周辺地域における生活環境の向上を図って、原子力発電所等の円滑な立地を行うことを目的として、国が昭和49年6月に創設した制度です。
交付対象は 原子力発電所等の所在市町村及び周辺市町村です。
交付期間は 原則として原子力発電所等の建設工事が開始される年度から原子力発電所等が運転を開始した後5年までです。
交付額は 出力110万kWの原子力発電所1基の場合、34億円程度となります。
使途は 道路・水道・体育館・公園・診療所等の生活関連施設、農道・養魚施設・商工会館等の産業振興に寄与する施設等広く公共用施設の整備に使うことができます。
電源三法交付金は、地域振興に
大きな役割を果たすことが期待されます。
地域とともに歩む原子力
青森県

1986年3月16日　原燃・電事連　7段
1986年3月17日　電源三法交付金の解説広告　青森県　7段
自治体が自ら交付金の恩恵を広告するのは珍しい。まさしくカネありきの原発行政を象徴している。

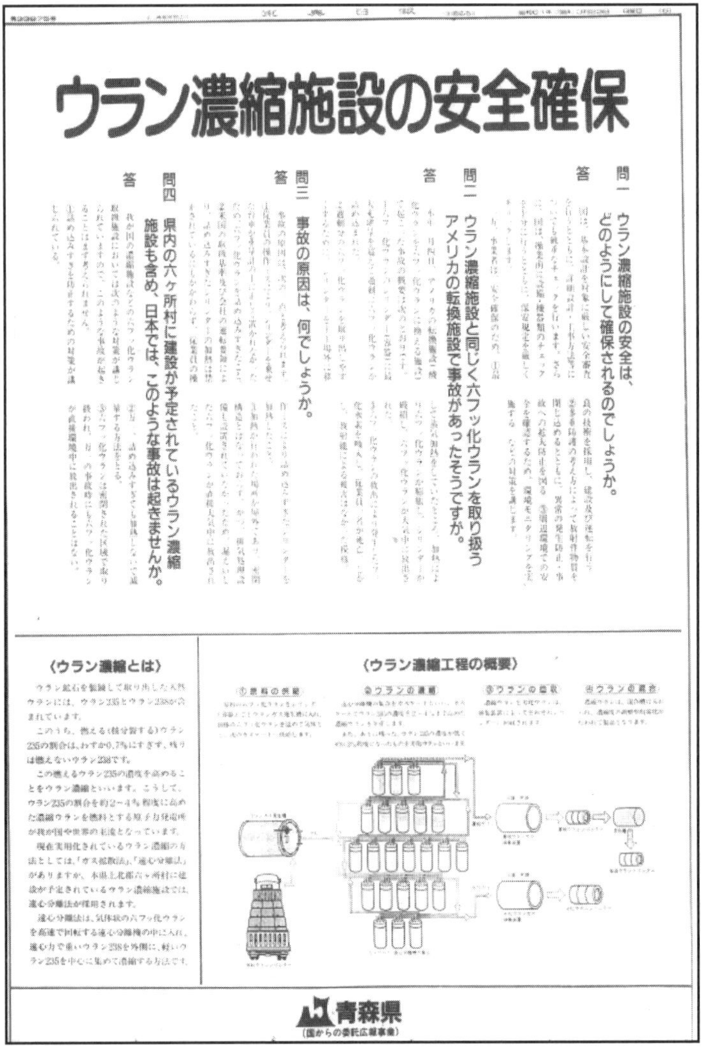

ウラン濃縮施設の安全確保

問一　ウラン濃縮施設の安全は、どのようにして確保されるのでしょうか。

答

問二　ウラン濃縮施設と同じく六フッ化ウランを取り扱うアメリカの転換施設で事故があったそうですが。

答

問三　事故の原因は、何でしょうか。

答

問四　県内の六ヶ所村に建設が予定されているウラン濃縮施設も含め、日本では、このような事故は起きませんか。

答

〈ウラン濃縮とは〉

ウラン鉱石を製錬して取り出した天然ウランには、ウラン235とウラン238が含まれています。

このうち、燃える（核分裂する）ウラン235の割合は、わずか0.7%にすぎず、残りは燃えないウラン238です。

この燃えるウラン235の濃度を高めることをウラン濃縮といいます。こうして、ウラン235の割合を約3〜4%程度に高めた濃縮ウランを燃料とする原子力発電所が我が国や世界の主流となっています。

現在実用化されているウラン濃縮の方法としては、「ガス拡散法」、「遠心分離法」がありますが、本県上北郡六ヶ所村に建設が予定されているウラン濃縮施設では、遠心分離法が採用されます。

遠心分離法は、気体状の六フッ化ウランを高速で回転する遠心分離機の中に入れ、遠心力で重いウラン238を外側に、軽いウラン235を中心に集めて濃縮する方法です。

〈ウラン濃縮工程の概要〉

青森県
（国からの委託広報事業）

1986年3月23日　青森県　15段
他県に比べて青森県庁の出稿は多く、前のめりが目立つ。

寺田恵子さんの原子力レポート
「茨城県の東海村」と聞いて何を想像するか？と言われれば、ほとんどの人は「原子力」と答えるに違いありません。
昭和三十一年、日本で最初の原子力施設、日本原子力研究所ができてから三十年。
今では原子力発電所、使用済み燃料の再処理工場、燃料加工工場などなど、全部で十四もの研究機関や会社があるそうです。また、海外からの見学者が、「ジャパン・トオカイムラ」と訪れる
その声を聞いてみようと、「東海村」を訪れました。
くらしと原子力が調和するまち「東海村」。
使用済みのウラン燃料と「再処理工場」
通商産業省資源エネルギー庁

1986年3月30日 「寺田恵子さんの原子力レポート」 資源エネ庁 15段

ソ連原発事故に思う

提言

加藤　和明

技術向上に努力を

1986年5月11日　記事

さすがにチェルノブイリ事故の衝撃は大きく、社説にも動揺が見られる。しかし加藤和明氏（放射線防護物理学者）は、「絶対的安全性を求めたら新幹線だってできない。（中略）この悲劇を乗り越えて技術レベルの向上に努力を続けるならば、（中略）原子力を必要以上に怖がることがなくなるでありましょう」と説いている。福島原発の事故後も、こうした発言はあった。

原子燃料サイクル　この人に聞く❶
資源小国日本のエネルギーをささえる大切な〝輪〟です。
三島良績先生
日本原燃サービス株式会社／日本原燃産業株式会社／電気事業連合会

原子燃料サイクル――この人に聞く２
燃えやすくするために、中身をちょっと濃くするんですよ。
三島良績先生
日本原燃サービス株式会社／日本原燃産業株式会社／電気事業連合会

1986年5月18日・6月1日　「原子燃料サイクル　この人に聞く」シリーズ　原燃・電事連　5段

チェルノブイリ事故で小休止していた広告出稿が再開される。

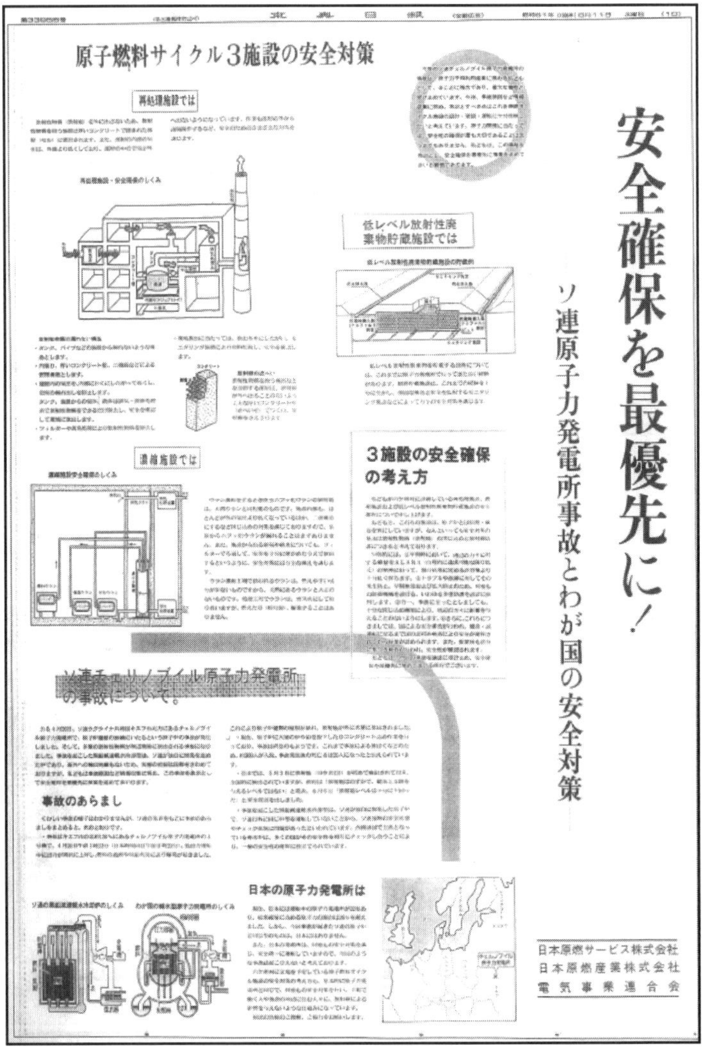

原子燃料サイクル3施設の安全対策

再処理施設では

低レベル放射性廃棄物貯蔵施設では

濃縮施設では

3施設の安全確保の考え方

安全確保を最優先に！

ソ連原子力発電所事故とわが国の安全対策

ソ連チェルノブイル原子力発電所の事故について。

事故のあらまし

日本の原子力発電所は

日本原燃サービス株式会社
日本原燃産業株式会社
電気事業連合会

1986 年 6 月 11 日　原燃・電事連　15 段

チェルノブイリ原発と原燃サイクルの違いを解説。

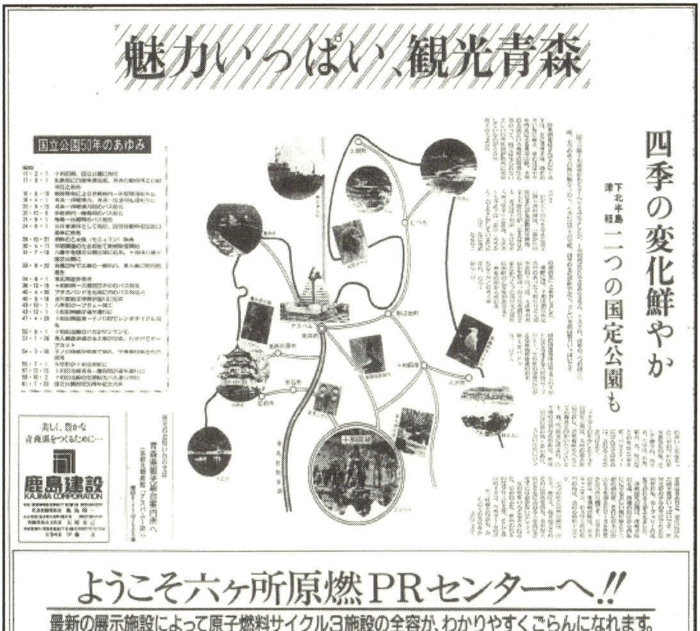

魅力いっぱい、観光青森

四季の変化鮮やか

下北半島 津軽 二つの国定公園も

国立公園50年のあゆみ

美しく、豊かな青森県をつくるために——

鹿島建設

KAJIMA CORPORATION

ようこそ六ヶ所原燃PRセンターへ!!

最新の展示施設によって原子燃料サイクル3施設の全容が、わかりやすくごらんになれます。

（3施設＝ウラン濃縮・使用済み燃料再処理・低レベル放射性廃棄物貯蔵）

PRセンターまでの足（クルマ）

げんねん

六ヶ所 原燃PRセンター

原燃タワー

日本原燃サービス株式会社　日本原燃産業株式会社　電気事業連合会　原子燃料サイクル立地推進本部 青森推進本部

1986年7月19日　原燃・電事連　15段

PRセンターが観光の目玉に…。

原子燃料サイクル セミナー
1
(チェルノブイル発電所の事故と日本の原子力技術)
人も、技術も、安全最優先。
日本の原子力技術のすばらしさを
もっと知って欲しいですね。
村主 進氏
科学技術庁　通商産業省資源エネルギー庁

1986年8月23日　「原子燃料サイクルセミナー」シリーズ　科学技術庁・資源エネ庁　15段
村主進氏（原子力工学試験センター理事）

原子燃料サイクル セミナー ②

放射線の知識あれこれ

もう、充分な経験を積んでいます。放射線をコントロールする技術。

科学技術庁　通商産業省資源エネルギー庁

1986年11月24日　「原子燃料サイクルセミナー」シリーズ　科学技術庁・資源エネ庁　15段
市川龍資氏（放射線医学総合研究所）

ソ連原発事故と我が国原子力発電所(新型転換炉)

明比《あけひ》道夫《みちお》

PR 全く異なっていた原子炉の安全設備

安全第一の管理体制

チェルノブイル原子力発電所

ATR実証炉

青森県

1986年12月8日　青森県　7段

チェルノブイリと日本の原子炉の違いを詳説、危険はないと力説。こうした記事を政府広報や電力会社ではなく、青森県が出稿していた。

安全性高い日本の原子力発電
ブリックス国際原子力機関事務局長 北村知事と対談
PR
地域とともに歩む原子力
——原子燃料サイクル施設立地による地域振興の実現——
青森県
（国からの委託広報事業）

1986年12月25日　青森県　15段
「原子燃料サイクル施設立地による地域振興の実現」

貯蔵管理課の能登茂樹(26歳・六ヶ所村出身)は、〃ガラス固化体〃の管理が仕事です。
ぼくたち貯蔵管理センター貯蔵管理課の社員は30名、平均年齢は30歳。海外から返還される高レベル放射性廃棄物を受け入れて検査し、管理するのが仕事です。
ぼくが日本原燃に入社したのは、昭和62年。以来、通算5年におよぶ研修で電力会社で原子力発電所の運転や保守管理の訓練を受けたり、茨城県東海村の再処理工場で放射性廃棄物を管理する訓練を受けたりして、放射性物質が科学的に管理することができるものだということを学びました。原子力施設を運転し、管理している人たちは、安全管理技術を信頼すると同時に安全を守るのは自分たちなんだという責任感をもって携わっていることも知りました。
まもなく、高レベル放射性廃棄物が〃ガラス固化体〃の状態で送られてきて、貯蔵管理センターの中の貯蔵ピットに収納されます。
ぼくたちの課は、この〃ガラス固化体〃を収納した施設を交替で、24時間・365日休みなく監視し、管理します。
最終処分されるまでの30～50年間、ぼくたちがしっかり安全を守っていきます。
高レベル放射性廃棄物はガラス固化体の状態で貯蔵
毎日しっかり監視・点検し、安全に管理します。
海外から運ばれてきた高レベル放射性廃棄物(ガラス固化体)は、六ヶ所高レベル放射性廃棄物貯蔵管理センターで30～50年間貯蔵・管理します。受け入れたガラス固化体はいくつもの検査を受けてから貯蔵しますが、この検査室やガラス固化体を収納する収納管内部などは、万一の場合でも放射能が外部に漏れることがないように、施設内を施設外より低い気圧に保ちます。また、ガラス固化体を貯蔵する区域や検査室は、地下に配置し、厚さ1.5～2mのコンクリート壁等で放射線をしゃへいします。施設は、堅い岩盤の上に直接建てられ、重要な施設は一般のビルを設計する場合の3倍の地震力にも耐えられ、かつ過去の地震を上回る地震を想定した設計としています。このように貯蔵管理センターではさまざまな安全対策を実施しながらガラス固化体を管理します。
日本原燃株式会社

ちいさな力こぶでも、あつまれば明日を動かせると思う。
青森が育んだ若い力が、この春もたくさん日本原燃に加わります。
今年の4月に当社に入社した新入社員は119名、そのうち地元出身の新入社員は94名、全採用数の約80%を占めています。ふるさとでの就職を決めた初々しい彼らのエネルギーが近い将来、日本の、そして青森の大きなエネルギーになってくれたらと思います。私たちがめざすのは、青森県に根ざした地元企業、青森発展の一翼を担える企業。そしてエネルギー資源のリサイクル・システムのスペシャリストとして、21世紀の暮らしを支える企業となることです。これからも、みなさまとともに明日の日本のエネルギーを考えてまいります。
明日のエネルギーをつくる原子燃料サイクル
日本原燃株式会社

1995年3月30日・5月3日　原燃　5段・10段
地元採用社員の写真を載せ、親近感を演出する手法。

茨城県 東海村
原子力施設
バス見学会
私たちの暮らしに欠かすことのできない電気を支えている原子力施設・村内の様子を見学します。
我が国で初めて原子の火がともって以来30有余年原子力の平和利用推進の村として世界中にも知られている東海村です。
見学日のご案内
青森Aコース ▶青森駅前発▶11月7日(火)～11月9日(木)
弘前Aコース ▶弘前駅前発▶11月9日(木)～11月11日(土)
八戸Aコース ▶本八戸駅前発▶11月13日(月)～11月15日(水)
青森Bコース ▶青森駅前発▶11月16日(木)～11月18日(土)
弘前Bコース ▶弘前駅前発▶11月27日(月)～11月29日(水)
八戸Bコース ▶本八戸駅前発▶11月30日(木)～12月2日(土)
日程
第1日 各出発地22時ごろ出発 (車中泊)
第2日 原子力施設見学 北茨城市内泊
第3日 宿舎8時ごろ出発 各出発地18時ごろ帰着
記入例
①希望コース 青森Aコース
②氏名(フリガナ)、性別、生年月日、職業
③郵便番号、住所 030 青森市本町1-2-15
④電話番号 0177(31)1563
■募集人員／各コース32名様 お申し込み多数の場合には抽選とさせていただきます。
■お申し込み方法(記入例を参照) ハガキに、①希望コース、②氏名(フリガナ)、性別、生年月日、職業、③郵便番号、住所、④電話番号をご記入のうえ、各コースともお一人様一通でお申し込みください。
■締切／10月4日(水)消印有効
■ご案内決定のご連絡 各コース出発日の二週間前頃までにハガキもしくは電話にて直接ご連絡いたします。
■参加費／無料
お申し込みは おハガキで どうぞ!
日本原燃株式会社
「東海村バス見学会」係
〒030 青森市本町1丁目2番15号 ☎0177(31)1563

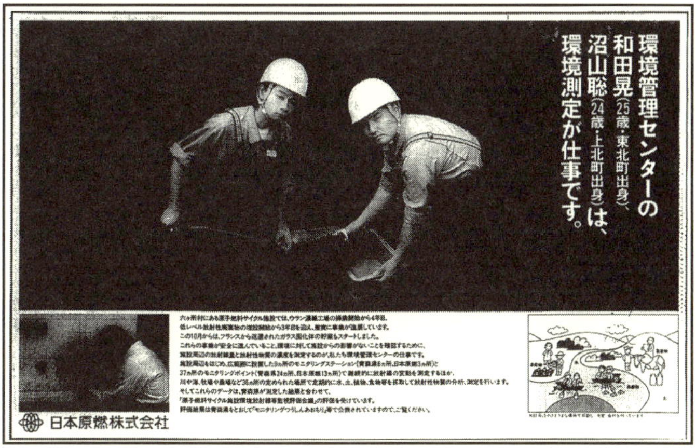
環境管理センターの和田晃(25歳・東北町出身)、沼山聡(24歳・上北町出身)は、環境測定が仕事です。
六ヶ所村にある原子燃料サイクル施設では、ウラン濃縮工場の操業開始から4年目。
低レベル放射性廃棄物の埋設開始から3年目を迎え、着実に事業が進展しています。
この10月からは、フランスから返還されたガラス固化体の貯蔵もスタートしました。
これらの事業が安全に進んでいること、環境に対して施設からの影響がないことを確認するために、
施設周辺の放射線量と放射性物質の濃度を測定するのが、私たち環境管理センターの仕事です。
施設周辺をはじめ、広範囲に設置した9ヵ所のモニタリングステーション(青森県6ヵ所、日本原燃3ヵ所)と
37ヵ所のモニタリングポイント(青森県24ヵ所、日本原燃13ヵ所)で継続的に放射線の変動を測定するほか、
川や海、牧場や農場など36ヵ所の定められた場所で定期的に水、土、植物、食物等を採取して放射性物質の分析、測定を行います。
そしてこれらのデータは、青森県が測定した結果と合わせて、
「原子燃料サイクル施設環境放射線等監視評価会議」の評価を受けています。
評価結果は青森県をとおして「モニタリングつうしんあおもり」等で公表されていますので、ご覧ください。
日本原燃株式会社

1995年10月1日・29日　原燃　半5段・5段

●10月26日は原子力の日です●
たとえば、
渡り鳥が来る
発電所。
ノスリ
オオハクチョウ
マガモ
下北の豊かな自然にとけこむ
原子力発電所をめざしています。
私たち〈でんぱつ〉は、北海道から沖縄まで、全国60カ所をこえる地域で水力や火力発電所の建設に取り組んできました。そのなかで、いつも大切にしてきたことは「自然に調和した発電所づくり」です。そこに生きる動物や植物を良く知ることからはじめ、そうした自然環境を守り、共存することに努めてきました。
いま私たちが大間原子力発電所の建設計画を進めている下北も、豊かな自然が息づくところ。早春にはツバメオモトなどが美しい花を咲かせるヒバの林。厳しい冬もたくましく生きるニホンカモシカやアナグマ、テン…。そして、オオハクチョウやコクガン、マガモ、ノスリ、オオヨシキリなど多くの渡り鳥も、四季折々、大間町など下北の地に飛来しています。
こうした豊かな自然を大切に、多くの動植物と共存できる発電所をつくることが、私たちの願いです。これまでの長年にわたる経験をもとに、これからも、一層の努力を重ねてまいります。
でんぱつ
大間原子力総合立地事務所

東北電力
エネルギーの明日を考える
東京電力
日本で原子力発電所が運転を始めて、今年で30年。
産業と暮らしを支える重要な電源として、確かな歴史を重ねています。
日本経済が高度成長を始めた昭和30年代、資源小国日本の将来を考えた原子力発電の開発がスタートしました。昭和38年10月26日には発電に成功し、その3年後、わが国初の商業用の原子力発電所が運転を始めています。そして昭和48年の石油ショックを機に、石油に替わる、より安定して確保できるエネルギーとして期待が高まり、原子力発電所の着実な建設が進められてきました。
経済発展と生活の向上とともに電気の使用が年々増え続けるなか、原子力発電は電気づくりのベースとして大きな役割を果たしてきました。今では全国で49基が稼働、日本の電気の3分の1をつくり、毎日の暮らしを支えています。また、30年の歴史の中で積み重ねてきたさまざまな経験は、日本独自の安全思想と高度な技術を育て、世界トップクラスの安定運転へとつながっています。これからも経済的で安定した電気をお届けしていくために、私たちは原子力発電の着実な開発に取り組んでいきます。
総発電電力量に占める原子力発電の割合の推移
（電気事業用）
0.3%
6.1%
26.3%
34%
総発電電力量
1,870億kWh
4,140億kWh
昭和41年度（1966）
昭和50年度（1975）
昭和60年度（1985）
平成7年度（1995）
※電気事業連合会資料
日本の
原子力発電は
どれくらい歴史が
あるのですか？

1996年10月26日　電源開発　5段
1996年10月27日　東北電・東電　5段

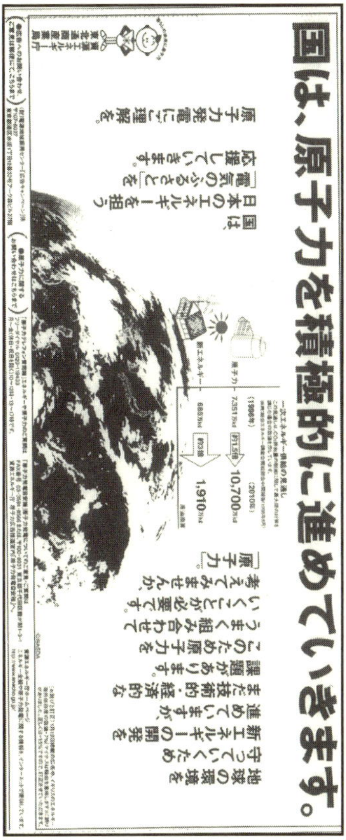
国は、原子力を積極的に進めていきます。
地球の環境を守っていくため新エネルギーの開発を進めていますが、まだ技術的・経済的な課題があります。このため原子力をうまく組み合わせていくことが必要です。
「原子力」考えてみませんか。
国は「電気のふるさと」を応援しています。日本のエネルギーを担う原子力発電にご理解を。

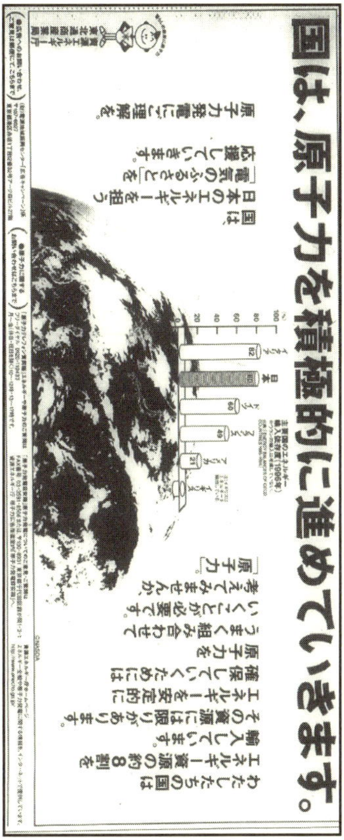
国は、原子力を積極的に進めていきます。
わたしたちの国はエネルギー資源の約8割を輸入しています。その資源には限りがあります。エネルギーを安定的に確保していくためには原子力をうまく組み合わせていくことが必要です。
「原子力」考えてみませんか。
国は「電気のふるさと」を応援しています。日本のエネルギーを担う原子力発電にご理解を。

1999年1月12日・26日　資源エネ庁　各5段
前年に発生した使用済み核燃料輸送容器のデータ改ざん事件で県民に広がる不安感を払拭するように、大量の広告出稿が続く。

高校生が学んだ海外エネルギー事情

フランス スウェーデン 研修座談会

実質的に情報を公開

自国での再処理必要

生徒の力で図書館建設

住民理解へ一生懸命

日本語話しびっくり

明確な意見持ち主張

国の特徴生かし発電

安全には十分に配慮

真剣な取り組み学ぶ

両国とも省エネ徹底

私たちの明るく豊かな未来のために—。

青森県商工会議所連合会

1999年4月17日　青森県商工会議所連合会
高校生6名を原発視察に。

東奥日報

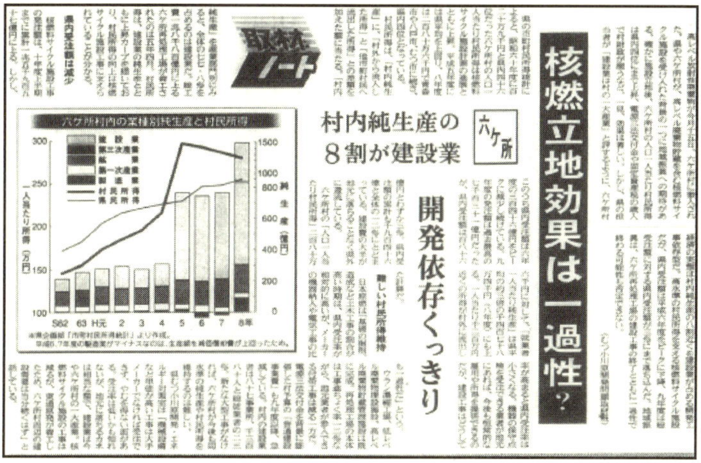

核燃立地効果は一過性？

六ヶ所

村内純生産の8割が建設業

開発依存くっきり

1999年4月19日　記事

原発誘致のお題目に必ず使われるのが「地域振興」「産業活性化」だが、六ヶ所村の場合実に8割が建設業であり、核燃料サイクル施設建設が終わればたちまち困窮するだろうという的確な予測記事。しかし、「県むつ小川原開発・エネルギー対策室は『（中略）建設業は今や六ヶ所村の一大産業。核燃料サイクル施設の工事は減るが、東通原発が着工したため、六ヶ所村周辺の建設需要は当分続くはず』と話している」では、その東通原発建設の終了後は一体どうするべきだと考えていたのだろうか？

でんでん電気のどんどん努力っ!
1
電気のもとになるエネルギー資源。
うまく組み合わせることがポイントです。
がんばる電気
東北電力
やっぱり、
個性をいかしたチームワークだね。

でんでん電気のどんどん努力っ!
2
温暖化をはじめとする地球環境問題。
電気も環境への配慮を忘れません。
がんばる電気
東北電力
うん、
環境が大切だね、毎日のことだから。

1999年7月1日～4日　東北電力「でんでん電気のどんどん努力っ」シリーズ

地井武男氏出演。東北電力の管轄区域だけの広告なので、こうした広告があったことは全国的にはほとんど知られていない。

ツカエルくん、
プールで冷やす。
ツカッテモ・ツカエル
日本原燃は、使用済みの原子燃料を
再びツカエル燃料につくりカエル、
「原子燃料サイクル」を実現します。
日本のリサイクルエネルギーは、
青森から生まれていく。
日本原燃

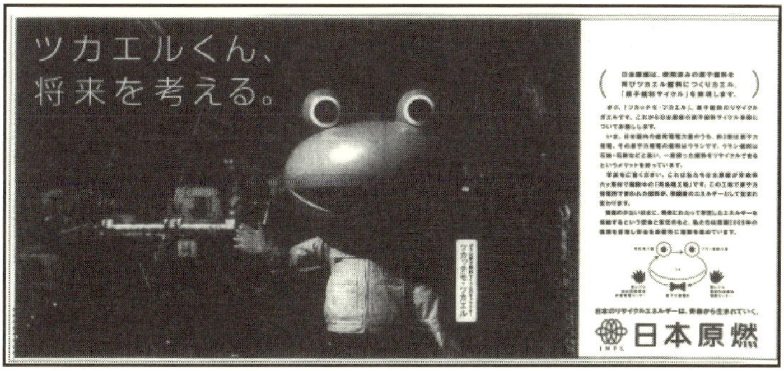
ツカエルくん、
将来を考える。
ツカッテモ・ツカエル
日本原燃は、使用済みの原子燃料を
再びツカエル燃料につくりカエル、
「原子燃料サイクル」を実現します。
日本のリサイクルエネルギーは、青森から生まれていく。
日本原燃

1999年9月26日　原燃　7段
1999年9月29日　原燃　5段
「ツカエルくん」シリーズはこの後1年以上続く。

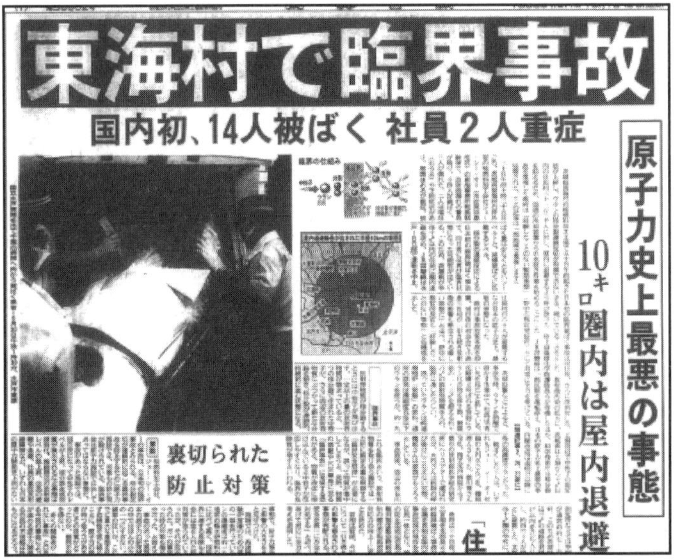
東海村で臨界事故

国内初、14人被ばく 社員2人重症

原子力史上最悪の事態

10キロ圏内は屋内退避

裏切られた防止対策

「経験ない」核暴走に恐怖

東海村臨界被ばく事故

「連絡遅い」住民怒り

1999年10月1日　東海村臨界事故を伝える記事
数面にわたり、衝撃の大きさを物語る。

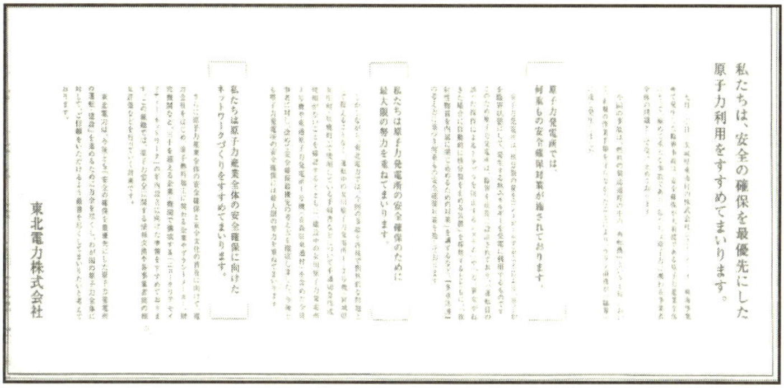
私たちは、安全の確保を最優先にした原子力利用をすすめてまいります。
原子力発電所では、何重もの安全確保対策が施されております。
私たちは原子力発電所の安全確保のために最大限の努力を重ねてまいります。
私たちは原子力産業全体の安全確保に向けたネットワークづくりをすすめてまいります。
東北電力株式会社

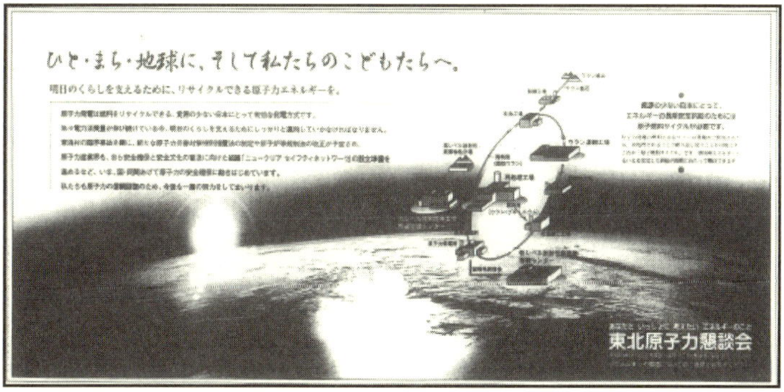
ひと・まち・地球に、そして私たちのこどもたちへ。
明日のくらしを支えるために、リサイクルできる原子力エネルギーを。
東北原子力懇談会

1999年11月14日　東北電　7段
1999年12月5日　東北原子力懇談会　5段
JCO事故の後遺症は大きく、約2ヶ月間ほとんど原発関係の広告出稿がなかった。

75％が「核燃反対」

推進から変化29％

臨界事故機に抵抗感

本社県民意識調査

根強い不安

1999年11月25日　県民意識調査記事

もともと核燃料サイクル施設に反対だった層45.6%に加え、臨界事故を機に推進から反対へ意識が変化した層が29%も増加、合計で75%が核燃に反対という衝撃的な結果になった。記事では県に対し「県民の生命・財産を確保するため、より根本的な施策を模索する必要に迫られている」としたが、そのようなことができるはずもなく、ただ広告が増えただけであった。

あけましておめでとうございます。
二〇〇三年一月、
日本原燃は、本社を青森市から
六ヶ所村に移転しました。
これからも
よろしくお願いいたします。
日本のリサイクルエネルギーは、
青森から生まれていく。
日本原燃
http://www.jnfl.co.jp/

十和田市 文化講演会
「危機管理としてのエネルギー問題」
平成15年1月17日㊎ 午後6時30分～8時
十和田市民文化センター 視聴覚ホール
十和田市西三番町2-1 TEL.0176-22-5200
入場無料
<プロフィール>
<主な著書>
講師 佐々 淳行氏
元内閣安全保障室長
●お問い合わせ／十和田市教育委員会生涯学習課 十和田市西十二番町6-1 TEL.0176-23-5111(内線543)

2003年1月3日　原燃　7段
2003年1月5日　十和田市教育委員会　5段
様々な集客力のある著名人講師を迎えての講演会が増加。

「高レベル放射性廃棄物」をためたまま、
子どもたちに未来を
受け継がせることはできません。
NUMO
原子力発電環境整備機構

子供たちの「未来」のために
今、なにができるかな。
参加者募集
八戸エネルギー
フォーラム・見学会
フォーラム -3月8日-
日　時：平成15年3月8日（土）
13:00～15:30（開場12:30）
場　所：八戸グランドホテル
「双鶴の間」（3F）
〒031-0031
青森県八戸市番町14番地
TEL.0178-46-1234
定　員：250名（先着順）
エッセイスト 安藤　和津
「21世紀型のライフスタイル ～地球環境とエネルギーを考える～」
安藤　和津
中村　浩美
村上　正美
参加費 無料
見学会 -3月15日-
日　時：平成15年3月15日（土）
八戸市庁前 集合 8:30
（貸切バスにて移動）
八戸市庁前 解散 17:30
見学先：東北電力（株）東通原子力発電所
「トントゥビレッジ」
日本原燃（株）
六ヶ所原燃PRセンター
定　員：80名（抽選）
参加費：1,000円（昼食代・当日）
お申込方法
お申込先・お問合せ先
〒105-0003
Fax.03-3593-0956
0120-557-660
お申込締切 3月1日（土）

2003年2月9日　NUMO　7段

2003年2月15日　資源エネ庁　半5段

女性＋子供をダシにするのは、推進派の常套手段。

Q.
「リサイクル燃料備蓄センター」って、
何をするところですか?
東京電力
むつ調査所
A.
原子力発電所の使用済燃料を
リサイクルするまでの間、安全に貯蔵する
倉庫のような施設です。
原子力発電所ではウラン燃料を使って電気をつくっていますが、一度使い終わった使用済燃料の中には、ウランやプルトニウムなど、まだ使えるエネルギー資源が残っています。これらを再処理工場で取り出せば、再び燃料として利用することができます。
使用済みといっても、たいへん貴重なエネルギー資源であり、使用済燃料はリサイクル燃料といえるものなのです。このリサイクル燃料は現在、各地の原子力発電所でそれぞれ貯蔵、管理していますが、発電所の敷地内での貯蔵能力には限りがあります。
そこで、発電所の敷地外でも、リサイクル燃料を再処理するまでの間、貯蔵する施設が必要となっています。これが「リサイクル燃料備蓄センター」です。将来の利用に備えて、貴重なエネルギー資源を一時的に備蓄していく倉庫のような施設というわけです。
■使用済燃料(リサイクル燃料)の流れ
一緒に考えてください
「リサイクル燃料備蓄センター」のこと
第1回

Q.
「リサイクル燃料備蓄センター」は、
どのように運営されるのですか?
東京電力
むつ調査所
A.
東京電力を中心に新会社を設立し、
最終的には5,000～6,000トン程度の
リサイクル燃料を貯蔵する計画です。
「リサイクル燃料備蓄センター」は、貴重なエネルギー資源である原子力発電の使用済燃料(リサイクル燃料)を、安全に静かに貯蔵する施設です。その建設や運営にあたっては、東京電力を中心に他の電力会社(1～2社程度)と共同して、新会社をむつ市に設立したいと考えています。
施設の規模としては、当初、3,000トンのリサイクル燃料を貯蔵する建屋を建設します。その後、2棟目を建設し、最終的には5,000～6,000トン程度を貯蔵する計画です。貯蔵するリサイクル燃料は、新会社に参画する電力会社の原子力発電所で発生したものに限り、東京電力分が4,000トン程度、他の電力会社分が1,000～2,000トン程度と考えています。
貯蔵期間は、施設ごとキャスクごと、それぞれ最長50年間とし、貯蔵後のリサイクル燃料は再処理工場へ運ばれて再利用されることになります。
■リサイクル燃料備蓄センター　イメージ図
一緒に考えてください
「リサイクル燃料備蓄センター」のこと
第2回

2003年4月20日・5月18日　東電　各7段

「一緒に考えてください『リサイクル燃料備蓄センター』のこと」シリーズの第1、2回。同シリーズは3年以上続いた。

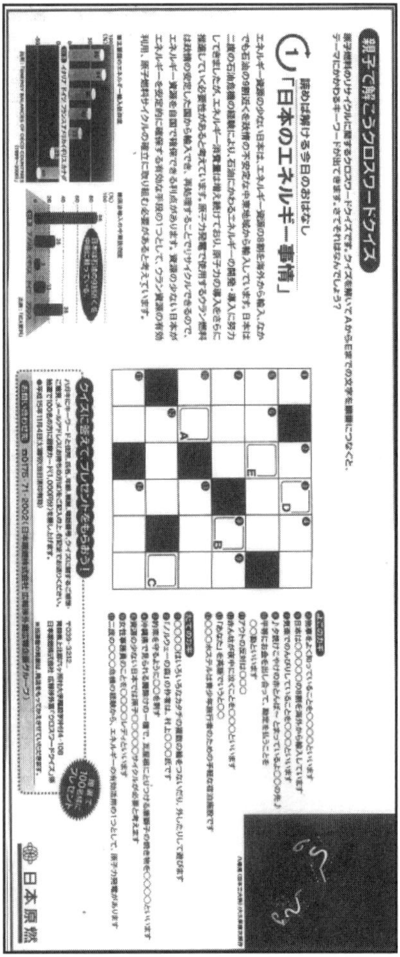
親子で解こうクロスワードクイズ
読めば解ける今日のおはなし
①「日本のエネルギー事情」
クイズに答えてプレゼントをもらおう!
日本原燃

2003年10月27日　原燃　5段
この年の「原子力の日」前後の出稿は、東北原子力懇談会半5段、JPOWER7段、文科省・経産省5段、東北電・東電7段、原燃5段と合計7広告主・31.5段にも及び、まさに原発ムラのための紙面になっていた。

六ヶ所村で生まれ、育った。
村のことを想うからこそ、
環境調査にも力が入る。
人間、日本原燃。
日本のリサイクルエネルギーは、
青森から生まれていく。
日本原燃
http://www.jnfl.co.jp/

2003年10月31日　原燃　15段
「六ヶ所村で生まれ、育った。」のように、地元色を強調するコピーが非常に多い。

明日のエネルギーを考える
～原子力の先進地を訪ねて～
青森県では平成元年度より、原子燃料サイクル施設に関する県民の理解促進を図ることを目的として、県内の様々な分野で活躍するオピニオンリーダーによる「欧州におけるエネルギー・原子力調査」を実施しています。今回は10名の団員がイギリス、スウェーデンの二ヶ国を訪問し、それぞれの国のエネルギー・原子力事情を調査しました。
UNITED KINGDOM
イギリスのエネルギー・原子力事情
原子燃料サイクル
セラフィールド地域連絡委員会（SLLC）
スウェーデンのエネルギー・原子力事情
エネルギー政策
青森県商工労働部資源エネルギー課

2004年1月24日　青森県　15段
1989年から毎年、県民を「原子力の先進地」ヨーロッパに派遣していた。

菊
鰯
菊いわし
「菊」と「いわし」の丸ごとパワー。
知ってください。原子力の現状。
経済産業省　資源エネルギー庁

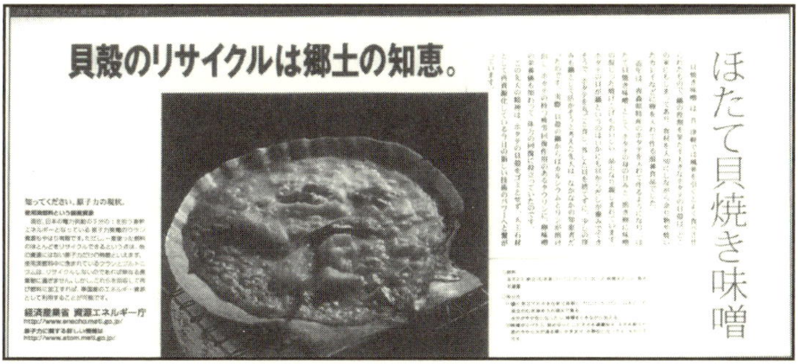
貝殻のリサイクルは郷土の知恵。
ほたて貝焼き味噌
知ってください。原子力の現状。
経済産業省　資源エネルギー庁

2004年3月5日・12日　資源エネ庁　各5段
「資源を大切にしてきた郷土の味」シリーズ
一見、核燃とは何ら関係のない素材を強引に結び付ける代表例。

人間、日本原燃。
ただのゴミ。
変わった。
日本のリサイクルエネルギーは、
青森から生まれていく。
日本原燃
http://www.jnfl.co.jp/

人間、日本原燃。
安全って、小さな気配りの
日本のリサイクルエネルギーは、
青森から生まれていく。
日本原燃
http://www.jnfl.co.jp/

2004年3月14日・21日　原燃　各10段

前年15段で掲載した内容をリサイズして出稿。原発企業では珍しい試み。

地域の一員として、さまざまな活動に取り組んでいます
東北電力

地域をつなぎ、人をつなぐ。
住みなれたふるさと。
新しい魅力に満ち、大きな可能性が広がるふるさと。
地域と人の出会いから、ふるさとの再発見がはじまり、
明日への希望がふくらみます。
東北電力は、地域に根ざした企業として、
このふるさとの繁栄のために、これからもお役に立ちたいと考えています。

2004年3月21日　東北電　見開き10段
電力会社が最も好むイメージ広告。

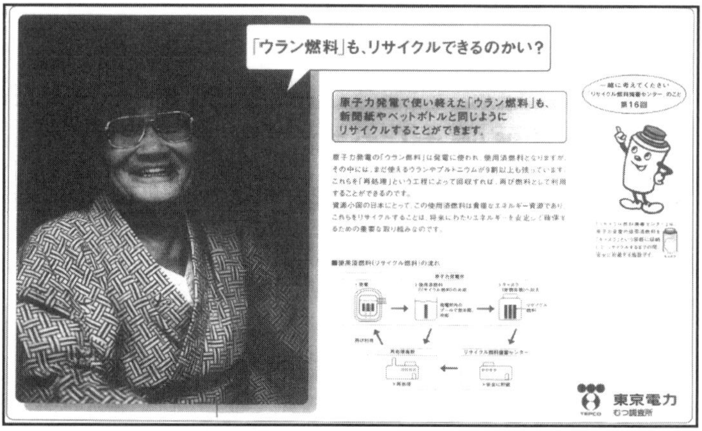
「ウラン燃料」も、リサイクルできるのかい？
原子力発電で使い終えた「ウラン燃料」も、
新聞紙やペットボトルと同じように
リサイクルすることができます。
原子力発電の「ウラン燃料」は発電に使われ、使用済燃料となりますが、その中には、まだ使えるウランやプルトニウムが9割以上も残っています。これらを「再処理」という工程によって回収すれば、再び燃料として利用することができるのです。
資源小国の日本にとって、この使用済燃料は貴重なエネルギー資源であり、これらをリサイクルすることは、将来にわたりエネルギーを安定して確保するための重要な取り組みなのです。
■使用済燃料（リサイクル燃料）の流れ
第16回
東京電力
むつ調査所
TEPCO

エネルギー資源、かしこく再利用
核燃料サイクル
小川原湖宣伝キャンペーン事業
第37回上北町小川原湖
湖水まつり
7.24（土）
7.25（日）
会場 上北町小川原湖公園キャンプ場
第3回小川原湖
全国有名花火師10社の音と光の競演。
創作花火コンクール
7.24（土）
19:20～打ち上げ
有料桟敷席 1,000円
OGAWARAKO KOSUI MATURI 2004
24（土）
11:00
14:00
14:10
19:20 第3回
新作花火コンクール
25（日）
11:00
11:00
13:00～ LAKE ROCK in OGAWARA
ゲスト 水木一郎
24（土）・25（日）
9:30
11:00～

2004年7月18日　東電　7段

2004年7月19日　7段

「小川原湖宣伝キャンペーン事業」後援：資源エネ庁、協力：日本原子力文化振興財団。さまざまな夏祭りに協賛していた。

意見広告
六ヶ所再処理工場でウランを利用した試験が始まります。再処理工場は原発で使い終わった燃料からプルトニウムを取り出す工場です。1年間で、長崎の原爆ならば1000個分ものプルトニウムを取り出しますが、その使い道ははっきりしていません。ところが再処理工場とMOX工場だけで、約12兆円もの費用がかかります。
再処理工場が運転を始めると、高い煙突や海中に敷設した放水管から、空や海へ放射能が排出されます。フランスやイギリスの再処理工場、そして日本の東海再処理工場のまわりでも、プルトニウムやヨウ素、セシウム、ストロンチウムなどの放射能が確認されています。これらの放射能は、工場周辺の植物や動物を汚染し、子供たちに小児白血病を多発させている例もあります。
私たちは、青森の豊かな自然と将来の子供たちのために、六ヶ所再処理工場計画の中止を求めます。
ウラン試験が始まっても、再処理は止められる。
だから絶対あきらめない。
ストップ再処理！
チェルノブイリ原発事故(1986年)で大気中に出た放射能は、ヨーロッパの国々に降りそそぎました。多くの人々が原発の危険性に気づき、原発に依存しない社会をめざすようになりました。
ドイツでは、法律によって原子力発電所の廃止を決めました。20～25年後には、すべての原発が運転を止める予定です。また再処理も2005年7月以降は禁止され、使用済み燃料はそれぞれの原発敷地に貯蔵することになっています。
脱原発の動きが着々と進んでいます。そのため風力発電や太陽光発電、バイオマスなど、環境に大きな影響を与えない発電システムの開発を政府が先頭になって進めています。
止めよう 再処理
止めよう再処理！全国実行委員会：原水禁国民会議（http://www.gensuikin.org）／原子力資料情報室（http://cnic.jp）／グリーンピース・ジャパン（http://www.greenpeace.or.jp）
止めよう再処理！青森県実行委員会：青森県反核実行委員会／核燃サイクル阻止一万人訴訟原告団（http://www5a.biglobe.ne.jp/~genkoku）
核燃料廃棄物搬入阻止実行委員会
賛同：青森県保険医協会／六ヶ所村漁場を守る会／核燃から郷土を守る上十三地方住民連絡会議／核燃から海と大地を守る隣接農漁業者の会
再処理工場について勉強する農業者の会／グリーン・アクション六ヶ所／花とハーブの里／牛小屋@六ヶ所／ネットワークみどり
核の中間貯蔵施設はいらない！下北の会／核燃いらないわ三沢の会／核燃を考える住民の会／核燃いらない十和田ネットワーク
核燃止めよう漁岡会／核の再処理はイラナイ・八戸の会／放射能から子どもを守る母親の会／弘前脱原発・反核燃の会／核燃を勉強する会
止めよう再処理！青森県実行委員会：青森市青柳1-3-14 (財)青森県社会文化センター内 TEL 017-775-7242 FAX 017-777-3238

2004年12月20日　止めよう再処理！全国実行委員会　15段
珍しい反原発広告

考えてみて下さい…
他人事ではなく
一人一人の問題として…
エネルギーのこと。
長塚京三
東北電力
http://www.tohoku-epco.co.jp

東北電力
http://www.tohoku-epco.co.jp

2005年3月28日・29日　東北電　5段

長塚京三氏出演。これも全国的にはほとんど知られていない。

経済産業省 資源エネルギー庁
http://www.enecho.meti.go.jp/
広告
将来に備えて蓄える
原子力エネルギー。
使用済燃料のリサイクルを
進めるために、安全な
「中間貯蔵施設」が必要です。
Energy
使用済燃料はリサイクルできます。
原子力発電は、燃料の供給安定性に優れ、発電の過程でCO_2を出さないクリーンな発電方法。その上、一度使った燃料は再利用できる貴重なリサイクル資源です。
「核燃料サイクル」を原子力政策の基本としています。
我が国では、使用済燃料を再処理して回収されるプルトニウム、ウランなどを有効利用する「核燃料サイクル」を原子力政策の基本としています。
安全な「中間貯蔵施設」が必要です。
中間貯蔵施設は、使用済燃料を再処理するまでの間、発電所の外で安全に貯蔵・管理しておく施設のこと。核燃料サイクルを柔軟に進めるために、安全な中間貯蔵施設が必要です。
核燃料サイクル
MOX燃料加工工場
回収ウラン・プルトニウム
MOX燃料
原子力発電所
中間貯蔵施設
再処理工場
使用済燃料
財団法人 日本立地センターでは、地方自治体を対象とした「中間貯蔵施設」に関する情報提供を行っています。
「中間貯蔵施設インフォメーションセンター」 TEL:03-3518-8965 FAX:03-3518-8970 URL:http://www.enepa.ne.jp/chozou E-mail:chozou@jilc.or.jp

2005年3月31日　資源エネ庁　15段

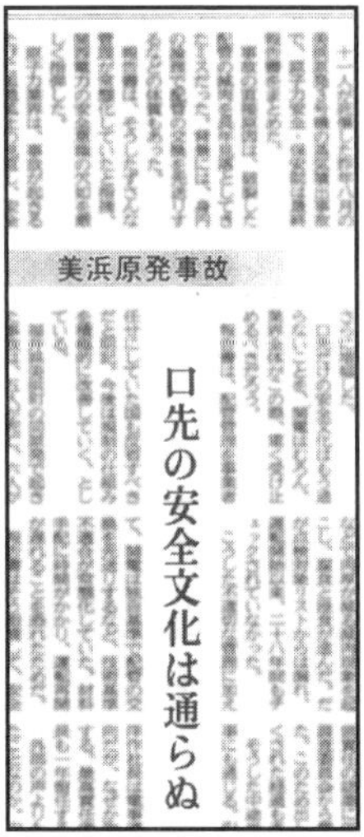

美浜原発事故

口先の安全文化は通らぬ

MOX工場同意へ

県民の不安、不信銘記を

2005年4月2日・10日　社説

美浜原発事故発生にもかかわらず六ヶ所村がMOX燃料工場に同意することに、厳しい意見が掲載されている。

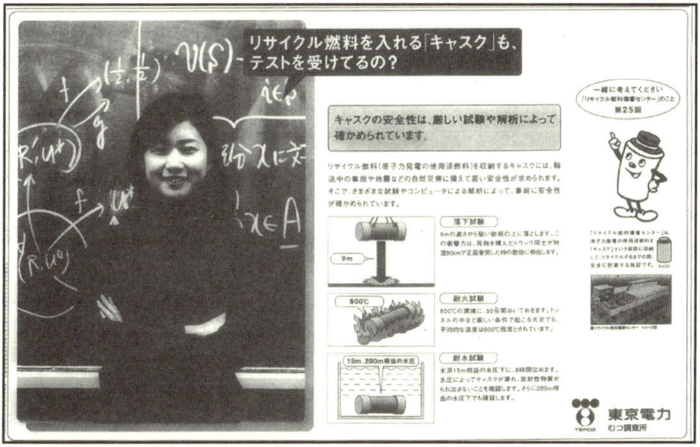

リサイクル燃料を入れる「キャスク」も、テストを受けてるの？
一緒に考えてください 「リサイクル燃料備蓄センター」のこと 第25回
キャスクの安全性は、厳しい試験や解析によって確かめられています。
リサイクル燃料（原子力発電の使用済燃料）を収納するキャスクには、輸送中の事故や地震などの自然災害に備えて高い安全性が求められます。そこで、さまざまな試験やコンピュータによる解析によって、事前に安全性が確かめられています。
落下試験
9m
耐火試験
800℃
800℃の環境に、30分間おいておきます。トンネルの中など厳しい条件で起こる火災でも、平均的な温度は800℃程度とされています。
耐水試験
15m、200m相当の水圧
東京電力
むつ調査所

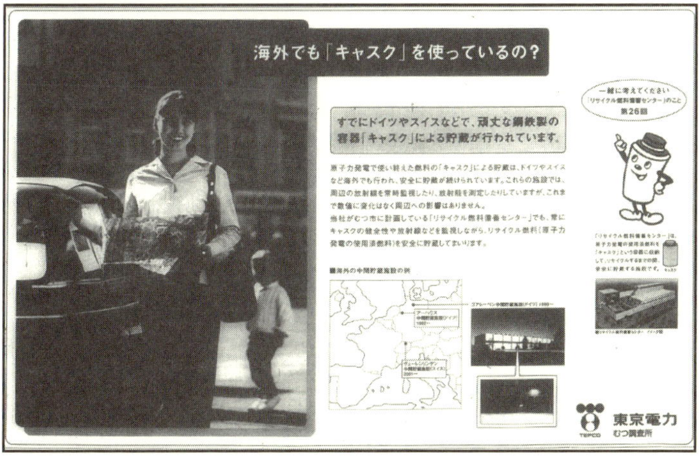

海外でも「キャスク」を使っているの？
一緒に考えてください 「リサイクル燃料備蓄センター」のこと 第26回
すでにドイツやスイスなどで、頑丈な鋼鉄製の容器「キャスク」による貯蔵が行われています。
原子力発電で使い終えた燃料の「キャスク」による貯蔵は、ドイツやスイスなど海外でも行われ、安全に貯蔵が続けられています。これらの施設では、周辺の放射線を常時監視したり、放射能を測定したりしていますが、これまで数値に変化はなく周辺への影響はありません。
当社がむつ市に計画している「リサイクル燃料備蓄センター」でも、常にキャスクの健全性や放射線などを監視しながら、リサイクル燃料（原子力発電の使用済燃料）を安全に貯蔵してまいります。
■海外の中間貯蔵施設の例
東京電力
むつ調査所

2005年4月24日・5月22日　東電　各7段
ボディコピーと女性の写真には何の関係もない。

相互理解と行動力、安全確保への絆
原子力安全・保安院と原子力安全基盤機構が誠意を持って
NISA
JNES
2005
SYMPOSIUM
高経年化対策について
積極的な保守保全活動の展開を望む
知見・経験に基づく先行的対応が重要
技術情報の蓄積と共有が対策の基本
企業文化・組織風土の劣化対策も課題
今後の三十年を見通した計画の立案
分かりやすい言葉で伝えて欲しい
原子力自警団
～日本原子力技術協会の役割について～
A
科学的で合理的な安全基準を目指して、今後、リスク情報が活用されていきます。
B
シッカリとした基準と測定方法を定め、廃材の有効活用と、万全の安全性を確保。
C
いかに早く発見し、関係当局に連絡するか…、防護対策は、電力事業者に課せられた責務。
材料技術のフロンティアと原子力施設保全技術の展望
NISA 経済産業省 原子力安全・保安院
http://www.nisa.meti.go.jp/
JNES 独立行政法人 原子力安全基盤機構
http://www.jnes.go.jp/
広告

2005年12月11日　NISA（原子力安全・保安院）・JNES（原子力安全基盤機構）　15段

文字が多過ぎて読む気が起きない。質の悪い広告の典型。

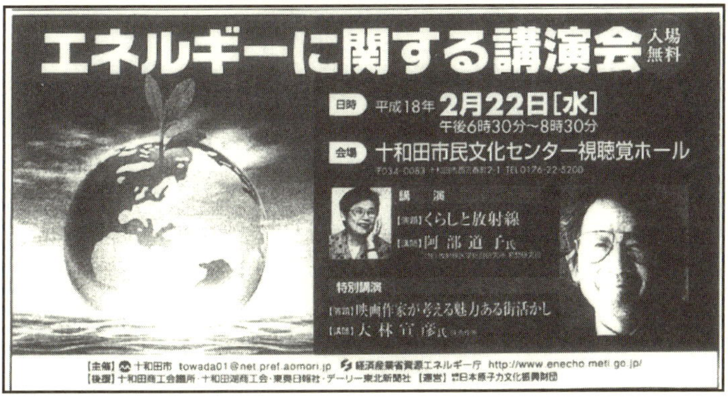

2006年2月12日　六ヶ所村・資源エネ庁　5段
2006年2月15日　十和田市・資源エネ庁　5段
ゲストに道場六三郎氏、大林宣彦氏を起用。大林氏は97年に九州電力の広告に出演していた。

エネルギーのこと、いっしょに考えていきませんか。
ケンイチ
パパ
ママ
リサコ
これからもずっと電気を使い続けていくために、「ウランのリサイクル（再処理）」が必要です。
リサコ「私たちが大人になる頃、世界のエネルギー資源ってどうなっているの？」
ママ「電気のある暮らしを続けていくために、地球環境のことも考えないとね。」
ケンイチ「だからウランのリサイクル（再処理）を進めているんだね。」
パパ「でも、日本のエネルギー自給率はたったの4%なんだって。」
電気事業連合会 www.fepc.or.jp

2006年3月22日　電事連　15段
画は久保キリコ氏。この広告は全国紙・雑誌で幅広く展開された。

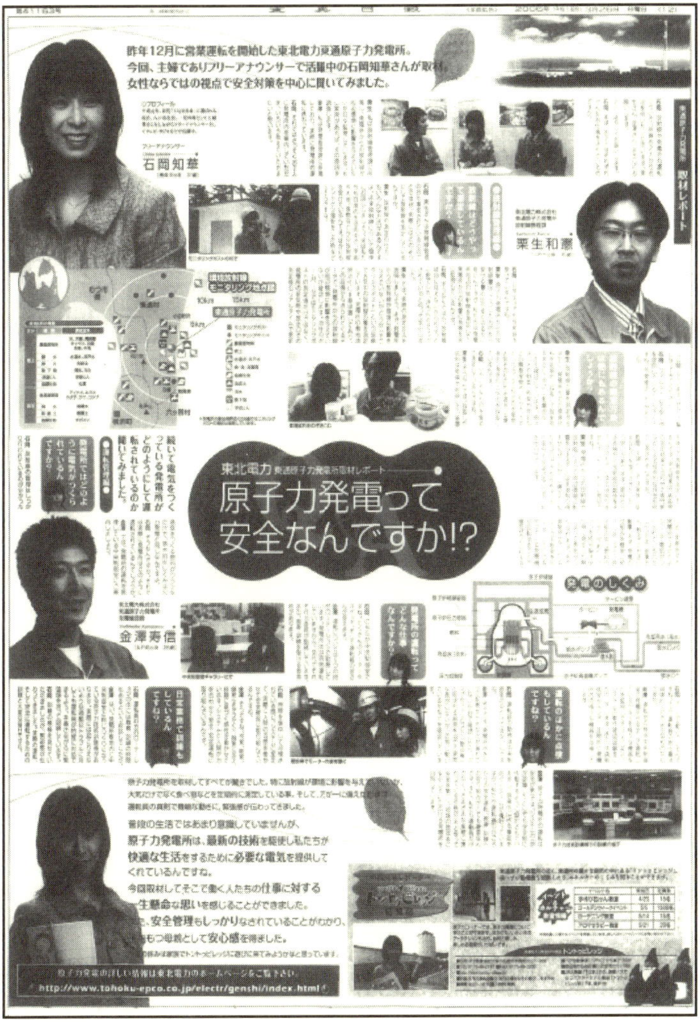

昨年12月に営業運転を開始した東北電力東通原子力発電所。
女性ならではの視点で安全対策を中心に聞いてみました。
石岡知華
栗生和彦
金澤寿信
東北電力 東通原子力発電所取材レポート
原子力発電って安全なんですか!?
発電のしくみ
普段の生活ではあまり意識していませんが、
原子力発電所は、最新の技術を駆使し私たちが
快適な生活をするために必要な電気を提供して
くれているんですね。
今回取材してそこで働く人たちの仕事に対する
一生懸命な思いを感じることができました。
http://www.tohoku-epco.co.jp/electr/genshi/index.html

2006年3月26日　東北電　15段

フリーアナウンサーによる東通原発レポート。女子アナウンサーは各地の原発広告で多用された。

座談会

環境とエネルギーを考える『青森県への期待』

北野先生も驚いています。日本から出る二酸化炭素の量

「エコ買い」が食料、エネルギー、地球を救う

神津カンナさん

北野 大さん

東奥日報

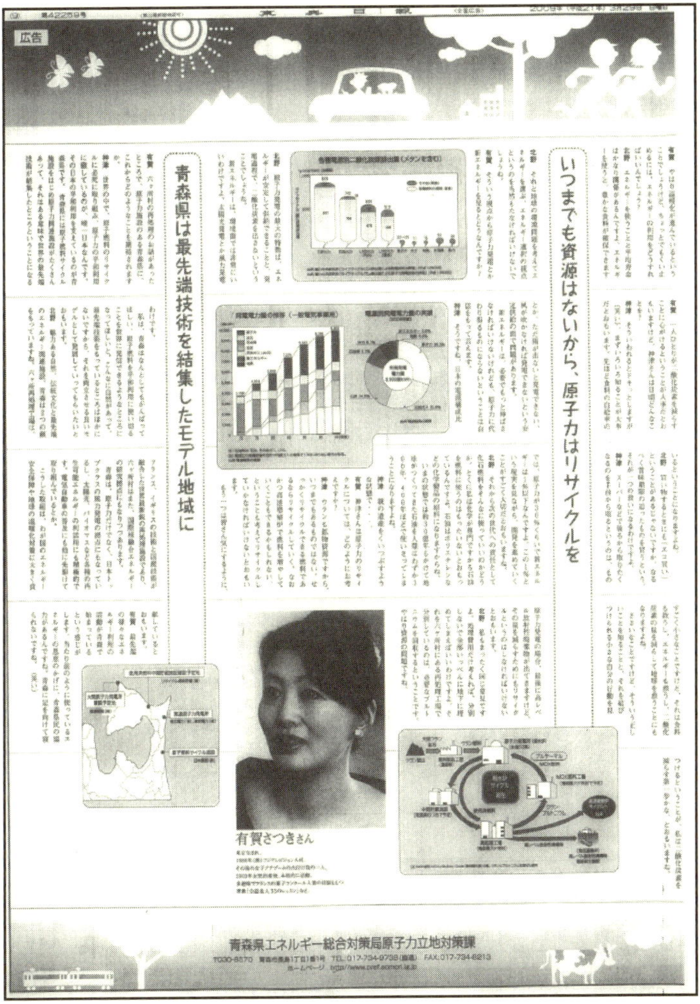
広告
いつまでも資源はないから、原子力はリサイクルを
青森県は最先端技術を結集したモデル地域に
有賀さつきさん
青森県エネルギー総合対策局原子力立地対策課

2009年3月29日　青森県　30段
出演は北野大氏・神津カンナ氏・有賀さつき氏。北野氏・神津氏の広告出演は非常に多い。

一緒に考えてください「リサイクル燃料備蓄センター」のこと
リサイクルできる原子力発電の
使用済燃料を貯蔵する会社です。
資源小国の日本では、原子力発電の使用済燃料の中に残っているウランやプルトニウムを再処理工場で回収し、これを発電の燃料に再利用していく方針です。
原子力発電所から発生する使用済燃料（リサイクル燃料）には、再処理するものと将来のエネルギー資源の安定確保のために再処理されるまで一時的に貯蔵するものがあります。
私たちは、こうしたリサイクル燃料を安全・確実に貯蔵するために設立された会社です。
原子力発電所
東京電力、日本原子力発電の2社分
リサイクル燃料
リサイクル燃料備蓄センター
再利用
リサイクル燃料
再処理工場
リサイクル燃料
「リサイクル燃料貯蔵」って何をする会社なの？
RFS リサイクル燃料貯蔵株式会社
〒035-0076 青森県むつ市旭町1-15 TEL 0175-24-5041
http://www.rfsco.co.jp

ツカエルくんの
クロスワードパズル
「放射線」と「放射能」の違いを教えて！
懐中電灯にたとえてみると
抽選で50名様に図書カードをプレゼント！
キーワードを見つけて応募してね！
平成21年5月11日
日本原燃
身近な放射線をテーマにしたクロスワードパズルです。

2009 年 4 月 25 日　RFS（リサイクル燃料貯蔵株式会社）　半 5 段
2009 年 4 月 29 日　原燃　5 段

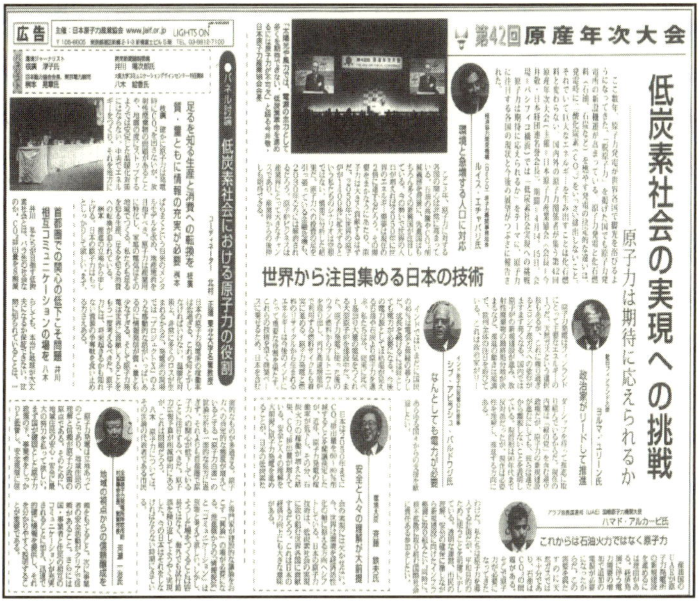

広告

第42回 原産年次大会

低炭素社会の実現への挑戦

原子力は期待に応えられるか

世界から注目集める日本の技術

環境と急増する人口に対応 ルイス・エチャバリ氏

政治家がリードして推進 ヨルマ・ユリーン氏

なんとしても電力が必要 シブ・アビラシュ・バルドワジ氏

これからは石油火力ではなく原子力 ハマド・アルカービ氏

安全と人々の理解が大前提 斉藤 鉄夫氏

パネル討論 低炭素社会における原子力の役割

足るを知る生産と消費への転換を 質・量ともに情報の充実が必要

首都圏での関心の低下こそ問題 相互コミュニケーションの場を

地域の視点からの信頼構築を

2009年6月6日　原子力産業協会年次大会報告　7段

日本の原発は発足当初、「資源小国からの脱却」がスローガンだった。しかし石油危機が去ると、「二酸化炭素を出さないクリーンエネルギー」であることが最大の売り文句となっていった。この年の年次大会でも、「低炭素社会への挑戦」が最大のスローガンになっている。

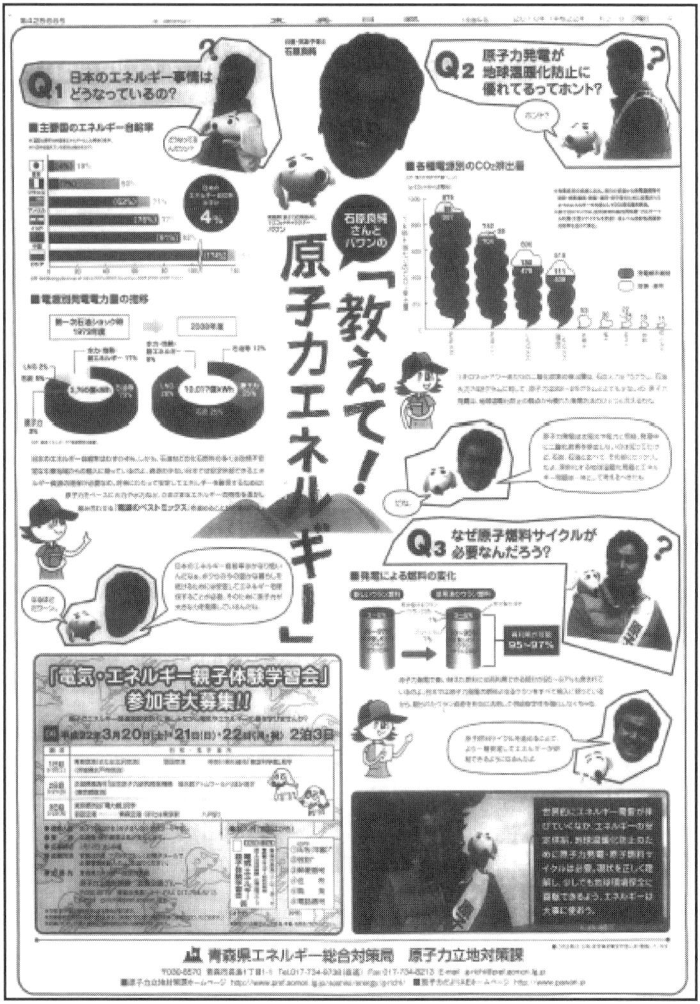

2010年1月31日　青森県　15段
出演は石原良純氏（タレント）

「リサイクル燃料備蓄センター」を紹介します
輸送中に起こりうる過酷な事故を想定して、安全性を確かめています。
リサイクル燃料(原子力発電所から発生する使用済燃料)の貯蔵容器(キャスク)は輸送にも使用します。このキャスクは、国際原子力機関(IAEA)が定めた安全基準を採り入れている国内の法令に適合するように設計・製作されます。その安全性は、輸送中の過酷な事故を想定した実証試験やコンピュータによる解析などで確かめられています。
■実証試験やコンピュータ解析でキャスクの安全性を確認
9m
落下試験
高さ9mから落とし、耐衝撃性を確認。これは、荷物を積んだトラック同士が時速80kmで正面衝突した時にかかる力の数倍に相当します。
800℃
耐火試験
トンネル内での火災を想定した厳しい条件として、800℃の環境に30分間おき、耐火性を確認しています。
200m相当の水圧
耐水試験
水深200m相当の水圧下に沈め、耐水性を確認。船での輸送中に万一沈没しても放射性物質がもれ出さないことを確認しています。
リサイクル燃料を運ぶキャスクって頑丈なの？
RFS リサイクル燃料貯蔵株式会社
〒035-0022 青森県むつ市大字関根字水川目596-1
TEL 0175-25-2990
http://www.rfsco.co.jp

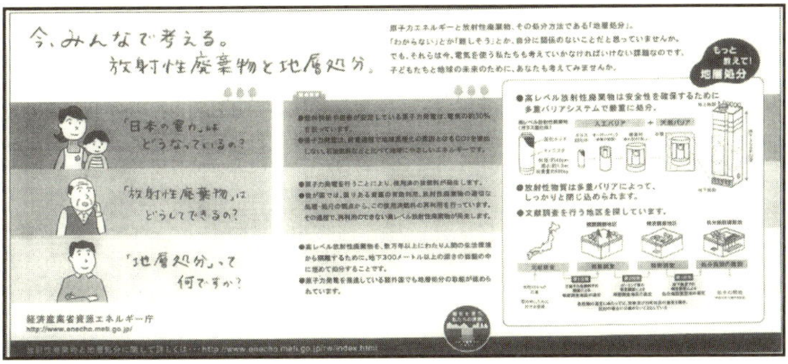

今、みんなで考える。
放射性廃棄物と地層処分。
原子力エネルギーと放射性廃棄物、その処分方法である「地層処分」。
「わからない」とか「難しそう」とか、自分に関係のないことだと思っていませんか。
でも、それらは今、電気を使う私たちも考えていかなければいけない課題なのです。
子どもたちと地球の未来のために、あなたも考えてみませんか。
「日本の電力」は どうなっているの？
「放射性廃棄物」は どうしてできるの？
「地層処分」って 何ですか？
●高レベル放射性廃棄物を、数万年以上にわたり人間の生活環境から隔離するために、地下300メートル以上の深さの地層の中に埋めて処分することです。
●原子力発電を推進している諸外国でも地層処分の取組が進められています。
もっと教えて！ 地層処分
●高レベル放射性廃棄物は安全性を確保するために多重バリアシステムで厳重に処分。
人工バリア
天然バリア
●放射性物質は多重バリアによって、しっかりと閉じ込められます。
●文献調査を行う地区を探しています。
経済産業省資源エネルギー庁
http://www.enecho.meti.go.jp/

2010 年 2 月 27 日　RFS　半 5 段

2010 年 2 月 28 日　資源エネ庁　5 段

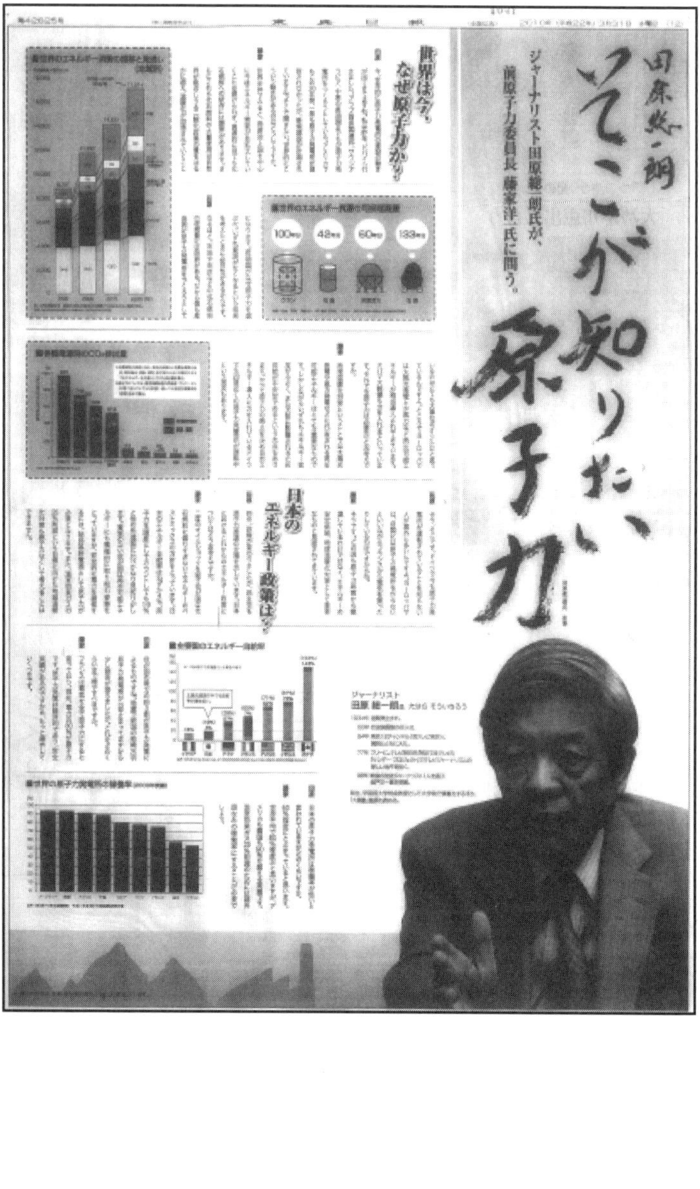
田原総一朗

そこが知りたい、原子力

ジャーナリスト田原総一朗氏が、前原子力委員長 藤家洋一氏に問う。

世界は今、なぜ原子力か？

日本のエネルギー政策は？

ジャーナリスト
田原 総一朗氏

東奥日報

原子力発電は安全なのか？
なぜ？原子燃料サイクルが必要なのか。
青森県は世界の最先端にある!!
青森県エネルギー総合対策局　原子力立地対策課

2010年3月31日　青森県　30段
田原総一朗氏（評論家）・藤家洋一氏（前原子力委員長）

広告

六ケ所再処理工場の竣工延期をどう考える

山名 元

木場 弘子

FORUM EFT Energy Think Together
http://www.eft.gr.jp/

2010年10月16日　フォーラム・エネルギーを考える　15段
山名元氏（京都大学教授）・木場弘子氏（アナウンサー）。

第四章

新潟

新潟日報

新潟県

世帯数　八六万九〇〇〇

県内の新聞シェア上位二社

一位　新潟日報（一九四二年創刊）　四七万一〇〇〇部、世帯普及率　五四・一％
二位　読売新聞（一八七四年創刊）　一〇万六〇〇〇部、世帯普及率　一二・二％

建設された原子力発電所と稼働開始年月

東京電力　柏崎刈羽原子力発電所（新潟県柏崎市　刈羽郡刈羽村）
一号機　一九八五年九月
二号機　一九九〇年九月
三号機　一九九三年八月
四号機　一九九四年八月
五号機　一九九〇年四月
六号機　一九九六年一一月
七号機　一九九七年七月

広告量は多いが、新聞社としての気骨を感じさせる報道姿勢

原発立地県の県紙を調べていると、複数の原発が集中している県の県紙には原発ムラからの広

告出稿が多く、記事面でも総じて原発に対して好意的な報道をしている傾向があります。例えば福井新聞や福島民友・民報の場合、四〇年以上も前の一九七〇年代初頭から非常に多くの原発広告出稿がありました。さらに新聞社の周年記念やイベント告知などにも大型の出稿（一五段など）があり、早くから新聞社の経営に欠かせぬ存在（スポンサー企業）となっていました。そのため、日頃の社説や記事でも原発の存在そのものにネガティブな記事は見られなくなり、「安全には十分注意して運転を。その危険性への代償として十分な地元への経済貢献を」という当たり障りのない記事を十年一日のごとく掲載するようになっていったのです。

その点、八〇年代以降に原発誘致をした新潟県の新潟日報には、原子力ムラの広告出稿に頼らなくてもよい経営基盤がすでにあり、柏崎刈羽原発が稼働した後でも、原発に対しては是々非々の立場をとっていました。そしてその姿勢が非常によく表れたのが、一九九六年の巻原発建設をめぐる巻町町民による住民投票報道だったのです。

当時巻町は原発誘致の是非をめぐって町内が二分されており、賛成派は事業主体になる東北電力の力を借りて大々的なキャンペーンを行っていました。さらに東京電力による広告出稿も相当量が投下されました。その量はすさまじく、特に八月四日の投票日二ヶ月前から投票日までに投下された広告は少なくとも三五〇段に及び、広告主もそれまでの東北電力・東京電力だけでなく、

- 経済産業省資源エネルギー庁
- ＪＰＯＷＥＲ（電源開発）

・NUMO
・フォーラム エネルギーを考える
・東北原子力懇談会

など、非常に多岐にわたりました。「地域の発展に貢献する」「地域の一員として活動する」というのが原発広告の定型パターンの一つですが、それでは足りないとばかりに「原子力発電はとにかく必要である」「共に考えよう」という断定形や誘導形、果ては「ご理解をお願いします」という懇願形、そして学者やタレントなどを動員してのシンポジウム報告など、およそありとあらゆる表現形態を駆使しての出稿だったのです。本書ではそのうちの新聞広告だけを記録していますが、新聞でさえこの有様ですから、テレビやラジオにおけるスポットCMの投下量もすさまじかったと想像されます。

しかし、こうした推進側の圧倒的な広告投下にもかかわらず、新潟日報の報道姿勢は推進側におもねらず、賛成・反対の両論をきちんと伝えつつも、資金のない反対派の草の根の声を丁寧に拾い、報道し続けました。これは他の原発立地県、とりわけ福島などとは相当異なる動きであったと言えるでしょう。そして住民投票により原発誘致が否決されると、それまでの広告出稿はまるで嘘だったかのように、激減したのです。

もし新潟日報が推進側の肩をもつような報道に徹していたら、投票結果はどうなっていたか。他県紙のように、反対派を「一部の人々」と過小評価し、社説や記事で原発の経済メリットばかりを強調し続けていたら、結果は大きく変わっていたかもしれません。国や県、推進側の大スポンサーに恩を売り、その後の安定的な広告収入を得るチャンスでもあったかもしれません。その分岐点における判断は、記事を司る編集部の意向だけでなく、企業としての大変大きな経営判断でもあったはずです。九六年にどのような広告が掲載されたのかを中心にご覧いただければ幸いです。

今日、3月25日は電気記念日
スリムにつくって
21世紀を
ムダなく送る。
支える電気。
東北電力
(電気を効率よくつくり、送り、届けます。)

人間・技術・原子力発電 1
原子炉の圧力容器は、世界一の溶接技術で、厳しい検査を繰り返しながら製作します。
佐藤 彰さん
東北電力
東京電力

1985年3月25日　東北電　7段
1985年4月30日　東北電・東電　7段
下は数年続く「人間・技術・原子力発電」シリーズの初回。

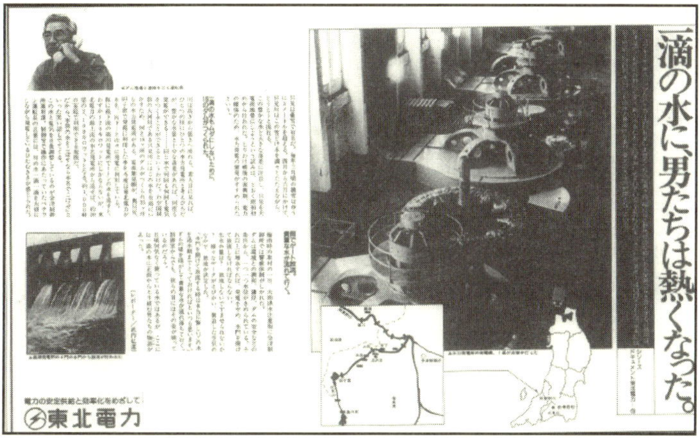
一滴の水に、男たちは熱くなった。
電力の安定供給と効率化をめざして
東北電力

原子力発電所 ものしりノート②
放射線管理
念には念を入れて。
これが放射線に対する考え方です。
東北電力
東京電力
地域のみなさまとともに

1985年7月28日　「ドキュメント東北電力」シリーズ　東北電　7段
1985年7月30日　「原子力発電所ものしりノート」シリーズ　東北電・東電　7段

この灯に感謝。
10月26日は原子力の日。
現在、電気の約23%は、原子力発電でまかなわれています。
昭和38年の今日、日本で初めて原子力の灯がともりました。それから22年、わが国では安全の確保を最優先に、原子力発電の研究開発を進めてきました。現在では、毎日の生活を支える電気の約23%が、原子力発電によってまかなわれています。経済的で大量の電気を安定供給している原子力発電は、石油に代わるエネルギー源として、重要な役割を果たしています。また、原子力発電では、一度使い終わった燃料を処理することによって、再び利用できるという特長があり、この特長をいかすために、「核燃料サイクル」(「原子燃料サイクル」とも呼ばれています)を確立することが急がれています。
核燃料サイクル
政府広報：科学技術庁・資源エネルギー庁

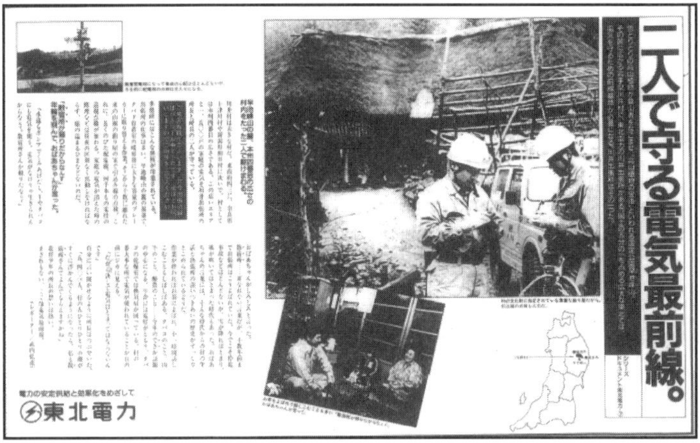
二人で守る電気最前線。
シリーズ ドキュメント東北電力
電力の安定供給と効率化をめざして
東北電力

1985年10月26日　科学技術庁・資源エネ庁　5段
1985年11月24日　東北電　7段

新潟日報

新潟日報
そろそろバテ気味、石油くん。
OIL
明日の豊かな生活を支えるエネルギー
きょう10月26日は原子力の日
新潟県

1985年10月26日　新潟県　15段
青森県ほどではないが、新潟県の出稿もあった。

原子力発電所 ものしりノート ④ 建設工事

最新の技術、多くの人と時間から信頼性の高い発電所が生まれます。

東北電力 地域のみなさまとともに

東京電力

エネルギー●ミニ百科

新素材とエネルギー

東北原子力懇談会

エネルギー●ミニ百科

ブラックホールとホワイトホール

東北原子力懇談会

1985年12月29日　「原子力発電所ものしりノート」シリーズ　東北電・東電7段
1985年11月26日　東北原子力懇談会　ミニ枠
1985年12月24日　東北原子力懇談会　ミニ枠
「エネルギーミニ百科」は東北原子力懇談会によるミニ枠で、連載は100回を超えていた。

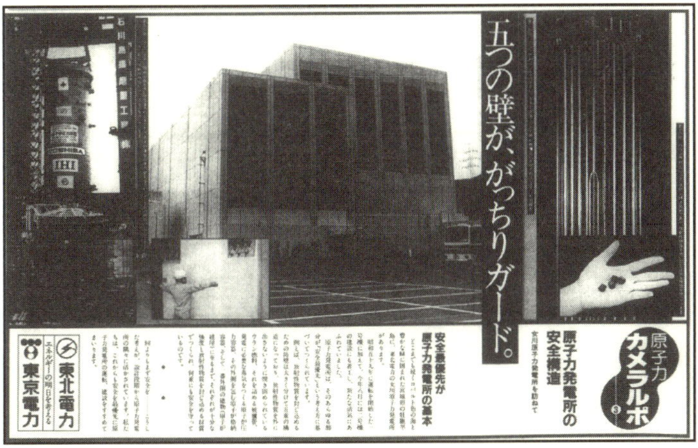

原子力
カメラルポ ③
原子力発電所の安全構造
女川原子力発電所を訪ねて
五つの壁が、がっちりガード。
安全最優先が原子力発電所の基本
東北電力
エネルギーの明日を考える
東京電力

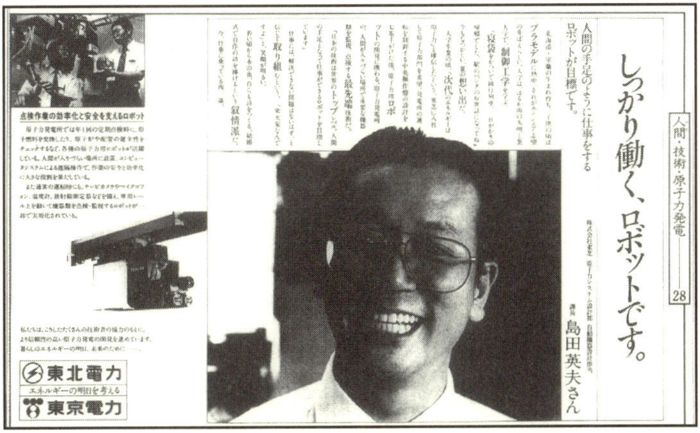

人間・技術・原子力発電 28
しっかり働く、ロボットです。
人間の手足のように仕事をするロボットが目標です。
島田英夫さん
点検作業の効率化と安全を支えるロボット
東北電力
エネルギーの明日を考える
東京電力

1989年9月26 「原子力カメラルポ」シリーズ　東北電・東電　7段
1989年10月11日 「人間・技術・原子力発電」シリーズ　東北電・東電　7段

1989年10月26日　新潟県　15段
子供＋未来という構成も非常に多い。

新潟駅弁シリーズ⑦
まいたけvs山菜
山の幸といったら松茸。
という私に、山菜だって
おいしいわよと反発
する妻。それなら
と思い、今日は奮発
松茸ごはんにしようと妻に
とびきりのをお願いする。さすがにうまい
と、食べていたら あなた
それは松茸じゃなく
舞茸よ と おっしゃる
ではないか トホホ。。。
しかしながらその味は
松茸に匹敵するぐらい
おいしかったのでした。
というわけで舞茸と山菜を
ふんだんにつかった、新潟の駅弁は
新潟のおいしさそのものです。
東京電力
TEPCO

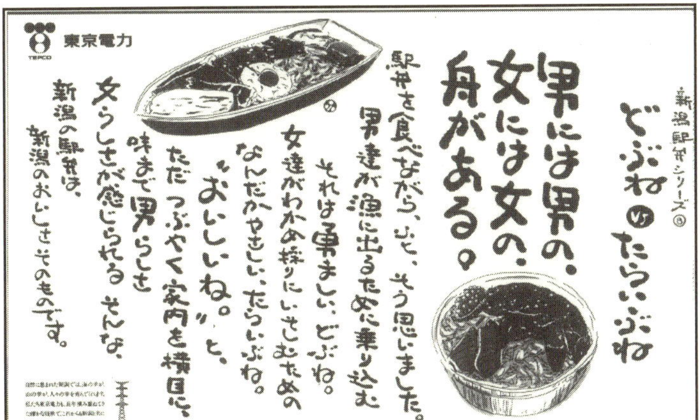

新潟駅弁シリーズ⑧
どぶねvsたらいぶね
男には男の、
女には女の、
舟がある。
駅弁を食べながら、ふと、そう思いました。
男達が漁に出るために乗り込む
それは勇ましい、どぶね。
女達がわかめ採りにいそしむための
なんだかやさしい、たらいぶね。
“おいしいね。”と、
ただつぶやく家内を横目に、
味まで男らしさ
女らしさが感じられる そんな、
新潟の駅弁は、
新潟のおいしさそのものです。
東京電力
TEPCO

1989年10月27日・11月24日 「新潟駅弁シリーズ」 東電 各7段
さまざまなシリーズ広告を切れ目なく掲載していることがわかる。

広告特集

エネルギー供給に新しい力が誕生

柏崎刈羽原子力発電所5号機が運転開始

「開かれた発電所」に 最新技術で信頼性高める

川人所長

波及効果生かし地域振興図る

近藤光夫

さらなる飛躍へ発展計画を練る

飯塚 正

明日への、開花。

おかげさまで柏崎刈羽原子力発電所5号機が運転を開始しました。

東京電力
柏崎刈羽原子力発電所

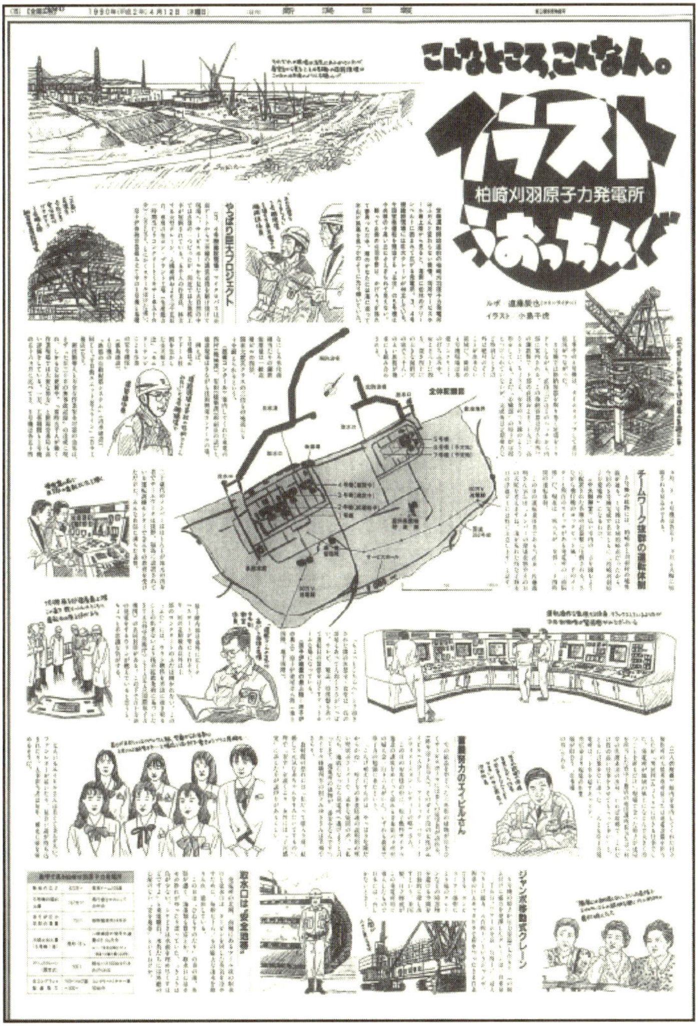

1990年4月12日　東電　30段
柏崎刈羽原発5号機運転開始告知

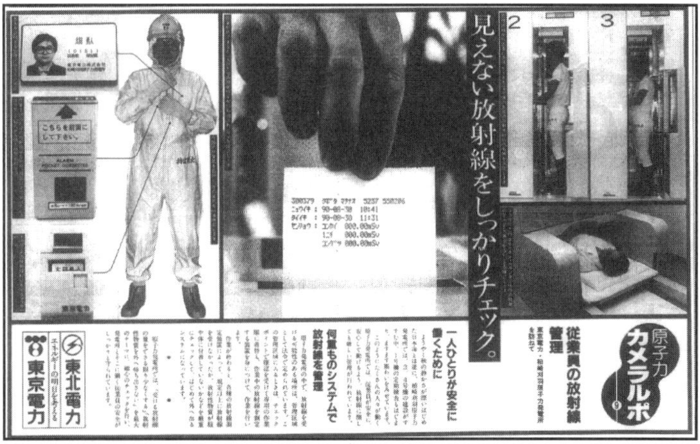
見えない放射線をしっかりチェック。
原子力カメラルポ ⑨
従業員の放射線管理
東京電力・柏崎刈羽原子力発電所を訪ねて
一人ひとりが安全に働くために
何重ものシステムで放射線を管理
東北電力
エネルギーの明日をみつめる
東京電力

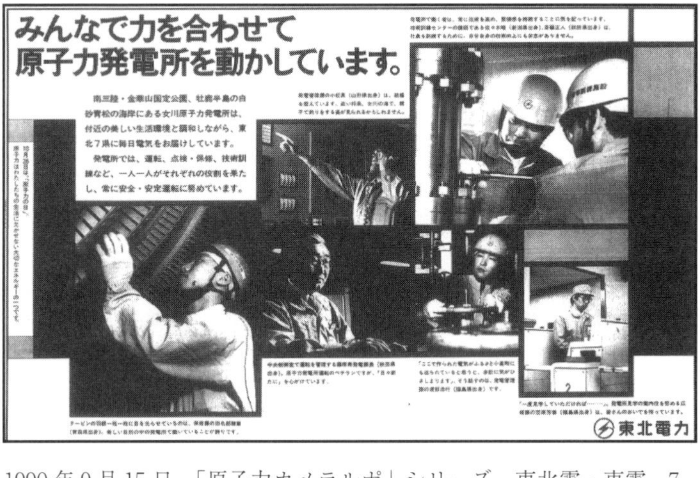
みんなで力を合わせて
原子力発電所を動かしています。
南三陸・金華山国定公園、牡鹿半島の白砂青松の海岸にある女川原子力発電所は、付近の美しい生活環境と調和しながら、東北7県に毎日電気をお届けしています。
発電所では、運転、点検・保修、技術訓練など、一人一人がそれぞれの役割を果たし、常に安全・安定運転に努めています。
東北電力

1990年9月15日　「原子力カメラルポ」シリーズ　東北電・東電　7段

1990年10月21日　東北電　7段

上：ここまで詳しい写真は珍しい。

新潟日報
1992年10月26日
新潟県
大切な時間、やさしい光とともに。
暮らしを支えるエネルギー
10月26日は原子力の日です

1992年10月26日　新潟県　15段
「原子力の日」

1994年2月1日〜7日 「電気のこと エネルギーのこと」シリーズ
全7回 東北電 各7段

TEPCO
楽しさ飛び出す、エネルギーランド。
"電気"と"エネルギー"を
楽しく体験!! 皆さまのおいでを
お待ちしています。
電力館
電気のことなら何でもわかる、
いろいろな楽しい工夫がいっぱい!!
●開館時間：午前10時30分～午後6時30分
●休館日：水曜日、年末年始
●入館料：無料
●お問い合わせ先：☎03-3477-1191
東京都渋谷区神南 1-12-10
新エネルギーパーク
太陽光発電や風力発電、燃料電池などの
"新エネルギー"を、見て、触れて、楽しく体感!!
●開園時間：午前9時30分～午後4時30分
●休園日：第2月曜日、年末年始
●入園料：無料
●お問い合わせ先：☎0439-87-9191
千葉県富津市新富25
電力館
渋谷駅から歩いて5分
渋谷
東京
富津市
TEPCO
新エネルギーパーク
東京電力
富津火力発電所
東京電力

おかげさまで、
東京電力株柏崎刈羽原子力発電所4号機が
運転を開始しました。
より力強く、暮らしの電気を支える
新しい力が誕生しました。
電気の、より一層の安定供給を
担う大きな力を育てています。
東京電力株式会社
柏崎刈羽原子力発電所
柏崎刈羽原子力建設所

1994 年 7 月 17 日　東電　半 5 段
1994 年 8 月 12 日　東電　7 段

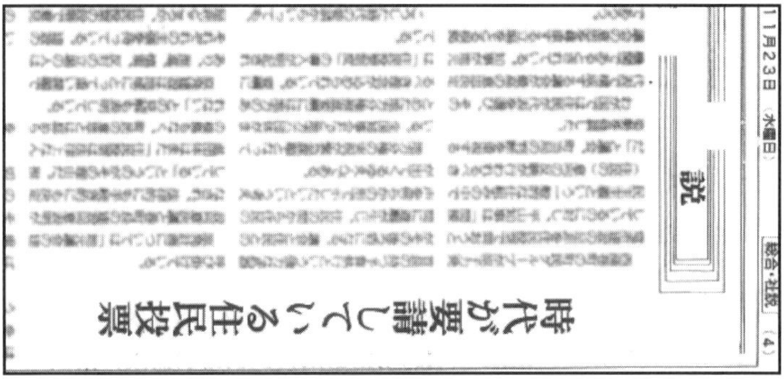

1994年11月13日・23日　巻原発建設をめぐる住民投票実施を後押しする社説

「重い課題ほど議論が必要」「期待したい成熟した意識」等、原発建設反対住民による直接的な意思表明を支持する記事は、原発立地県において非常に珍しい。

新潟日報

1996年(平成8年)3月11日

先進2県 揺れる対応 ルポ

県民9割が「不要」

結局は交付金頼み

1996年3月11日　記事

「原発先進県」の福井と福島のルポ。既に15基の原発を抱える福井県では県民の9割が「原発は不要」という世論調査結果が出て、これ以上の増設には反対意見が多数。一方この時点で10基が稼働していた福島県では反対は目立たずさらなる増設要望もあり、全く異なる意識がもたれていた。

8月4日に住民投票

巻町議会

全国初、原発建設の是非問う

町長の同意案可決

意向が一致

実施遅らせたい推進派

時期確定したい投票派

夢舞台　白球のドラマ描け

新潟明訓ナイン甲子園へ出発

1996年3月21日　住民投票の実施決定を報じる記事
この直後から電力会社、推進団体による嵐のような広告出稿が投票日まで続いた。

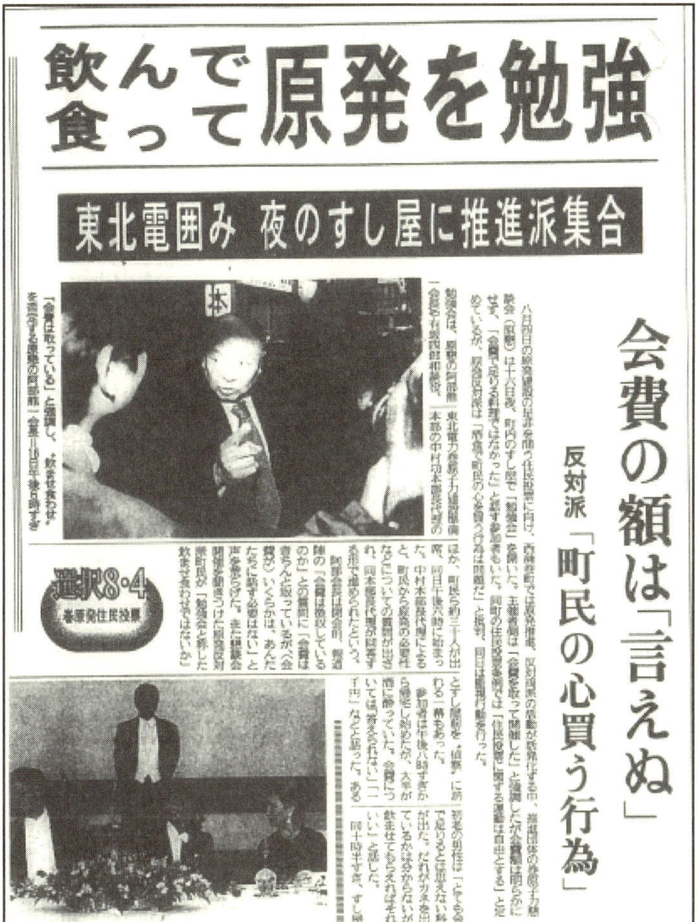

飲んで食って原発を勉強

東北電囲み　夜のすし屋に推進派集合

会費の額は「言えぬ」

反対派「町民の心買う行為」

選択8・4

1996年4月18日　記事

推進派が東北電力のカネで会食していたことを追及する記事。見出しが強烈で、新聞社がどちら側なのかよく分かる。

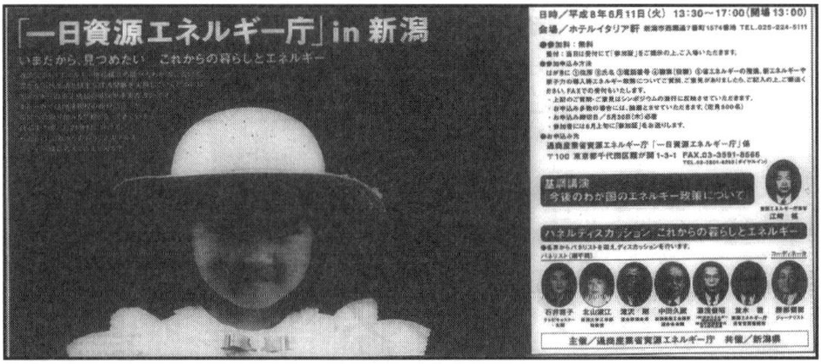
「一日資源エネルギー庁」in 新潟
いまだから、見つめたい　これからの暮らしとエネルギー
日時／平成8年6月11日（火）　13:30〜17:00（開場13:00）
会場／ホテルイタリア軒　TEL.025-224-5111
●参加料：無料
●参加申込み方法
●お申込み先
通商産業省資源エネルギー庁「一日資源エネルギー庁」係
〒100 東京都千代田区霞が関1-3-1　FAX.03-3591-8566
基調講演
今後のわが国のエネルギー政策について
パネルディスカッション　これからの暮らしとエネルギー
主催／通商産業省資源エネルギー庁　共催／新潟県

すでに31.6%
火力60.2%、水力8.2%、そして原子力31.6%……。
石油や石炭、天然ガスを輸入に頼るわが国では、電力の安定供給のため、いろいろなエネルギー源を上手に組み合わせて発電を行っています。
なかでも原子力は、経済性や燃料確保、また環境の面からも優れた特性をもち、今ではなくてはならないエネルギー源になっています。
原子力発電は、電源の大きな柱です。
今日・明日・未来のために推進しましょう。
東北電力
にいがた

1996年5月15日　資源エネ庁　5段
1996年5月21日　東北電　5段
住民投票までさまざまな広告が投入された。

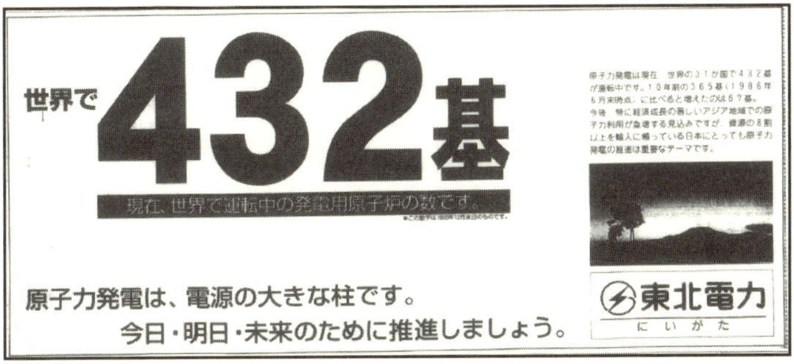

世界で
432基
現在、世界で運転中の発電用原子炉の数です。
原子力発電は現在、世界の31か国で432基が運転中です。10年前の365基（1986年6月末時点）に比べると増えたのは67基。
今後、特に経済成長の著しいアジア地域での原子力利用が急増する見込みですが、資源の8割以上を輸入に頼っている日本にとっても原子力発電の推進は重要なテーマです。
原子力発電は、電源の大きな柱です。
今日・明日・未来のために推進しましょう。
東北電力
にいがた

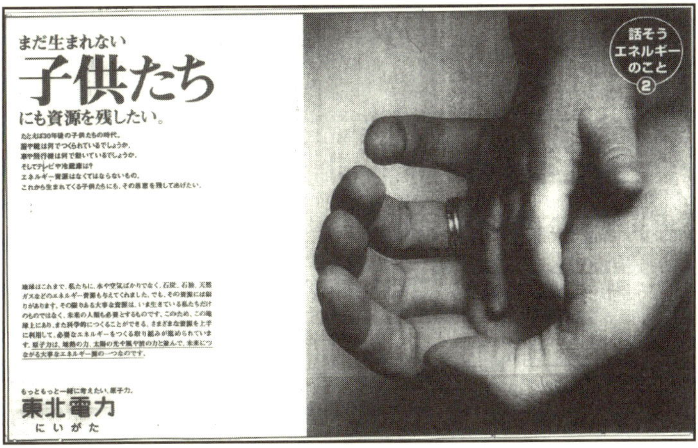

まだ生まれない
子供たち
にも資源を残したい。
たとえば30年後の子供たちの時代。
服や靴は何でつくられているでしょうか。
車や飛行機は何で動いているでしょうか。
そしてテレビや冷蔵庫は？
エネルギー資源はなくてはならないもの。
これから生まれてくる子供たちにも、その資源を残してあげたい。
地球はこれまで、私たちに、水や空気ばかりでなく、石炭、石油、天然ガスなどのエネルギー資源も与えてくれました。でも、その資源には限りがあります。その限りある大事な資源は、いま生きている私たちだけのものではなく、未来の人類も必要とするものです。このため、この地球上にあり、また科学的につくることができる、さまざまな資源を上手に利用して、必要なエネルギーをつくる取り組みが進められています。原子力は、地熱の力、太陽の光や風や波の力と並んで、未来につながる大事なエネルギー源の一つなのです。
もっともっと一緒に考えたい、原子力。
東北電力
にいがた
話そう
エネルギーのこと
②

1996年5月27日　東北電　5段
1996年5月29日　東北電　7段

8・4巻原発住民投票

選択への視点 〈上〉

反対派 暴走事故ありうる

推進派 多重的対策で万全

反対派 代替発電の開発を

推進派 安定供給に不可欠

推進派 交付金や雇用魅力

反対派 観光資源で振興を

1996年5月15日～「8・4原発住民投票　選択への視点」シリーズ記事

争点を「安全性」「必要性」「活性化」の3点に整理し、それぞれについて推進・反対両派の意見を報告。よく読めば、推進派がひたすら金目当てであることは一目瞭然であり、新聞社としてどちらを支援していたかが分かる作りになっている。しかし、その編集方針とは裏腹に、推進派の広告出稿は肥大化する。

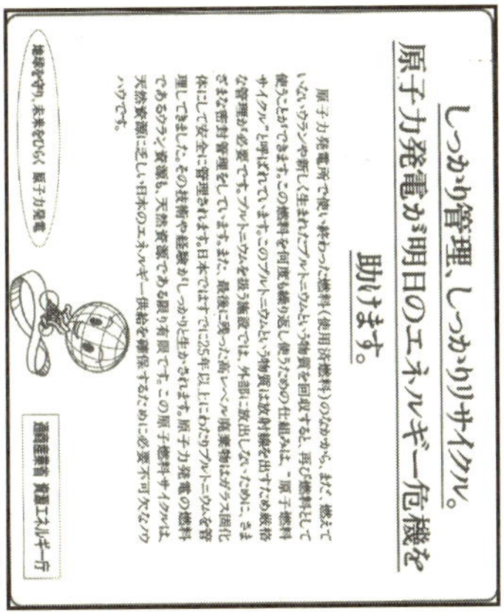
しっかり管理、しっかりリサイクル。
原子力発電が明日のエネルギー危機を助けます。
原子力発電所で使い終わった燃料（使用済燃料）のなかから、まだ、燃えていないウランや新しく生まれたプルトニウムという物質を回収すると、再び燃料として使うことができます。この燃料を何度も繰り返し使うための仕組みは、"原子燃料サイクル"と呼ばれています。このプルトニウムという物質は放射線を出すため厳格な管理が必要です。プルトニウムを扱う施設では、外部に放出しないために、さまざまな密封管理をしています。また、最後に残った高レベル廃棄物はガラス固化体にして安全に管理されます。日本ではすでに25年以上にわたりプルトニウムを管理してきました。その技術や経験がしっかりと生かされます。原子力発電の燃料であるウラン資源も、天然資源である限り有限です。この原子燃料サイクルは、天然資源に乏しい日本のエネルギー供給を確保するために必要不可欠なノウハウです。
地球を守り、未来をひらく 原子力発電
通商産業省 資源エネルギー庁

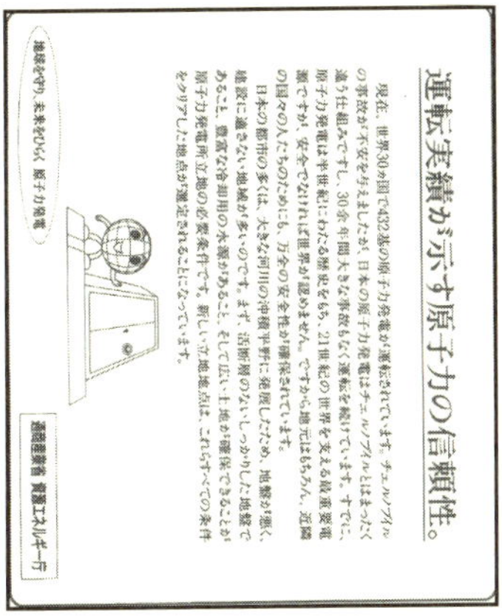
運転実績が示す原子力の信頼性。
現在、世界30ヵ国で432基の原子力発電が運転されています。チェルノブイルの事故が不安を与えましたが、日本の原子力発電はチェルノブイルとはまったく違う仕組みですし、30余年間大きな事故もなく運転を続けています。すでに、原子力発電は半世紀にわたる歴史をもち、21世紀の世界を支える最重要電源ですが、安全でなければ世界が認めません。ですから地元はもちろん、近隣の国々の人たちのためにも、万全の安全性が確保されています。
日本の都市の多くは、大きな河川の沖積平野に発展したため、地盤が悪く、建設に適さない地域が多いのです。まず、活断層のないしっかりした地盤であること、豊富な冷却用の水源があること、そして広い土地が確保できることが原子力発電所立地の必要条件です。新しい立地地点は、これらすべての条件をクリアした地点が選定されることになっています。
地球を守り、未来をひらく 原子力発電
通商産業省 資源エネルギー庁

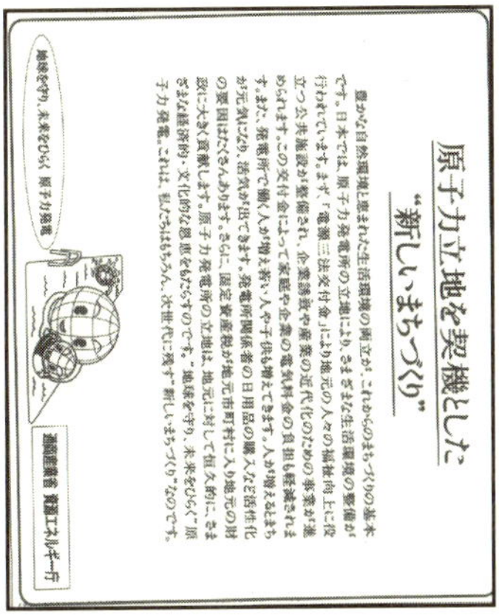
原子力立地を契機とした
"新しいまちづくり"
豊かな自然環境と恵まれた生活環境の両立が、これからのまちづくりの基本です。日本では、原子力発電所の立地により、さまざまな生活環境の整備が行われています。まず、「電源三法交付金」により地元の人々の福祉向上に役立つ公共施設が整備され、企業誘致や産業の近代化のための事業が進められます。この交付金によって家庭や企業の電気料金の負担も軽減されます。また、発電所で働く人が増え若い人や子供も増えてきます。人が増えるとまちが元気になり、活気が出てきます。発電所関係者の日用品の購入など活性化の要因はたくさんあります。さらに、固定資産税が地元市町村に入り地元の財政に大きく貢献します。原子力発電所の立地は、地元に対して恒久的に、さまざまな経済的・文化的な恩恵をもたらすのです。"地球を守り、未来をひらく"原子力発電。これは、私たちはもちろん、次世代に残す"新しいまちづくり"なのです。
地球を守り、未来をひらく 原子力発電
通商産業省 資源エネルギー庁

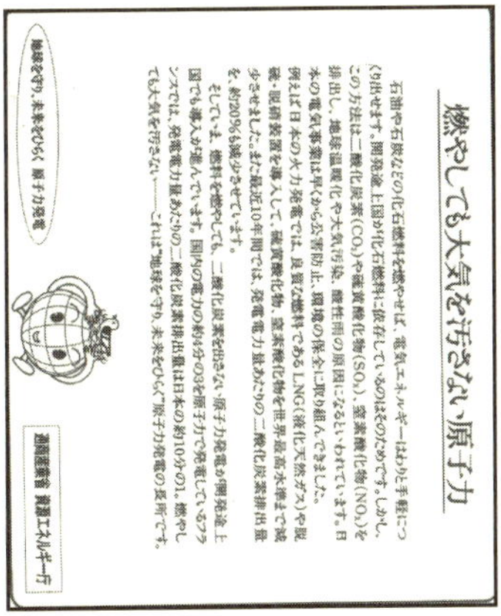
燃やしても大気を汚さない原子力
石油や石炭などの化石燃料を燃やせば、電気エネルギーはわりと手軽につくり出せます。開発途上国が化石燃料に依存しているのはそのためです。しかし、この方法は二酸化炭素（CO_2）や硫黄酸化物（SO_x）、窒素酸化物（NO_x）を排出し、地球温暖化や大気汚染、酸性雨の原因になるといわれています。日本の電気事業は早くから公害防止、環境の保全に取り組んできました。
例えば日本の火力発電では、良質な燃料であるLNG（液化天然ガス）や脱硫・脱硝装置を導入して、硫黄酸化物、窒素酸化物を世界最高水準まで減少させました。また最近10年間では、発電電力量あたりの二酸化炭素排出量を、約20％も減少させています。
そしていま、燃料を燃やしても、二酸化炭素を出さない原子力発電が開発途上国でも導入が進んでいます。国内の電力の約4分の3を原子力で発電しているフランスでは、発電電力量あたりの二酸化炭素排出量は日本の約10分の1。燃やしても大気を汚さない――これは"地球を守り、未来をひらく"原子力発電の長所です。
地球を守り、未来をひらく 原子力発電
通商産業省 資源エネルギー庁

1996年5月30日～「地球を守り、未来をひらく　原子力発電」シリーズ　資源エネ庁　各半5段

暮らし・環境・エネルギー

『私たちの暮らしとエネルギーについて考えるつどい』

意見広告

去る五月十九日（日）、エネルギー対策新潟県民会議をはじめとする十五団体共催の形で、四人の講師を招き、暮らしとエネルギーをテーマにしたシンポジウムが開かれました。会場となった新潟市内のホテルに県内から約三千百人が集まり、四人の講師による未来のエネルギー問題についての講演に、熱心に耳を傾けていました。

現在、私たちが日常生活で使用しているエネルギー資源には、限りがあります。子供の代、孫の代のエネルギー問題について、真剣に考える時が来ています。今回のつどいでの講演内容が、そのきっかけになればと考え、講演の内容を一部抜粋して掲載します。

講師略歴

【基調講演・原子力発電の仕組みと安全性】

【フランスの原子力政策と現状】

ロベール・カピティニ 氏

メーンテーマ『地球環境・人類のエネルギー危機を救う原子力の未来を考える』

エネルギー対策新潟県民会議　新潟県建設専門工事業団体連合会　新潟県を豊かにする会　日本土木工業協会北陸支部
新潟県建設業協会　新潟商工会議所　新進党新潟県支部連合会
新潟県エネルギー懇談会連絡協議会　新潟県商工会議所連合会　自由民主党新潟県支部連合会
新潟県経営者協会　新潟県商工会連合会　新潟民社協会
（アイウエオ順）

この広告についてのご意見お問い合わせは、
エネルギー対策新潟県民会議
新潟市西堀通4-259
TEL 025-228-0888

新潟日報

一緒に考えて見ませんか。

「原子力発電所と地域振興・柏崎市の場合」

虹の会　町づくり講演会（五月十四日・巻町商工会館にて・約百三十名が参加）にて

内藤 信寛 氏

「原子力発電所立地と地域開発」

長野 茂 氏

「放射線と私たちの生活」

久保寺 昭子 氏

1996 年 6 月 24 日　エネルギー対策新潟県民会議・新潟経済同友会他
30 段
巻町にて開催された「原子力発電と地域振興・柏崎市の場合」と「私たちの暮らしとエネルギーについて考えるつどい」の二本立て PR 記事。

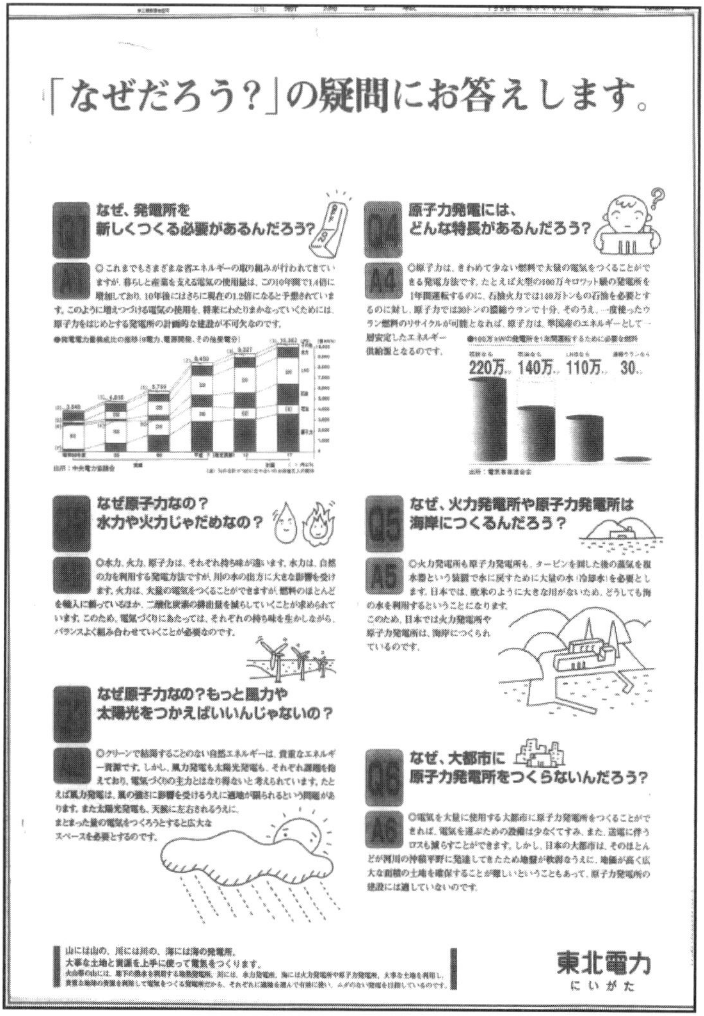

「なぜだろう?」の疑問にお答えします。

Q1 なぜ、発電所を新しくつくる必要があるんだろう?

A1 ○これまでもさまざまな省エネルギーの取り組みが行われてきていますが、暮らしと産業を支える電気の使用量は、この10年間で1.4倍に増加しており、10年後にはさらに現在の1.2倍になると予想されています。このように増えつづける電気の使用を、将来にわたりまかなっていくためには、原子力をはじめとする発電所の計画的な建設が不可欠なのです。

●発電電力量構成比の推移(9電力、電源開発、その他受電分)

出所：中央電力協議会

Q4 原子力発電には、どんな特長があるんだろう?

A4 ○原子力は、きわめて少ない燃料で大量の電気をつくることができる発電方法です。たとえば大型の100万キロワット級の発電所を1年間運転するのに、石油火力では140万トンもの石油を必要とするのに対し、原子力では30トンの濃縮ウランで十分。そのうえ、一度使ったウラン燃料のリサイクルが可能となれば、原子力は、準国産のエネルギーとして一層安定したエネルギー供給源となるのです。

●100万kWの発電所を1年間運転するために必要な燃料

石炭なら 220万トン　石油なら 140万トン　LNGなら 110万トン　濃縮ウランなら 30トン

出所：電気事業連合会

なぜ原子力なの?水力や火力じゃだめなの?

○水力、火力、原子力は、それぞれ持ち味が違います。水力は、自然の力を利用する発電方法ですが、川の水の出方に大きな影響を受けます。火力は、大量の電気をつくることができますが、燃料のほとんどを輸入に頼っているほか、二酸化炭素の排出量を減らしていくことが求められています。このため、電気づくりにあたっては、それぞれの持ち味を生かしながら、バランスよく組み合わせていくことが必要なのです。

Q5 なぜ、火力発電所や原子力発電所は海岸につくるんだろう?

A5 ○火力発電所も原子力発電所も、タービンを回した後の蒸気を復水器という装置で水に戻すために大量の水(冷却水)を必要とします。日本では、欧米のように大きな川がないため、どうしても海の水を利用するということになります。このため、日本では火力発電所や原子力発電所は、海岸につくられているのです。

なぜ原子力なの?もっと風力や太陽光をつかえばいいんじゃないの?

○クリーンで枯渇することのない自然エネルギーは、貴重なエネルギー資源です。しかし、風力発電も太陽光発電も、それぞれ課題を抱えており、電気づくりの主力とはなり得ないと考えられています。たとえば風力発電は、風の強さに影響を受けるうえに適地が限られるという問題があります。また太陽光発電も、天候に左右されるうえに、まとまった量の電気をつくろうとすると広大なスペースを必要とするのです。

Q6 なぜ、大都市に原子力発電所をつくらないんだろう?

A6 ○電気を大量に使用する大都市に原子力発電所をつくることができれば、電気を運ぶための設備は少なくてすみ、また、送電に伴うロスも減らすことができます。しかし、日本の大都市は、そのほとんどが河川の沖積平野に発達してきたため地盤が軟弱なうえに、地価が高く広大な面積の土地を確保することが難しいということもあって、原子力発電所の建設には適していないのです。

山には山の、川には川の、海には海の発電所。
大事な土地と資源を上手に使って電気をつくります。
火山帯の山には、地下の熱水を利用する地熱発電所、川には、水力発電所、海には火力発電所や原子力発電所。大事な土地を利用し、貴重な地球の資源を利用して電気をつくる発電所だから、それぞれに適地を選んで有効に使い、ムダのない発電を目指しているのです。

東北電力
にいがた

1996年6月29日　東北電　15段

エネルギーのある街は、
笑顔のある街です。
原子力は
暮らしの
活力源
東北電力
にいがた

エネルギーのある街は、
笑顔のある街です。
原子力は
暮らしの
活力源
東北電力
にいがた

1996年7月6日・7日　東北電　7段
柏崎や女川などの住民を登場させる新シリーズ広告「原子力は暮らしの活力源」を開始。「エネルギーのある街は、笑顔のある街です」というコピーは異様。

たくさんのチカラに支えられて、20年。
柏崎刈羽
発電所だより
8・7・9
「心のふれあいを大切にしています」
東京電力
柏崎刈羽原子力発電所

くらしが、基本です。
まちへ、人へ、
クリーンエネルギー供給。
JAPEX
石油資源開発株式会社

1996年7月9日　東電　7段
1996年7月11日　JAPEX　5段
ついにJAPEX（石油資源開発）まで広告出稿に駆り出している。

エネルギーのある街は、
笑顔のある街です。
原子力は
暮らしの
活力源
東北電力
にいがた

エネルギーのある街は、
笑顔のある街です。
原子力は
暮らしの
活力源
東北電力
にいがた

1996 年 7 月 13 日　東北電　7 段
出演：柏崎の農家。
1996 年 7 月 14 日　東北電　7 段
出演：女川町の民宿経営者。

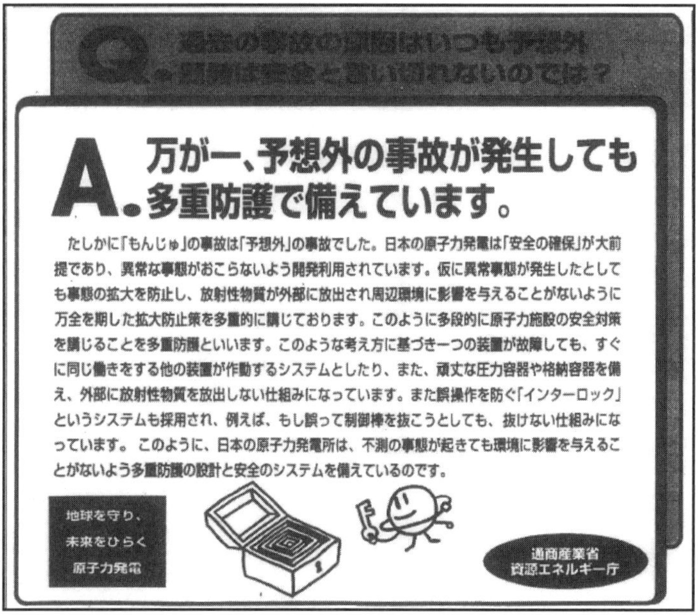

A. 万が一、予想外の事故が発生しても多重防護で備えています。
たしかに「もんじゅ」の事故は「予想外」の事故でした。日本の原子力発電は「安全の確保」が大前提であり、異常な事態がおこらないよう開発利用されています。仮に異常事態が発生したとしても事態の拡大を防止し、放射性物質が外部に放出され周辺環境に影響を与えることがないように万全を期した拡大防止策を多重的に講じております。このように多段的に原子力施設の安全対策を講じることを多重防護といいます。このような考え方に基づき一つの装置が故障しても、すぐに同じ働きをする他の装置が作動するシステムとしたり、また、頑丈な圧力容器や格納容器を備え、外部に放射性物質を放出しない仕組みになっています。また誤操作を防ぐ「インターロック」というシステムも採用され、例えば、もし誤って制御棒を抜こうとしても、抜けない仕組みになっています。このように、日本の原子力発電所は、不測の事態が起きても環境に影響を与えることがないよう多重防護の設計と安全のシステムを備えているのです。
地球を守り、
未来をひらく
原子力発電
通商産業省
資源エネルギー庁

1996年7月26～28日　資源エネ庁　各半5段

「過去の事故の原因はいつも予想外。原発は安全と言い切れないのでは？」というまさに正鵠を得た質問に対し、「万が一、予想外の事故が発生しても多重防護で備えています」という十年一日のごとき回答は、3.11で嘘であったことが立証された。巻町住民投票を控え、あの手この手の説得に必死である。

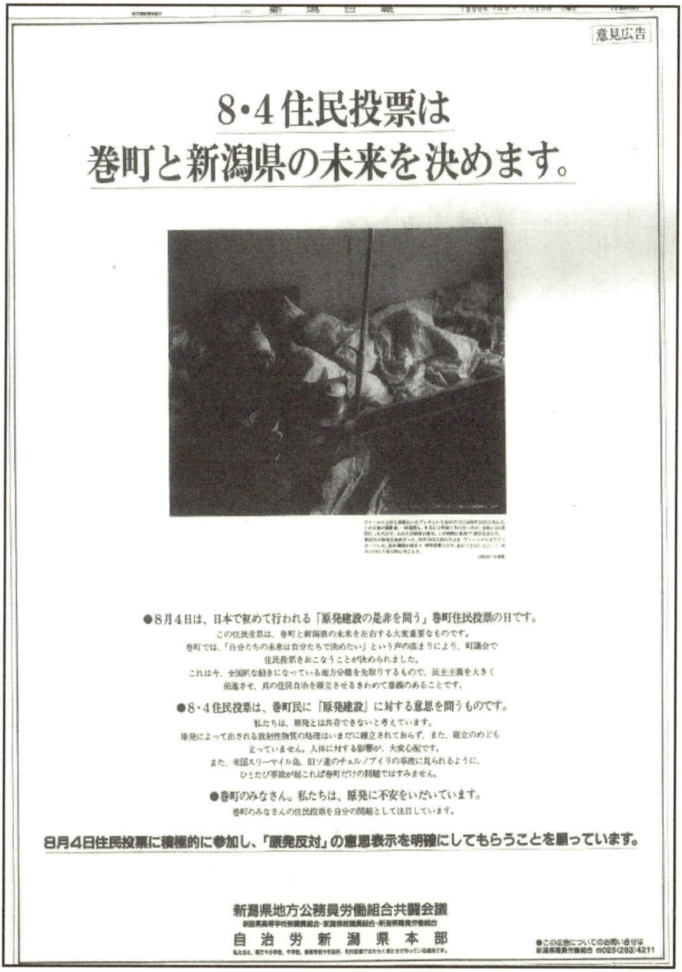

意見広告

8・4住民投票は 巻町と新潟県の未来を決めます。

●8月4日は、日本で初めて行われる「原発建設の是非を問う」巻町住民投票の日です。

この住民投票は、巻町と新潟県の未来を左右する大変重要なものです。
巻町では、「自分たちの未来は自分たちで決めたい」という声の高まりにより、町議会で
住民投票をおこなうことが決められました。
これは今、全国的な動きになっている地方分権を先取りするもので、民主主義を大きく
前進させ、真の住民自治を確立させるきわめて意義のあることです。

●8・4住民投票は、巻町民に「原発建設」に対する意思を問うものです。

私たちは、原発とは共存できないと考えています。
原発によって出される放射性物質の処理はいまだに確立されておらず、また、確立のめども
立っていません。人体に対する影響が、大変心配です。
また、米国スリーマイル島、旧ソ連のチェルノブイリの事故に見られるように、
ひとたび事故が起これば巻町だけの問題ではすみません。

●巻町のみなさん。私たちは、原発に不安をいだいています。

巻町のみなさんの住民投票を自分の問題として注目しています。

8月4日住民投票に積極的に参加し、「原発反対」の意思表示を明確にしてもらうことを願っています。

新潟県地方公務員労働組合共闘会議
新潟県高等学校教職員組合・新潟県教職員組合・新潟県職員労働組合
自治労新潟県本部

●この広告についてのお問い合せは
新潟県職員労働組合 ☎025(283)4211

1996年7月28日　新潟県地方公務員労働組合共闘会議・自治労新潟県本部　15段
推進派の土砂降りのような広告攻勢の前に、反対側が掲載した唯一の意見広告。

私たちの暮らし

私たち自身がベストミックスを考えるべき時期がきています

目前に迫った危機

忍び寄るエネルギー危機とわが国の対応

エネルギー・環境問題に灯る黄信号

急激に発展するアジアと日本の役割

2010年におけるCO₂・SOx・NOx排出量の予測

新潟日報

1996年（平成8年）7月29日

忍び寄るエネルギー・環境危機と

環境を超えた視点でエネルギー問題を考える

地域の理解はふれあいから

安全の上の安心

供給地と消費地との共生を

広告

1996年7月29日　「フォーラム・エネルギーを考える」による記事風広告　30段

原発の文字は使わないが、「危機」という文字を多用し、エネルギー危機が明日起こるかのようなレトリックを展開している。

新潟日報
これからの暮らしにも、電気が必要です。
皆さんは、朝起きてから夜寝るまでに、電気器具をいくつお使いでしょうか。ちょっと数えただけでも、日々の暮らしにとって電気がなくてはならないものとなっていることがお分かりいただけると思います。そして、この電気のご使用は、使い勝手が良くお年寄りにも優しいといった特性から、今後ますます増えていくことが予想されています。しかし、日本はエネルギー資源の8割以上を輸入に頼る「資源小国」です。一方で、日本は先進諸国の一員として、限られたエネルギー資源を世界の人々が公平に利用できるよう、石油等の化石燃料の利用を抑えていくことが求められています。また、日本は化石燃料の燃焼等による二酸化炭素の排出量を減らしていかなければなりません。では、資源小国・日本が、先進諸国の一員としての責務を果たしながら、自ら利用するエネルギーを確保していくためには、どうすればよいのでしょうか。私たち東北電力は、一度使った燃料のリサイクルによって、エネルギー自立化への道を拓く原子力発電を、電気づくりの主力として推進していくことが必要だと考えています。日本の未来、明日の暮らしのための電気づくり。原子力発電所の建設にご理解とご協力をお願いいたします。
東北電力
にいがた

1996年7月31日　東北電　15段

住民投票前、最後の15段広告。電気イコール原発という強引な落とし込み。

新潟日報

巻住民投票

原発建設「ノー」

反対61%占める

賛成39% 国・計画推進に大打撃

反対 12478票
賛成 7904票
投票率 88.29%

25年間の不信を"凝縮"

歓喜の拍手

町有地売却せず

笹口町長会見

現時点での推進は無理

平山知事記者会見

残念な結果 活動続ける

八島東北電力社長

谷口19位

主な記事

アトランタ五輪

巻住民投票関連記事

Atlanta 1996

花時計

1996年8月5日　記事

住民投票の結果は反対61%、賛成39%で反対派が大差で勝利。投票率は88.29%と非常に高く、町民の関心の高さを示した。これを受けた町長は町有地を売却しないことを宣言、巻原発建設計画は事実上消滅した。

サンテー原子力
大量の水でいっきに冷やす。
もしもに備えた安全装置なんだ。
ECCSは、万一の時に頼れる安全装置です。
QUIZ
東北電力
エネルギーの明日を考える
東京電力

サンテー原子力
それは厳しいガードマン。
ボクたちは休まず放射線の測定と監視をしているんだ。
放射線をしっかり見張っています。
QUIZ
東北電力
エネルギーの明日を考える
東京電力

1996年8月11日　東北電・東電　7段
1996年10月13日　東北電・東電　7段
まるで洪水のようだった広告攻勢もすっかりしぼんでしまった。

1996年11月10日　東電　10段

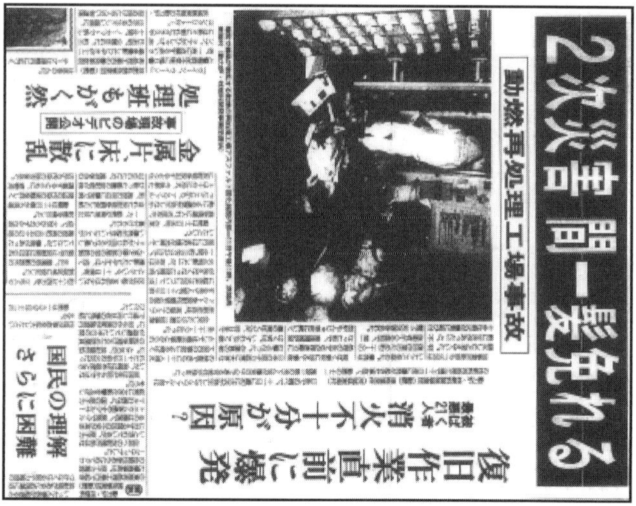

2次災害間一髪免れる

動燃再処理工場事故

復旧作業直前に爆発

消火不十分が原因?

金属片床に散乱

国民の理解さらに困難

社説

また起きた動燃の大きな事故

1997年3月12日・13日　記事
動燃の東海事業所（茨城県東海村）の核燃料再処理工場で発生した爆発事故を報じる。社説でも「教訓は生かされていたか」「国民的合意一段と難しく」と非常に厳しく断じている。

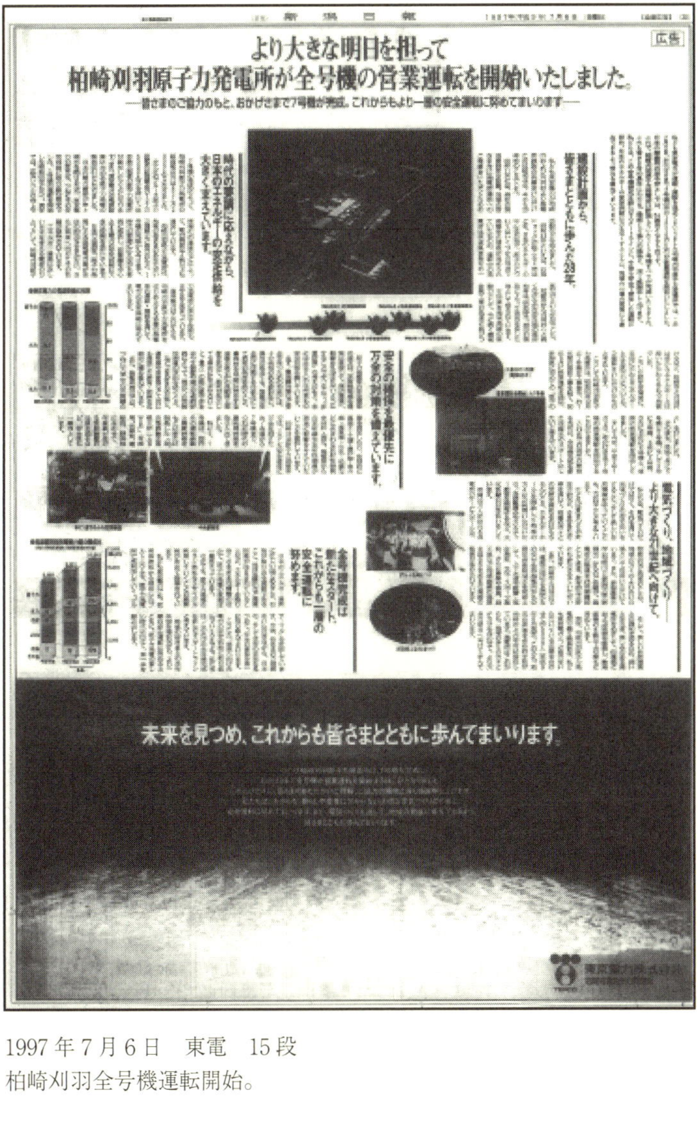

新潟日報

広告

より大きな明日を担って
柏崎刈羽原子力発電所が全号機の営業運転を開始いたしました。

未来を見つめ、これからも皆さまとともに歩んでまいります。

1997年7月6日　東電　15段
柏崎刈羽全号機運転開始。

新潟日報
広告
「原子力の日」記念シンポジウム
地球環境とエネルギー
—改めて問う原子力発電の意義とは—
低炭素社会を実現するために
これから何が必要か
身近な問題としてとらえ
考えたい、地球温暖化
一体となって未来へ歩めるよう
信頼関係の確立を第一に
原子力の意義を皆で認識し
温暖化防止に役立てたい
日本原子力文化振興財団

2009年1月18日　日本原子力文化振興財団　15段

新潟シンポジウム
放射線ってなあに？
～私たちの暮らしの中の放射線～
広告
私たちの身の回りにある放射線について、一緒に考えてみませんか？
県内で活動する女性グループによる発表を交え、
9月8日、ANAクラウンプラザホテル新潟にて開催された
パネルディスカッションをご紹介します。
主催／「フォーラム・エネルギーを考える」
協力／エネコミ・in 新潟推進実行団体、新潟県婦人連盟
大地、空気、食べ物にも自然の放射線が存在しています。
さまざまな特性を持つ放射線は、広い分野で活用されています。
病気の発見や治療のために、放射線はとても役立っています。
知らないから不安になる——正確な情報のもと知識を得ましょう。
新潟市内を歩いて実際に放射線を測ってみました！
「フォーラム・エネルギーを考える」

2009年10月24日　フォーラム・エネルギーを考える　15段

第五章

福井

福井新聞

福井県

世帯数　二八万三〇〇〇

県内の新聞シェア上位二社

一位　福井新聞（一八九九年創刊）　二〇万六〇〇〇部、世帯普及率　七二・八％
二位　読売新聞（一八七四年創刊）　一万二〇〇〇部、世帯普及率　四・五％

建設された原子力発電所と稼働開始年月

日本原子力発電　敦賀原子力発電所（福井県敦賀市明神町）
一号機　一九七〇年三月
二号機　一九八七年二月

関西電力　美浜原子力発電所（福井県三方郡美浜町）
一号機　一九七〇年一一月
二号機　一九七二年七月
三号機　一九七六年一二月

関西電力　大飯原子力発電所（福井県大飯郡おおい町）
一号機　一九七九年三月
二号機　一九七九年一二月
三号機　一九九一年一二月

四号機　一九九三年二月
関西電力　高浜原子力発電所（福井県大飯郡高浜町）
一号機　一九七四年一一月
二号機　一九七五年一一月
三号機　一九八五年一月
四号機　一九八五年六月
日本原子力研究開発機構　原子炉廃止措置研究開発センター「ふげん」（福井県敦賀市明神町）
一九七八年三月
日本原子力研究開発機構　高速増殖原型炉「もんじゅ」（福井県敦賀市白木）
一九九四年四月

懸念も表明しつつ原発推進

三・一一の原発事故発生以前、原発銀座と称された福井県若狭湾近辺は、福島の浜通りと「日本の電源基地」の座を争っていましたが、東京電力福島第一原発での事故後、福島県では一号機から四号機の廃炉が決まり、停止している第二原発の再稼働の目処も立っていないことから、現在では福井だけが唯一の「日本における原発密集地帯」となっています。

半径数キロ圏内の狭い地域に原発が密集するのは日本独自の現象であり、一五基もの原子力発電所が半径一〇キロ圏内に集中することは、海外では例がありません。日本の場合は国土が狭く設置できるところが限られていることや、電力会社からしても最初の一基が作れれば増設が地元に受け入れられやすいこともありますが、何よりも地域経済に及ぼす影響があまりにも巨大であることが最大の理由であると考えられます。

福井県内でも特に過疎が激しいとされていた若狭地方は、福島の相双地域と同様、原発誘致で発生する電源三法交付金の威力でまたたく間に財政が好転します。福島の場合、その一瞬の好況がまるで未来永劫続くかのように報道した新聞社があったのですが、果たして世帯普及率七割以上という圧倒的なシェアを誇る福井新聞は、原発をどのように伝えてきたのでしょうか。

全ての原子力ムラ参加企業及び団体が加盟する原子力産業協会という団体があります。平成二六年六月の時点で加盟社が四五一社もあり、現在も新規加入が続いていますが、報道機関では福井新聞、東奥日報、三重新聞だけが加盟しています（それぞれの県も加盟、三・一一以前は福島県と福島民報も加盟していたが、事故後に脱退）。

この団体に加盟しているということは、自社は原発を推進する立場であると宣言しているわけですが、公正な報道をしなければならないはずの報道機関がそれでいいのかどうか、福井新聞の過去の「報道」がどのようなものだったのか、この章で検証したいと思いました。

結論から言えば、原発の勃興期である七〇年代から八〇年代初頭までは無条件の原発礼賛記事が目立っていたものの、幾度かのトラブルや事故、そしてソ連のチェルノブイリ事故を目の当たりにするに及んでその熱は急速に冷め、早くも八〇年代半ばから、社説や記事は原発に対して慎重な物言いに変遷していきます。一九八四年の小浜・大飯原発増設を問うた市民投票で実に回答者の九割が反対だったことを報じ、市民の声をきちんと反映する紙面になっていました。

しかし、広告出稿に関しては、記事の編集方針が反映されることはなく、二〇〇〇年代は調査した二〇〇九年、二〇一〇年だけに限っても、大量の原発広告を掲載しています。市民の間に広がる原発に対する警戒感を、ローラー作戦よろしく大量の広告によってなんとか鎮めようとしていた電力会社の思惑が透けて見えるようです。

そんな状況の中、当時の敦賀市長のあまりにもひどい発言が記録に残っています。果たして彼は、どのような民意を代表していたのでしょうか。

一九八三年一月二六日、石川県羽咋郡志賀町（後に志賀原発を建設）で開かれた「原発講演会」（地元の広域商工会主催）における高木孝一敦賀市長（当時）の講演

まあそんなわけで短大は建つわ、高校はできるわ、五〇億円で運動公園はできるわねえ。火葬場はボツボツ私も歳になってきたから、これも今、あのカネで計画しておる、といったようなことで、そりゃあもうまったくタナボタ式の町づくりができるんじゃなかろうか、と、そういうことで私は皆さんに（原発を）おすすめしたい。これは（私は）信念をもっとる、信念！

（中略）

えー、その代わりに一〇〇年経って片輪が生まれてくるやら、五〇年後に生まれた子供が全部、片輪になるやら、それはわかりませんよ。わかりませんけど、今の段階では（原発を）おやりになったほうがよいのではなかろうか…。こういうふうに思っております。どうもありがとうございました（会場に大拍手）。

（内橋克人『日本の原発、どこで間違えたのか』朝日新聞出版、二〇一一年、二二四―二二四頁）

毎日新聞　1983年2月5日

「原発は金になる」

推進講演会で敦賀市長

高木・敦賀市長

株式会社 熊谷組
油圧式掘削機
YUTANI
Yutani-Poclain
T.C50 T.Y45
丸紅飯田株式会社
福井支店
国土開発に貢献する
ツルガセメント
敦賀セメント株式会社
D50A-15
福井鉄工株式會社
『福井』は前進する
万国博へ"原子の火"を
急ピッチの敦賀・美浜原電工事
酒井電機株式会社
郷土の開発に
若丸土建の技術が
生かされている
若丸土建株式会社
謹賀新年
日立建機株式会社
金沢営業所
明日のエネルギーを生み出す
東芝の原子力発電設備
東京芝浦電気株式会社
移動発電所！
三菱 可搬式
ディーゼル発電機
三菱電機株式会社
富山営業所
どんなご要望にもOK！
大電産業株式会社

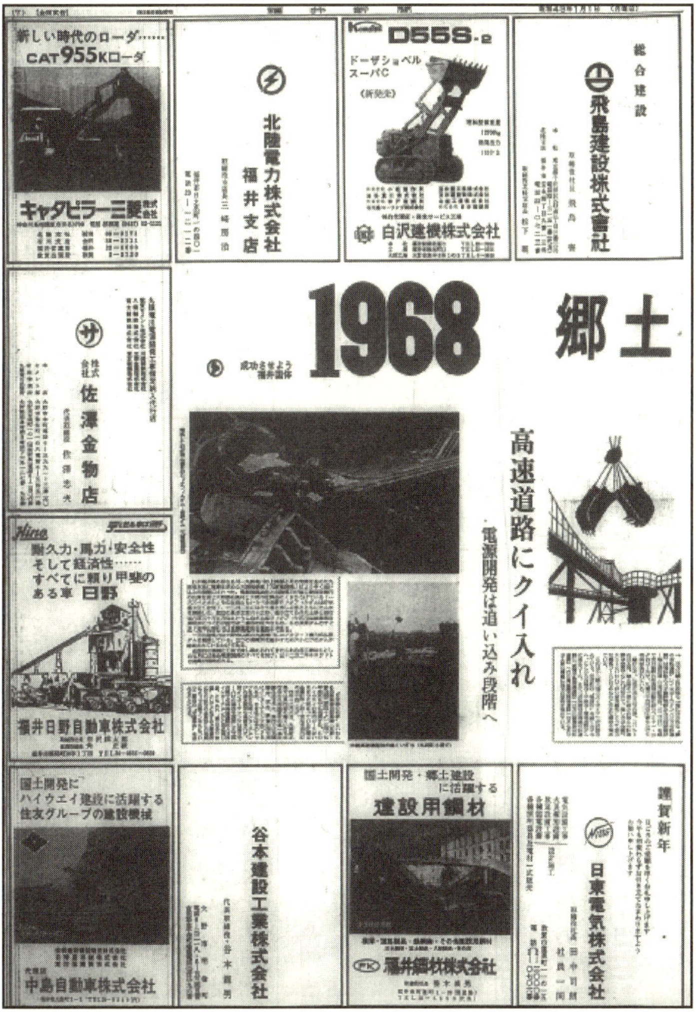

新しい時代のローダ……
CAT 955Kローダ
キャタピラー三菱株式会社

北陸電力株式会社
福井支店

D55S-2
ドーザショベル
スーパC
(新発売)
白沢建機株式会社

総合建設
飛島建設株式会社

成功させよう福井国体
1968
郷土

高速道路にクイ入れ
電源開発は追い込み段階へ

株式会社
佐澤金物店

Hino
耐久力・馬力・安全性
そして経済性……
すべてに頼り甲斐のある車
日野
福井日野自動車株式会社

国土開発に
ハイウエイ建設に活躍する
住友グループの建設機械
中島自動車株式会社

谷本建設工業株式会社

国土開発・郷土建設
に活躍する
建設用鋼材
福井鋼材株式会社

謹賀新年
日東電気株式会社

1968年1月1日　連合広告　30段

70年の万国博覧会送電のため高揚している様子が分かる。

世界有数の原電基地

自治体うるおす"税源"

辺地にも立派な道路

原子力発電所誘致の裏・表

汚染を理由に反対 補償金には魅力

架橋待つ陸の孤島

1969年8月4日　記事
「自治体うるおす"税源"」「補償金には魅力」という見出しが見える。

原電とぼくたち ②

温排水の影響に関心

PRセンターへ通う

丹生中科学クラブ

原電とぼくたち ①

原子力を勉強したい

全国でも珍しい活動

丹生中科学クラブ

1970年11月5日〜　「原電とぼくたち」シリーズ記事　全5回
まずはそのタイトルに驚かされるが、中学生の言葉を借りて原発の利便性のみをうたうのは典型的なヨイショ記事。

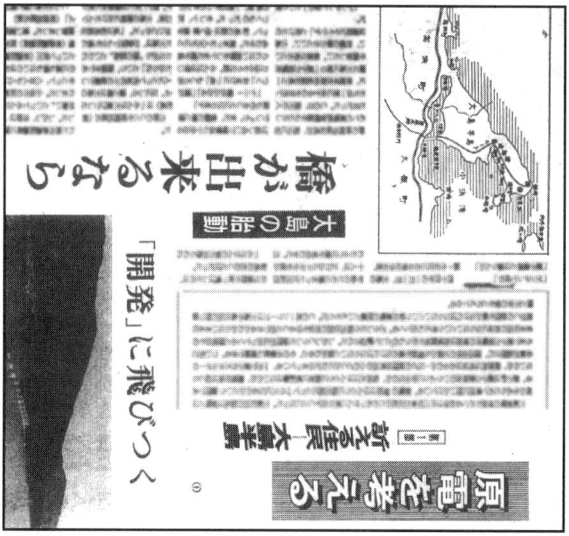
原電を考える ①

第1部 訴える住民―大島半島

「開発」に飛びつく

大島の胎動

橋が出来るなら

原電を考える ⑧

第2部 集中化とその周辺

モルモットはいや

半数の署名集める

反対運動

1972年3月～ 「原電を考える」シリーズ記事

半年以上、4部まで続く検証企画。降ってわいた原電（原発）による開発に翻弄される住民たちの様子を詳細に報道。賛否両論併記の好企画だった。

昭和49年6月26日（水曜日）　（2）

ここに県民の一票が……

再燃する　原電不安

過疎から脱出の代償

敦賀市白木区　既に外堀埋められる

相次ぐ原電トラブル

美浜町丹生　漁業への影響未知数

1974年6月26日　「ここに県民の一票が…参院選への訴え」シリーズ記事

稼働中3基、建設中6基に加えて高速増殖炉までが建設されることに、住民の不安が高まっていることを伝えている。

「本音を言えば、現在運転中の炉も止めて欲しいくらいで、若狭湾にこれ以上増設するのは大反対だ。高速増殖炉などとんでもない」（大飯町40歳男性）「以前から言われている安全性の問題を政府と企業が責任もって解決して欲しい。お年寄りや女性が聞いても納得できる説明がなければ安心できない」（敦賀市　46歳男性）

関西電力 高浜原子力発電所誕生

一号機がフル運転へ

着工から五年ぶり 理解と協力の中で到達

安全に万全の備え 最新の技術・研究を結集

大阪セメント

電気設備工事設計・施工
近畿電気工事株式會社

電気工事・計装工事・設計施工
栗原産業株式会社

電気工事設計施工
三光設備株式会社

さわやかな世界をつくる
新菱冷熱工業株式會社

新しい船 新しい橋
新しい機械 新しいプラント
をつくり
技術開発をすすめ
世界に貢献する

日立造船

株式会社 間組

大成建設株式会社 大阪支店

関電興業株式会社

1974年11月24日　連合広告　30段
関電高浜原発1号機運転開始。70年代はまだ出稿が多くはなかった。

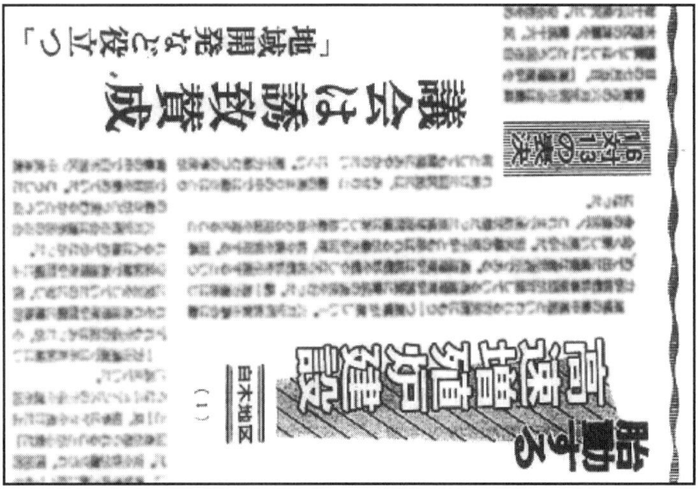

胎動する高速増殖炉建設

白木地区（1）

16対13の表決

議会は誘致賛成

「地域開発など役立つ」

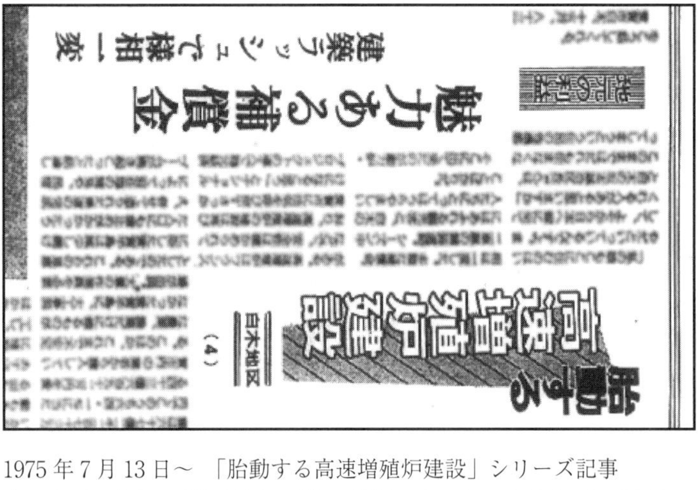

胎動する高速増殖炉建設

白木地区（4）

魅力ある補償金

建築ラッシュで様相一変

1975年7月13日～　「胎動する高速増殖炉建設」シリーズ記事
すぐそばの美浜、敦賀地区は原発で発展したのに、白木地区は出遅れたという焦りが、もんじゅの誘致につながっていく。

昭和55年（1980年）3月10日（月曜日）

原発は増え過ぎた

原発10年の軌跡

利益期待から不安へ

住民意識に変化

"金縛り"自治の脱却を

放射能低減に努力

取材ノート

真の夜明けへ進め

ふくい評論

運開10周年を迎えて

もう増設はごめんだ

1980年3月10日　記事

「原発10年の軌跡　利益期待から不安へ」「住民意識に変化　“金縛り”自治の脱却を」というショッキングな見出しに、「原発は増えすぎた」という敦賀市元助役のインタビューまで並ぶ。9基の原発が集中、様々なトラブルや事故を目の当たりにし、原発を誘致した住民の意識が変化し始めたことを紹介している。

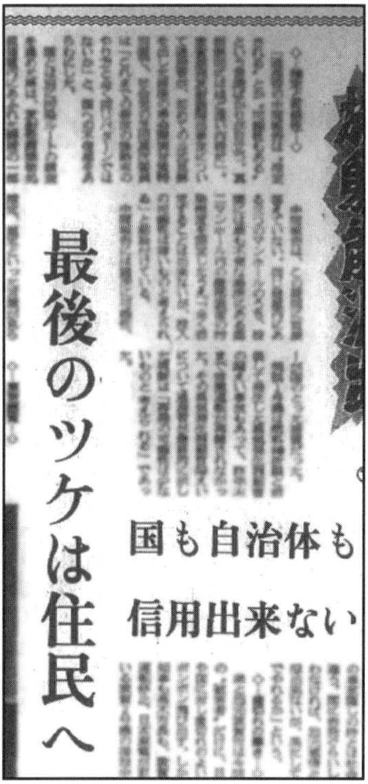

最後のツケは住民へ

国も自治体も
信用出来ない

被ばく作業員

いつも影響におびえ

公表線量にも
多い疑問の声

1981年5月7日～　「放射能漏出」連載特集記事
「(中略) 敦賀原発事故は会社側の悪質な事故隠しを明らかにするとともに、原発で働く下請け労働者たちの被曝、労働環境に目を向けさせた」「企業と一緒になって安全宣伝に走る国はもちろん、(中略) 県も信用できない。被曝というツケは最終的に住民へ回ってくるのに」(原発反対県民会議談)。4月4日の論説でも「敦賀原発・事故隠し、五つの罪」と厳しく追及。相次ぐ事故と隠蔽体質に、無条件に原発を礼賛していた昔日の面影がなくなっていく。

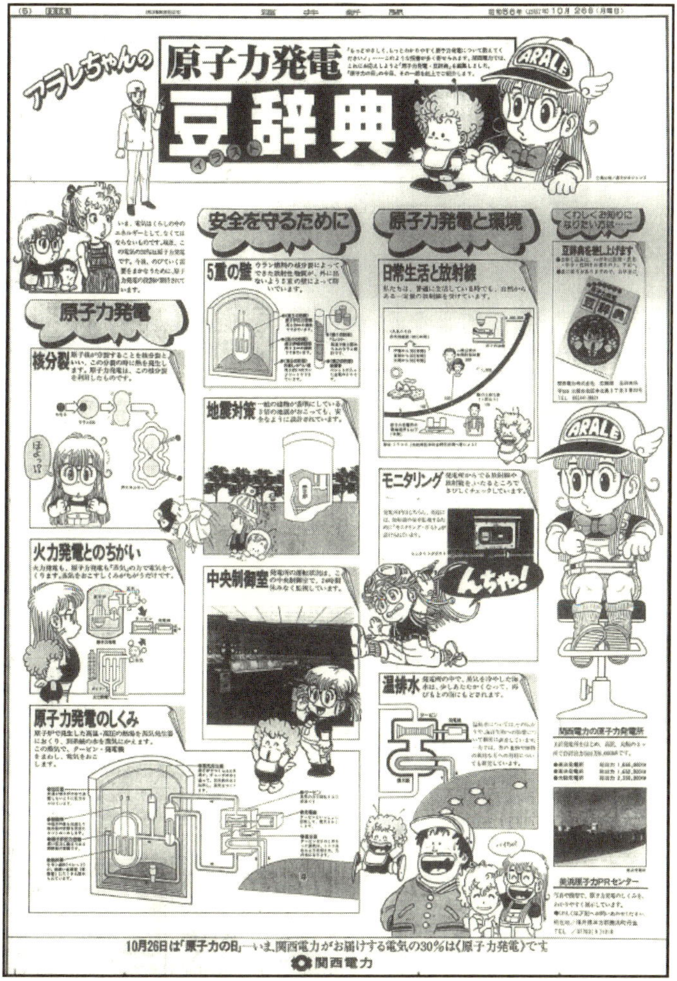

1981年10月26日　関電　15段

当時人気絶頂だった鳥山明氏の「Dr.スランプ アラレちゃん」を起用。同キャラを使用した「原子力発電豆辞典」も制作、希望者に配っていた。

昭和59年（1984年）11月6日（火曜日）

回答者の9割が「反対」

小浜・大飯3、4号増設で市民投票

「不安感浮き彫り」

賛否を問う会 回収率は53・2%

大飯3、4号

16日の第一次公開 意見陳述

1984年11月6日　記事

大飯原発増設の賛否を問う市民投票で回答者の9割が反対だったことを伝える。既にこの頃、市民の間で原発に対する懐疑が蔓延していたことを示している。しかし市民の意識とは裏腹に大量の広告出稿は続いていく。

昭和60年 1月22日（火曜日）

関西電力 高浜3号機（87万キロワット）の運転始まる

経験を反映した改良標準型

大きい町の期待

信頼を固めるのは実績

完成までの歩み

数多くの工夫・改良

作業被ばく低減も重点

共存の道を確実に

不安には丁寧な対応を

PR

基本に5つの防壁

放射能を封じ込む

5つの防壁とは

原子力発電所の運転・建設状況（電気事業用）

1985年1月22日　15段

「PR」「全面広告」というキャプションがなければ記事と間違えそうな作りだが、不思議と広告主の名前がない。意図的な電力会社名隠しだったのだろうか。

おかげさまで 高浜発電所4号機も営業運転を開始しました。
主な特徴
■原子炉格納容器
■蒸気タービン翼
■中央制御室
豊かな明日へ確かな技術の
関西電力

いま、日本の電気の⅟₄は原子力発電です。
明日、10月26日は原子力の日です。
昭和62年春の完成目指して、工事は順調──
敦賀2号機。
今日から明日へ。
エネルギーの担い手は原子力発電です。
日本原子力発電株式会社

1985年6月6日　関電　5段
1985年10月25日　原電　5段

福井新聞

この灯に感謝。
10月26日は原子力の日。
現在、電気の約23%は、原子力発電でまかなわれています。
昭和38年の今日、日本で初めて原子力の灯がともりました。それから22年、わが国では安全の確保を最優先に、原子力発電の研究開発を進めてきました。現在では、毎日の生活を支える電気の約23%が、原子力発電によってまかなわれています。経済的で大量の電気を安定供給している原子力発電は、石油に代わるエネルギー源として、重要な役割を果たしています。また、原子力発電では、一度使い終わった燃料を処理することによって、再び利用できるという特長があり、この特長をいかすために、「核燃料サイクル」（「原子燃料サイクル」とも呼ばれています）を確立することが急がれています。
核燃料サイクル
政府広報：科学技術庁・資源エネルギー庁

10月26日は 原子力の日
努力重ねて、研究積んで。
世界のトップレベルです、原子力発電の技術。
関西電力が原子力発電の運転を始めて15年。
技術開発や品質管理に努め、その技術力は世界のトップレベルに達しました。
そしていま、
原子力は関西の電気の40%以上をまかなう主力エネルギー。
これからも電気を安定してお届けするために、ますます重要になってくる原子力発電。
安全を最優先させながら、一歩一歩、着実にすすめてまいります。
豊かな明日へ 確かな技術の
関西電力

1985年10月26日　科学技術庁・資源エネ庁　5段
1985年10月26日　関電　5段
この年は原発運転開始15周年。

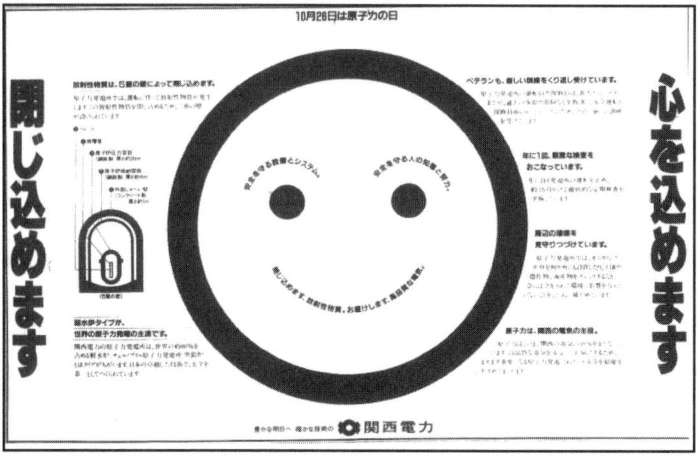
10月26日は原子力の日
閉じ込めます
放射性物質は、5重の壁によって閉じ込めます。
軽水炉タイプが、世界の原子力発電の主流です。
安全を守る設備とシステム。
安全を守る人の知恵と努力。
閉じ込めます、放射性物質。お届けします、高品質な電気。
心を込めます
ベテランも、厳しい訓練をくり返し受けています。
年に1回、綿密な検査をおこなっています。
周辺の環境を見守りつづけています。
原子力は、関西の電気の主役。
豊かな明日へ 確かな技術の 関西電力

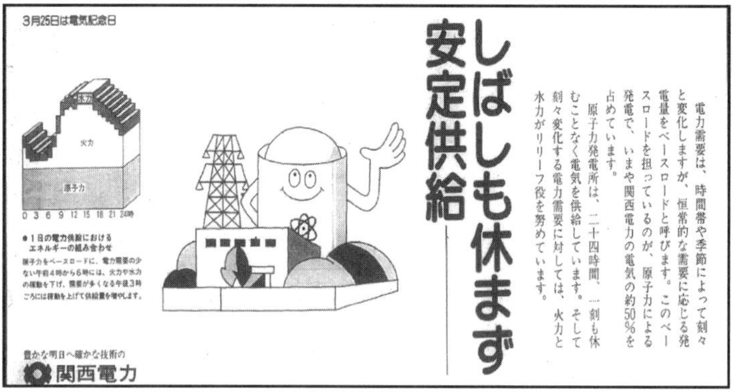
3月25日は電気記念日
しばしも休まず安定供給
電力需要は、時間帯や季節によって刻々と変化しますが、恒常的な需要に応じる発電量をベースロードと呼びます。このベースロードを担っているのが、原子力による発電で、いまや関西電力の電気の約50%を占めています。
原子力発電所は、二十四時間、一刻も休むことなく電気を供給しています。そして刻々変化する電力需要に対しては、火力と水力がリリーフ役を努めています。
水力
火力
原子力
0 3 6 9 12 15 18 21 24時
●1日の電力供給における エネルギーの組み合わせ
原子力をベースロードに、電力需要の少ない午前4時から6時には、火力や水力の稼動を下げ、需要が多くなる午後3時ごろには稼動を上げて供給量を増やします。
豊かな明日へ確かな技術の
関西電力

1986年10月26日　関電　5段
「閉じ込めます」とは放射性物質を5重の壁によって閉じ込めます、の意味。
1987年3月25日　関電　5段
「電力需要は、時間帯や季節によって刻々と変化しますが、恒常的な需要に応じる発電量をベースロードと呼びます」。ベースロードという言葉が既にこの頃使われていた。

きょう、3月25日は電気記念日。
エネルギーを考える。
原子力問題を論じるためには、正確で良質な情報を基に、現実的に考える必要があるでしょうね。
り・素・晴・し・い・明・日・へ。
関西電力

1990年3月25日　関電　15段
「原子力問題を考えるためには、正確で良質な情報を基に、現実的に考える必要があるでしょうね」と語る大宅映子氏。「正確で良質な情報」とは一体何だったのか。

関西電力
ない、
電気は、どこにも
埋まっていない。

1990年3月31日　関電　10段「今、電気のベースは原子力」
なんとあの三船敏郎氏を起用した広告。90年代に入り、学者、評論家、タレント起用が加速していく。

エネルギーを
考える。
日本の脆弱なエネルギー基盤のことを考えると、
原子力を中心としたエネルギー開発が望ましいと思うね。
よ・り・素・晴・し・い・明・日・へ。
関西電力

エネルギーを
考える。
原子力発電の安全性確保のために
世界が一致協力している姿を評価したい。
よ・り・素・晴・し・い・明・日・へ。
関西電力

1990年4月27日・6月22日　「エネルギーを考える」シリーズ　関電　半5段
竹村健一氏(ジャーナリスト)、竹内宏氏(経済学者)を登場させている。

10月26日は原子力の日
原子力発電 街の声、あれこれ ④
優しい男性が私の理想ですが、
原子力発電が、地球に優しいと言うのは、どういうことなんですか？
はい、お答えします。
暮らしに夢をともしたい
北陸電力

ぼくの意見
エネルギーをどんどん使っていっちゃうとキリギリスみたいにならないかな。
イソップ物語
電気事業連合会／北海道電力・東北電力・東京電力・中部電力・北陸電力・関西電力・中国電力・四国電力・九州電力・日本原子力発電

1990年10月26日　北陸電　5段
1990年12月3日　電事連　7段

1991年2月13日（水曜日）　（4）

電から説明を受ける公明党

美浜2号SG細管破損

—①—

「恐れが現実に」と反対派

地元住民感情は複雑

1991年2月16日（土曜日）　（4）

美浜2号SG細管破損

—③—

「住民避難間に合わない」

隣接市町は連絡なし

1991年2月13日～「美浜2号SG細管破損」シリーズ記事　全5回
関電美浜原発事故の深刻さを詳細に解説。周辺住民の避難計画は未だにできていなかった。

3年（1991年）4月7日（日曜日）（26）

追跡!!細管破断

美浜原発2号機事故

⑨

最長の運転時間

寿命って何

優先基準は経済性?

性

て起きた

疑念

運転手順にまだ固執

安全性

防げた事故

品質管理の自信裏目

1991年3月27日～　「追跡‼細管破断」シリーズ記事　全9回
「ヒューマンエラーが相次いで白日のもとにさらされ、原発の安全性が根底から揺らぐ結果となった。本県で原発が運転を開始して20年余り。20歳の信頼を勝ち取るどころか、不信と不安感が増幅され、地域との共存が危ぶまれている」と非常に厳しく追及している。

全社を挙げて「原子力の安全」に取り組みます。

本年2月9日に発生した美浜発電所の事故につきましては、多くの皆様に大変ご心配とご迷惑をおかけいたしました。深くお詫び申し上げます。

美浜発電所の事故をこのうえない教訓として、私たちは安全運転の実績を積み重ねてまいります。

安全のないところに原子力の利用はありえません。

原子力発電の安全にかかわるすべて、設備から運転方法にいたるまで、徹底した見直しを行ってまいります。

新たに「原子力安全システム研究所」を設立いたします。

平成3年12月5日

関西電力株式会社

●美浜発電所2号機の事故原因の究明結果と対策についてご説明いたします。

▶1本の細管が破断しました。

平成3年2月9日、美浜発電所2号機（出力50万kW）で、蒸気発生器●の細管●1本が破断する事故が発生、原子炉●が自動停止し、非常用炉心冷却装置（ECCS）●が作動しました。

事故は細管破断のあった蒸気発生器の隔離や原子炉の冷却などの操作によって収束させることができました。

放射能がごく微量、発電所の外部に放出されましたが、環境に影響を与えるものではありませんでした。

▶振止め金具が一部設計通りの位置まで入っていませんでした。

細管破断の原因を究明するため、各種機関により、破断した細管および周辺の細管の抜き取りによる詳細な調査、各種の試験や解析が行われ、通商産業省の「美浜発電所2号機調査特別委員会」において破断の原因が明らかにされました。

細管の破断は、細管の振動を抑える振止め金具の一部●が設計通りの位置まで入っていなかったことが主因となって起りました。

破断した細管は、振止め金具が入っていない状況で、管支持板●との間に水あかやさび●がつまり、管支持板部を支点として流力弾性振動という異常な振動●が起って疲労破断に至りました。

振止め金具の入っていなかった細管のうち、破断した細管●の内側の細管●は異常ありませんでしたが、外側の細管●は固定されていない状態で流力弾性振動していたため、管支持板とこすれて摩耗していましたが、破断には至りませんでした。

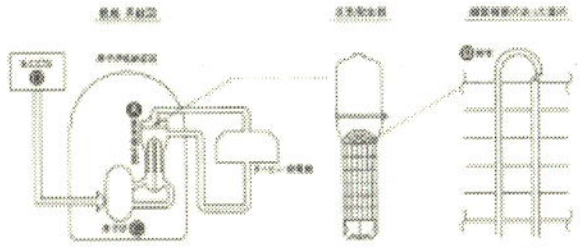

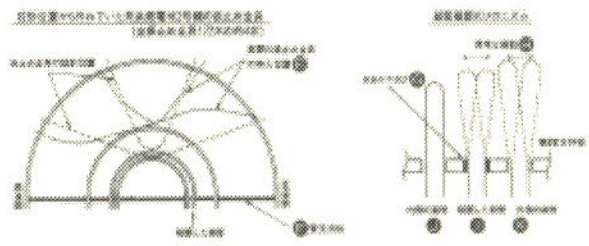

▶再発防止に全力を挙げます。

(1)すべての発電所について蒸気発生器の振止め金具の設置状況を調べました。その結果、高浜発電所2号機は一部設計通りの位置まで入っていないことが判明しました。振止め金具はすべて新しいものに取替えるとともに、振止め金具が設計通りに入っていなかった細管は念のため栓をして使用しないことにしました。

(2)美浜発電所2号機の蒸気発生器については、平成6年実施を目標して、新しいものに取替えることとしました。運転再開は蒸気発生器の取替え後になります。新しい蒸気発生器には、設計・材質に改良を加えたものを採用するとともに、製作・施工管理には万全をつくします。

(3)細管の損傷による放射能の漏れを早期に発見できるような新しい検出装置の導入など、発電所の運転、保守管理の強化を図ります。

(4)今回の事故では、地元の皆様や関係各方面への通報連絡が不行き届きでご心配をおかけしました。今後はこのようなことがないよう、通報先の拡大、ファクシミリの設置など、通報連絡体制の整備を行っています。

(5)「原子力安全システム研究所」を設立します。研究所は社外の方々が参加した自由な研究体制を取り入れ、安全に関するあらゆる角度からの研究を行います。

●美浜発電所事故に関する資料をご希望の方は、右記までご請求下さい。〒530-70 大阪市北区中之島3-3-22 関西電力広報部原子力広報チーム TEL.06-441-8821代

1991年12月5日　謝罪広告　関電　15段

(23)　（第3種郵便物認可）

●れいなん●

敦賀支社 ☎0770(22)3939
小浜支社 ☎0770(52)3311

敦賀経済 寒の入り

発電所完成で労働者激減

JR利用、不動産に影響

1992年1月11日　記事
「原発など若狭湾エネルギー基地の中核として二十数年間、建設ブームにわいてきた敦賀市経済が、高速増殖炉『もんじゅ』や北陸電力敦賀火力発電所の完成で建設労働者らが激減、厳しい新春を迎えている」と原発特需の終わりを紹介。

特別講演会

21世紀のエネルギーを考える

基調講演

日本の原子力政策が世界の規範に

対談

キューバは電力不足、いずれ崩壊　アーサー・ヘイリー氏

現代文明を支える電力の安定供給　上坂冬子氏

北陸電力

1992年4月29日　北陸電　15段

アーサー・ヘイリー氏・上坂冬子氏（共に作家）。キューバはいずれ崩壊するという予言は見事に外れた。

1992年7月1日　15段

海開き広告に関西電力が協賛。

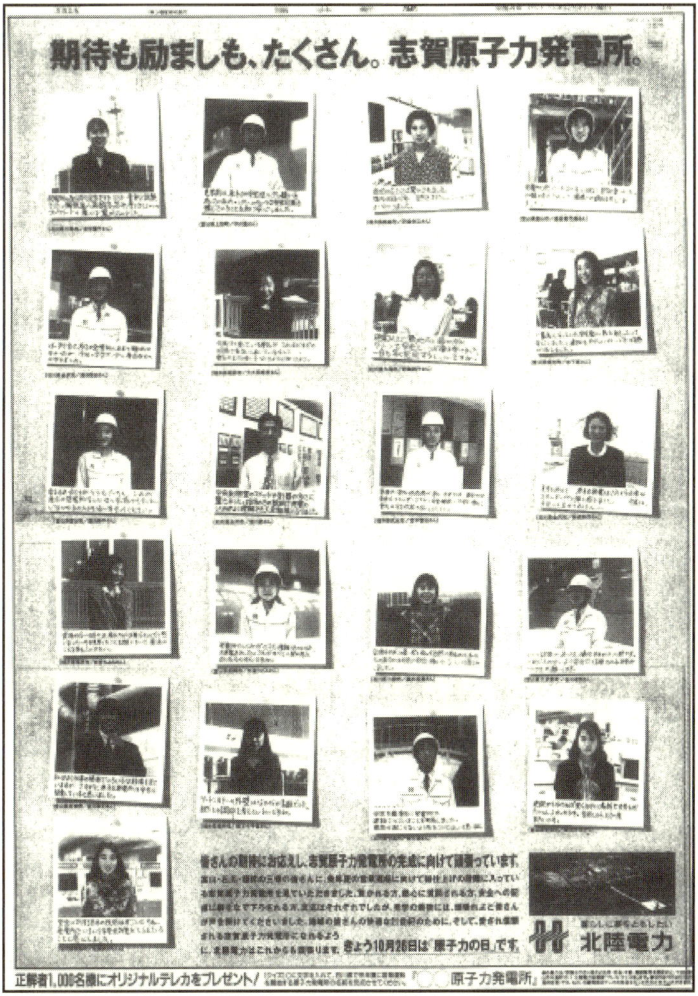

期待も励ましも、たくさん。志賀原子力発電所。
皆さんの期待にお応えし、志賀原子力発電所の完成に向けて頑張っています。
きょう10月26日は「原子力の日」です。
北陸電力
正解者1,000名様にオリジナルテレカをプレゼント!
『○○原子力発電所』

1992年10月26日　北陸電　15段
完成間近の志賀原発に富山・石川・福井県から見学者を募り、顔写真と共に応援メッセージを掲載。

あなたと二十二年。
おかげさまで美浜に原子力の灯がともって二十二年。
あなたが生まれてからずっと、
この灯は多くの人々の暮らしを支えてきました。
これからも地域のみなさまと夢のある未来に向かって進みます。──
関西電力

1992年10月26日　関電　5段
「おかげさまで美浜に原子力の灯がともって二十二年。あなたが生まれてからずっと、この灯は多くの人々の暮らしを支えてきました。これからも地域のみなさまと夢のある未来に向かって進みます」とある。「なんとなく情緒に訴える」というのは電力会社の好きなパターンの一つ。

福井新聞

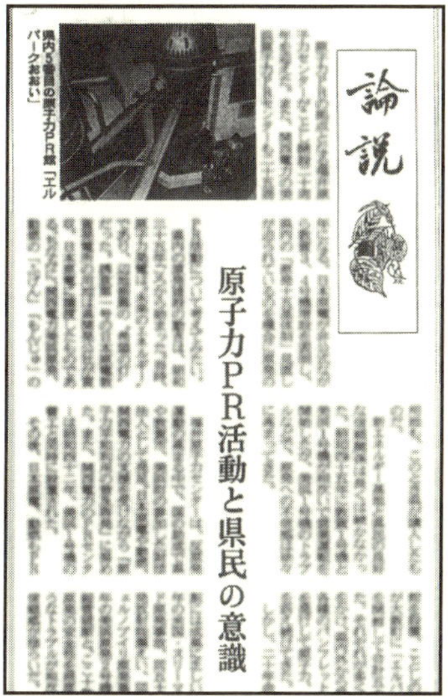
論説

原子力PR活動と県民の意識

県内5番目の原子力PR館「エルパークおおい」

1992年11月9日　論説
美浜原発事故以降、福井新聞の論説（社説）は、15基にも膨れあがってしまった原発に対して懐疑的な論調が目立った。「(前略) ここ十数年を見ても、原発の安全性を根底から損ねるようなトラブルが相次ぎ、原発への信頼が揺らいだ。積み上げたPR活動の狙いは“賽の河原”になった感じさえする」と強烈に批判している。

おかげさまで
大飯４号機が営業運転を開始しました。
大飯発電所４号機（出力118万ＫＷ）が地元の皆さまのご理解とご協力のもと、営業運転を開始しました。これにより、当社の原子力発電設備は11基、総出力は976万8千キロワット、当社総発電設備の26%を占めます。
今後も安全運転に万全を期し、電力の安定供給になお一層の努力を続けてまいります。
大飯発電所の特色
■国内最大の出力
■過去の運転経験を生かした安全設計
■ガラス越しに見学
ＰＲ館「エル・パーク・おおい」も好評
関西電力

1993年2月3日　大飯原発4号機運転開始告知　関電　15段

福井新聞

2——21世紀の原子力を考える

「地域で原子力を考える」新しい時代に変わってきています。

地域と原子力の結びつきがより深まるといいですね。

藤家洋一先生

草柳文恵さん

これからのエネルギーの利用
トリレンマの解決に向けて、原子力の役割も高まっています。

三〇年を超える安全性の実績
日本独自の技術で、確かな実績を積み重ねています。

地域社会と原子力を考える
未来へ向けた地域の活性化を進めるなかで、原子力を考えることが大切です。

日本原子力発電株式会社

1994年2月27日　原電　12段
草柳文恵氏（キャスター）・藤家洋一氏（東工大教授）。原発に対する意識が厳しくなる中で、何とかそれを懐柔しようとする内容が目立ってくる。

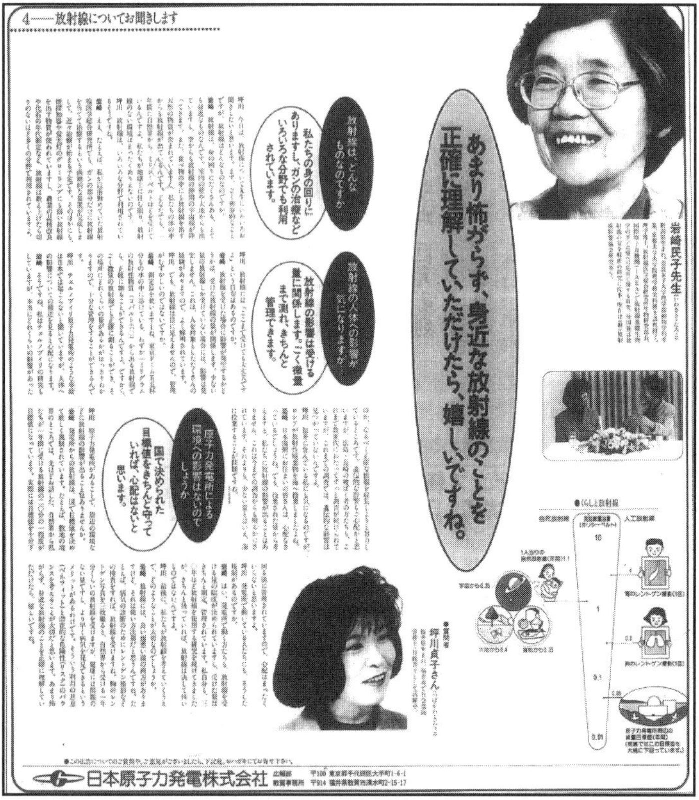
4――放射線についてお聞きします

あまり怖がらず、身近な放射線のことを正確に理解していただけたら、嬉しいですね。

岩崎民子先生

放射線は、どんなものなのですか

私たちの身の回りにありますし、ガンの治療などいろいろな分野でも利用されています。

放射線の人体への影響が気になりますが

放射線の影響は受ける量に関係します。ごく微量まで測れ、きちんと管理できます。

原子力発電所による環境への影響はないのでしょうか

国で決められた目標値をきちんと守っていれば、心配はないと思います。

●質問者 坪川貞子さん

●くらしと放射線

自然放射線　人工放射線

宇宙から0.35　大地から0.4　食物から0.35

胃のレントゲン撮影(1回)

胸のレントゲン撮影(1回)

日本原子力発電株式会社

1994年3月27日　原電　12段

自然放射線と原発の放射線を同一視させようとするレトリック。

論説

原発廃炉を具体的に検討の時

「プルト君」は県民の頼れる仲間か

動燃のPRビデオ「プルト君」のカット

1994年5月9日・6月8日　論説
事故が多発する原発は廃炉も検討すべきと指摘。さらに動燃が制作した広報用ビデオ「プルト君」に対し､「安全を強調したいばかりに『プルトニウムは飲んでも安全』というのは、過剰表現と言えよう。『全体的に見れば妥当な表現』であっても、誤解を招く恐れがあるなら、この際、改めるべきではなかろうか」と非常に妥当な意見を述べている。

楽しさいっぱい！
豊かな緑・自然に囲まれた志賀町に、
「アリス館志賀」が4月29日オープンしました。
志賀原子力発電所のこと、
そして原子力発電やエネルギーの大切さなど…。
「不思議の国のアリス」の、アリスとその仲間たちが
皆様のおいでをお待ちしています。
アリス館志賀
北陸電力

1994 年 6 月 19 日　北陸電　半 5 段
「アリス館志賀」オープン告知。志賀原発 PR のために「不思議の国のアリス」を起用している。確かにアリスの使用は著作権上は問題ないかもしれないが、原発のキャラクターにしてしまっては不快に思うファンもいるのではないか。

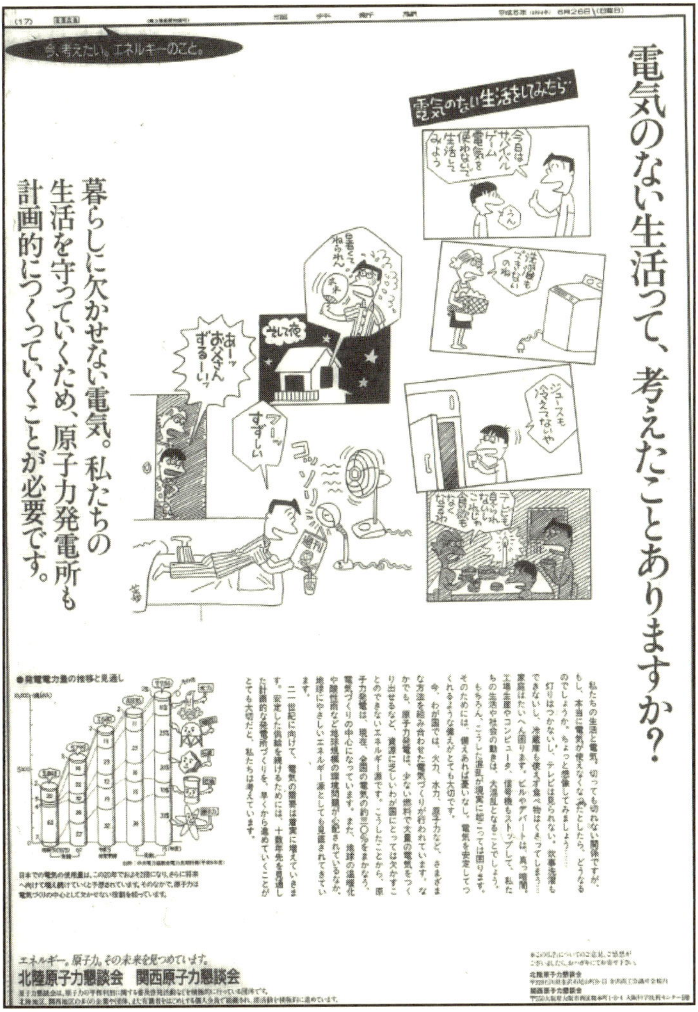

今、考えたい。エネルギーのこと。
電気のない生活をしてみたら
今日はサバイバルゲーム 電気を使わないで生活してみよう
うん
洗濯も できないのね
ジュースも 冷えてないや
テレビも見られないし これじゃ 食欲もなくなるわ
そして夜
暑くて ねられん
あーッ お父さん ずるーい!?
アーッ すずしい
ゴロッ ソリ

電気のない生活って、考えたことありますか？

私たちの生活と電気。切っても切れない関係ですが、もし、本当に電気が使えなくなったとしたら、どうなるのでしょうか。ちょっと想像してみましょう……

灯りはつかないし、テレビは見られない。炊事洗濯もできないし、冷蔵庫も使えず食べ物はくさってしまう……家庭はたいへん困ります。ビルやデパートは、真っ暗闇。工場生産やコンピューター、信号機もストップして、私たちの生活や社会の動きは、大混乱となることでしょう。

もちろん、こうした混乱が現実に起こっては困ります。そのためには、備えあれば憂いなし。電気を安定してつくれるような備えがとても大切です。

今、わが国では、火力、水力、原子力など、さまざまな方法を組み合わせた電気づくりが行われています。なかでも、原子力発電は、少ない燃料で大量の電気をつくり出せるなど、資源に乏しいわが国にとっては欠かすことのできないエネルギー源です。こうしたことから、原子力発電は、現在、全国の電気の約三〇％をまかなう、電気づくりの中心になっています。また、地球の温暖化や酸性雨など地球規模の環境問題が心配されているなか、地球にやさしいエネルギー源としても見直されてきています。

二一世紀に向けて、電気の需要は着実に増えていきます。安定した供給を続けるためには、十数年先を見通した計画的な発電所づくりを、早くから進めていくことがとても大切だと、私たちは考えています。

暮らしに欠かせない電気。私たちの生活を守っていくため、原子力発電所も計画的につくっていくことが必要です。

●発電電力量の推移と見通し

日本での電気の使用量は、この20年でおよそ2倍になり、さらに将来へ向けて増え続けていくと予想されています。そのなかで、原子力は電気づくりの中心として欠かせない役割を担っています。

エネルギー。原子力。その未来を見つめています。

北陸原子力懇談会　関西原子力懇談会

1994年6月26日　北陸原子力懇談会・関西原子力懇談会　15段

原子力発電の安全性を考える

世界的にも高く評価されている日本の原子力発電所。いかに安心感をもっていただくかが、今日の課題です。

宮崎慶次先生

安全を守る基本は「止める」「冷やす」「閉じ込める」

安全性の高い日本の原子力発電所、さらに信頼性を高めて

より理解を深め、より安心できる発電所に

なんとなく不安ではなく、まず、いろいろなことをきちんと知ることが大切なんですね。

勝恵子さん

日本原子力発電株式会社

1994年10月30日　原電　15段

宮崎慶次氏（大阪大教授）・勝恵氏子（キャスター）。20年以上さまざまな事故やトラブルを体験してきた県民に「きちんと知ることが大切」という上から目線はずっと変わらなかった。

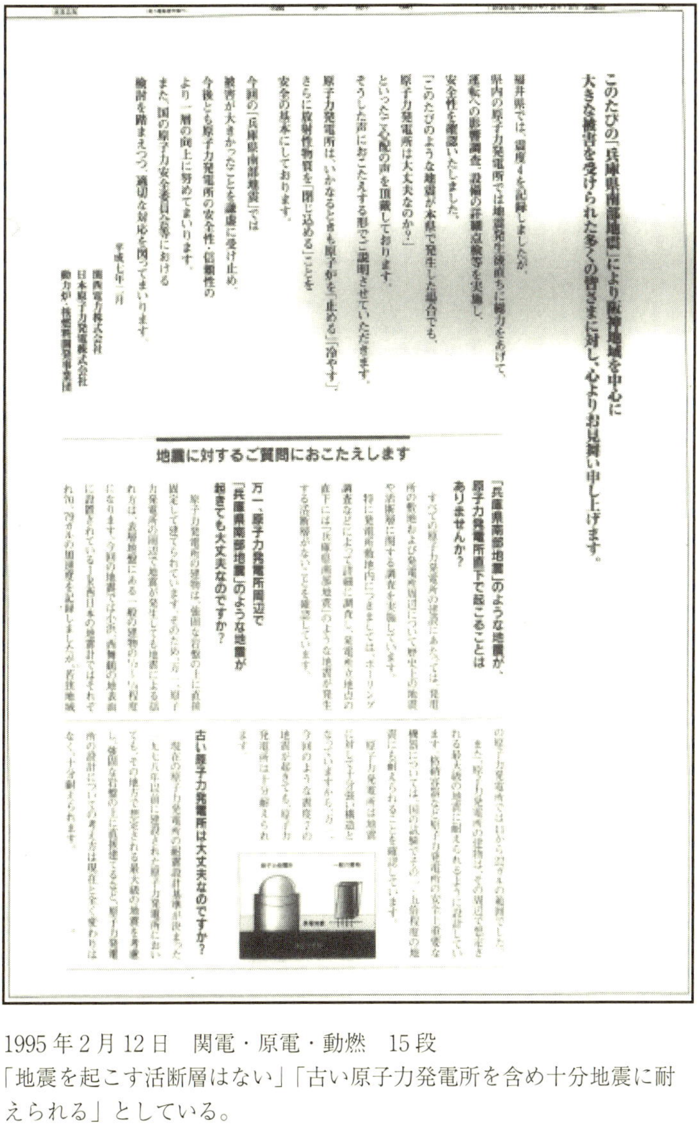

このたびの「兵庫県南部地震」により阪神地域を中心に
大きな被害を受けられた多くの皆さまに対し、心よりお見舞い申し上げます。

福井県では、震度4を記録しましたが、
県内の原子力発電所では地震発生後直ちに総力をあげて、
運転への影響調査、設備の詳細点検等を実施し、
安全性を確認いたしました。
「このたびのような地震が本県で発生した場合でも、
原子力発電所は大丈夫なのか？」
といったご心配の声を頂戴しております。
そうした声におこたえする形でご説明させていただきます。
原子力発電所は、いかなるときも原子炉を「止める」「冷やす」、
さらに放射性物質を「閉じ込める」ことを
安全の基本にしております。
今回の「兵庫県南部地震」では
被害が大きかったことを厳粛に受け止め、
今後とも原子力発電所の安全性・信頼性の
より一層の向上に努めてまいります。
また、国の原子力安全委員会等における
検討を踏まえつつ、適切な対応を図ってまいります。

平成七年二月

関西電力株式会社
日本原子力発電株式会社
動力炉・核燃料開発事業団

地震に対するご質問におこたえします

「兵庫県南部地震」のような地震が、原子力発電所直下で起こることはありませんか？

万一、原子力発電所周辺で「兵庫県南部地震」のような地震が起きても大丈夫なのですか？

古い原子力発電所は大丈夫なのですか？

1995年2月12日　関電・原電・動燃　15段
「地震を起こす活断層はない」「古い原子力発電所を含め十分地震に耐えられる」としている。

論説

初の「原発フォーラム」の成果

「老朽化」「耐震」でズレ

「原発フォーラム」パネル討論

推進派 トラブル年々減少

反対派 岩盤強固 根拠ない

県民との質疑を行った県、国、電力関係者。手前は各パネリスト

1995年6月13日　記事と論説
福井県が主催し、初めて原発推進・反対両派が出席した「原子力問題県民フォーラム」の様子を伝えている。記事中では「具体性欠いた推進側の主張」という見出しで、県民が納得できるような説明をしなかった推進側に対し厳しい見方も示している。

マリンブルーに浮かぶ「水島」の近くに敦賀原子力館があります。
西浦海岸へ海水浴にお越しの節は、ご家族づれでぜひどうぞ!!
地球環境にやさしいエネルギー・原子力発電
日本原子力発電株式会社

関西電力
好きこ。
町とともに、暮らしとともに
関西電力大飯発電所

1995年7月9日　原電　3段

1995年8月11日　関電　7段

下は大飯原発をバックに女子社員たちを並ばせる、まるで戦時中のような不気味な広告。

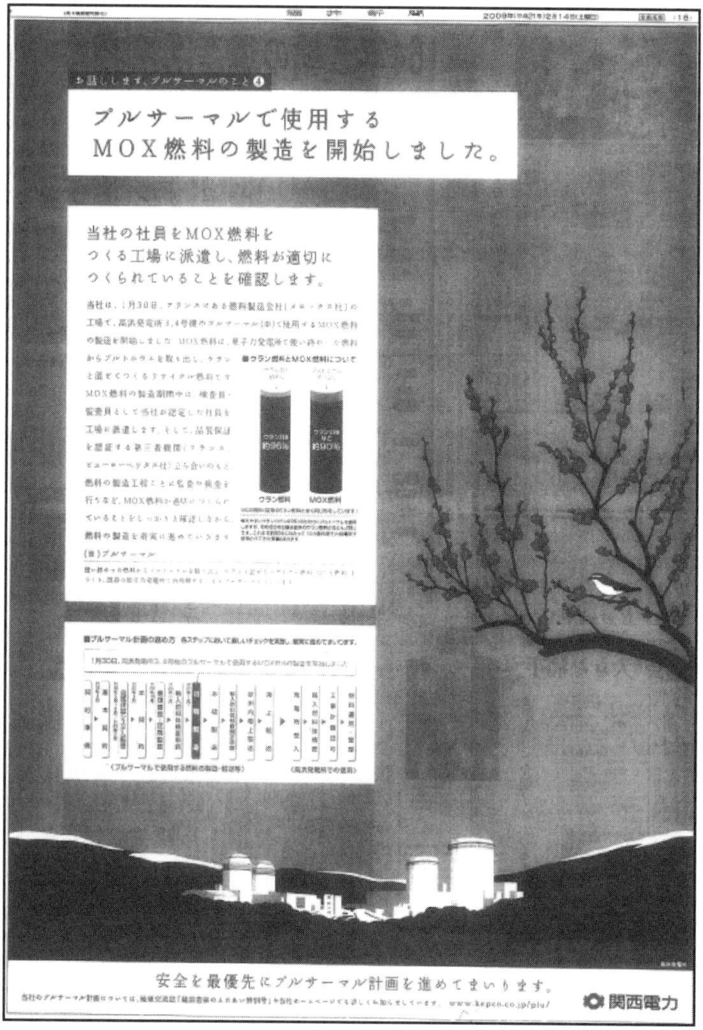
お話しします、プルサーマルのこと④
プルサーマルで使用する
MOX燃料の製造を開始しました。
当社の社員をMOX燃料を
つくる工場に派遣し、燃料が適切に
つくられていることを確認します。
■ウラン燃料とMOX燃料について
ウラン燃料
MOX燃料
■プルサーマル計画の進め方
安全を最優先にプルサーマル計画を進めてまいります。
www.kepco.co.jp/plu/
関西電力

2009年2月14日　MOX燃料製造開始告知　15段　関電
この「お話しします、プルサーマルのこと」シリーズは2010年まで10回掲載された。

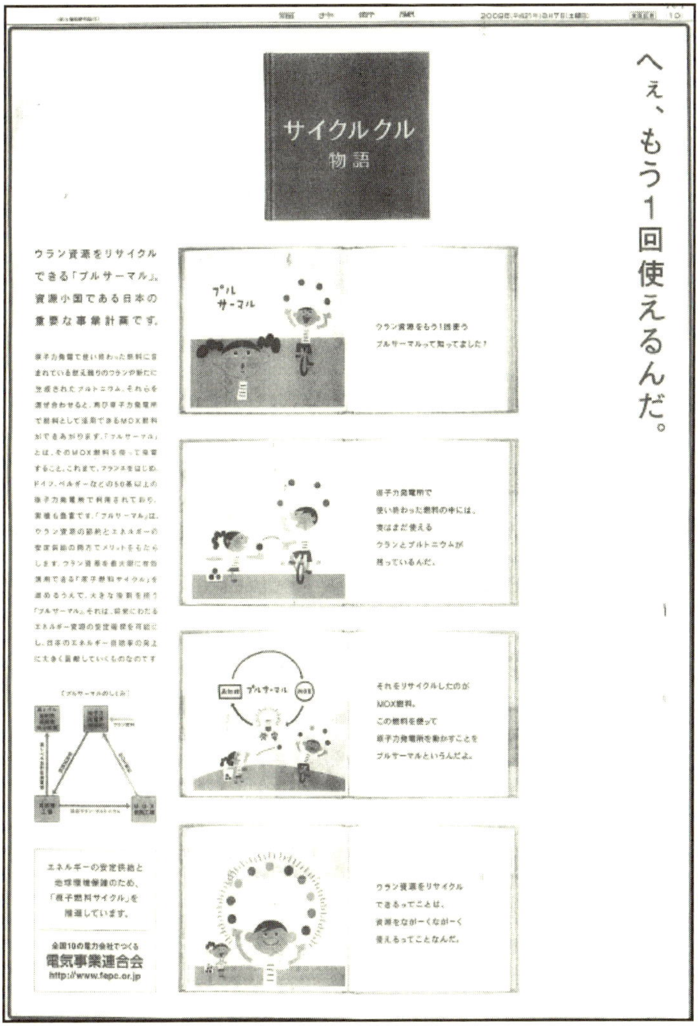
へぇ、もう1回使えるんだ。
サイクルクル
物語
ウラン資源をリサイクルできる「プルサーマル」。資源小国である日本の重要な事業計画です。
原子力発電で使い終わった燃料に含まれている燃え残りのウランや新たに生成されたプルトニウム。それらを混ぜ合わせると、再び原子力発電所で燃料として活用できるMOX燃料ができあがります。「プルサーマル」とは、そのMOX燃料を使って発電すること。これまで、フランスをはじめ、ドイツ、ベルギーなどの50基以上の原子力発電所で利用されており、実績も豊富です。「プルサーマル」は、ウラン資源の節約とエネルギーの安定供給の両方でメリットをもたらします。ウラン資源を最大限に有効活用できる「原子燃料サイクル」を進めるうえで、大きな役割を担う「プルサーマル」。それは、将来にわたるエネルギー資源の安定確保を可能にし、日本のエネルギー自給率の向上に大きく貢献していくものなのです
【プルサーマルのしくみ】
プルサーマル
ウラン資源をもう1回使うプルサーマルって知ってました？
原子力発電所で使い終わった燃料の中には、実はまだ使えるウランとプルトニウムが残っているんだ。
それをリサイクルしたのがMOX燃料。この燃料を使って原子力発電所を動かすことをプルサーマルというんだよ。
ウラン資源をリサイクルできるってことは、資源をなが～くなが～く使えるってことなんだ。
エネルギーの安定供給と地球環境保護のため、「原子燃料サイクル」を推進しています。
全国10の電力会社でつくる
電気事業連合会
http://www.fepc.or.jp

2009年3月7日・2010年3月7日　電事連　15段
他県や全国紙にも掲載された。

地球温暖化対策としての原子力の重要性

地球温暖化防止に貢献するエネルギーとして、今後さらに重要性の高まる原子力発電。その発電量が全国一である福井県に誕生した複合リゾート空間「うみんぴあ大飯」にて、地元福井県出身の三屋裕子さんを交え、山名元さん、神津カンナさんによる原子力発電の現状と未来を考える鼎談が行われました。

知らないと不安になる。原子力もスポーツも自分から学ぼうとする姿勢が大事です。

発電時にCO2を出さない原子力発電で福井県は地球温暖化防止に貢献しています。

発電時にCO2を出さない原子力発電は地球温暖化を防ぐ有効な手段

エネルギー自給率の向上を目指し、資源を有効活用するプルサーマル

電力供給の現状を知り、原子力について考える機会を持つことが大切

原子力発電のメリットとともに暮らしを支える電気の生産地に関心を持って

「フォーラム・エネルギーを考える」

広告

2009年3月15日　フォーラム・エネルギーを考える　10段
神津カンナ氏（作家）・三屋裕子氏（元全日本バレー選手）・山名元氏（京大教授）。このメンバーで全国行脚をしていた。

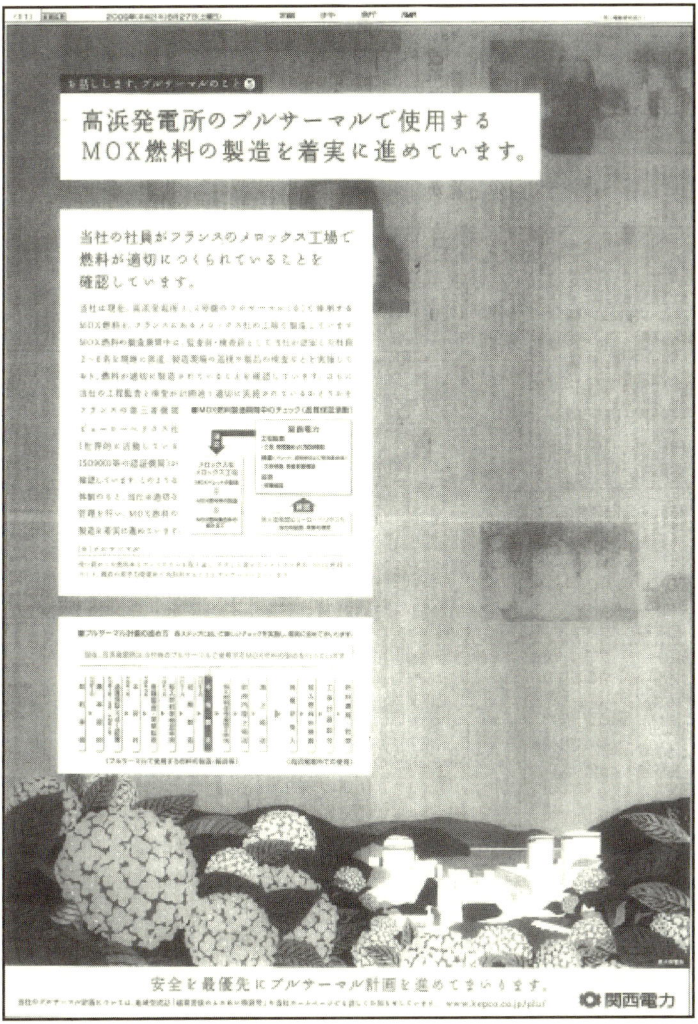

お話しします、プルサーマルのこと
高浜発電所のプルサーマルで使用する
MOX燃料の製造を着実に進めています。
当社の社員がフランスのメロックス工場で
燃料が適切につくられていることを
確認しています。
安全を最優先にプルサーマル計画を進めてまいります。
www.kepco.co.jp/pluf
関西電力

2009年6月27日　関電　15段

げんでん からのお知らせ　敦賀発電所1号機は、昭和45年3月に営業運転を開始し、本年3月に運転年数39年を経過しております。

敦賀発電所1号機は、

- ●適切な保全活動を行っていくことにより、
40年以上運転しても大丈夫なことが国の審査により確認されました。
- ●運転停止時期を平成28年とする方針をとりまとめ、
福井県および敦賀市に報告しました。

今後、地元自治体のご意向を踏まえながら適切に対応してまいりますとともに、
県民の皆さまのご理解が得られるよう努めてまいります。

Q 40年以上運転しても大丈夫といえるのですか？

A ○原子力発電所の機器については、運転中の監視、定期点検を入念に行うとともに、劣化傾向を予測して、計画的な取替え等を行う保全活動を実施しており、保全活動の継続および点検・検査の充実等により、40年以上運転しても大丈夫なことを確認しました。

○敦賀発電所1号機では、保全活動として、ケーブルや配管、さらには、炉心シュラウド、低圧タービンなどの大型設備にいたるまで、多くの機器や設備について取替えを行っています。

低圧タービンの点検

Q 40年以上運転しても大丈夫なことを、どのように確認したのですか？

A ○運転開始後30年を迎える発電所は、法令等に基づき、安全機能を有する機器・構造物について、長期間の運転（60年間）を仮定した高経年化技術評価が義務づけられており、この評価は30年目以降10年毎に行われます。

○当社は、敦賀発電所1号機の40年目の高経年化技術評価を行い、この評価に基づく長期保守管理方針に係る保安規定の変更について、本年2月17日、国に申請しました。申請内容に関して、国による書類や立入検査等の厳格な審査が行われた結果、妥当であると判断され、9月3日、認可を受けました。

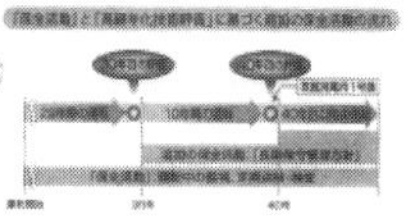

Q なぜ、平成28年まで運転する方針にしたのですか？

A ○当社は、敦賀発電所1号機の保安規定認可を受け、安全性が確認されたこと、現在の敦賀発電所3,4号機建設工程※、昨今の地球温暖化問題への対応、原油価格が高い水準にあること等、当社を取り巻く環境が大きく変化してきたことから、総合的に検討した結果、平成22年に予定していた運転停止時期を変更し、平成28年とする方針をとりまとめました。

敦賀発電所1号機
電気出力 35万7,000kW
原子炉型式 沸騰水型軽水炉（BWR）
営業運転開始 昭和45年3月14日
所在 福井県敦賀市明神町

当社は、安全を最優先に、「信頼され、安心される」発電所を目指し、
安全運転に努めてまいります。

日本原子力発電株式会社

業務・立地部　〒914-0051　福井県敦賀市本町2-9-16　TEL 0770-23-5611
地域共生部　〒910-0005　福井県福井市大手3-4-1　TEL 0776-25-3233
ホームページ　http://www.japc.co.jp

2009年10月16日　原電　15段

「40年以上運転しても大丈夫？」老朽化の激しい敦賀原発を40年以上も運転した経緯を説明。何度も事故を起こした企業の説明は、説得力が薄い。

文部科学省
http://www.mext.go.jp
もんじゅフォーラム
in 丹南産業フェア2009
今年度内の再開を目指す「もんじゅ」
地球環境を救う新しいライフスタイルへ
講師 北野 大氏
もんじゅトークセッション 1
もんじゅと地球環境のかかわりについて

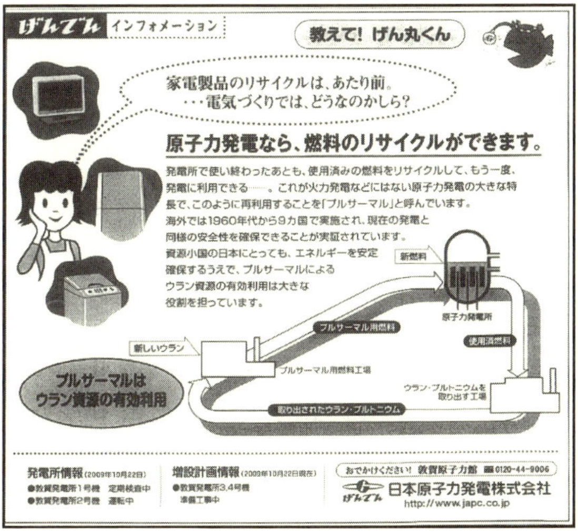
げんでん インフォメーション
教えて! げん丸くん
家電製品のリサイクルは、あたり前。
・・・電気づくりでは、どうなのかしら?
原子力発電なら、燃料のリサイクルができます。
発電所で使い終わったあとも、使用済みの燃料をリサイクルして、もう一度、発電に利用できる……。これが火力発電などにはない原子力発電の大きな特長で、このように再利用することを「プルサーマル」と呼んでいます。
海外では1960年代から9カ国で実施され、現在の発電と同様の安全性を確保できることが実証されています。
資源小国の日本にとっても、エネルギーを安定確保するうえで、プルサーマルによるウラン資源の有効利用は大きな役割を担っています。
新燃料
原子力発電所
使用済燃料
プルサーマル用燃料
新しいウラン
プルサーマル用燃料工場
ウラン・プルトニウムを取り出す工場
取り出されたウラン・プルトニウム
プルサーマルはウラン資源の有効利用
発電所情報(2009年10月22日)
●敦賀発電所1号機 定期検査中
●敦賀発電所2号機 運転中
増設計画情報(2009年10月22日現在)
●敦賀発電所3,4号機 準備工事中
おでかけください! 敦賀原子力館 0120-44-9006
げんでん 日本原子力発電株式会社
http://www.japc.co.jp

2009年10月24日 「もんじゅフォーラム」報告 文科省 10段
2009年10月25日 原電 半5段

関西電力
僕も時には熱くなる男だけど、
地球はこれ以上
暑くなったらかなわんね。
原子力発電は、
発電時にCO2を出しません。

2009 年 12 月 12 日　関電　15 段
星野仙一氏を起用。同じキャッチコピーでテレビCMも展開していた。

2009年エネルギーフォーラムin敦賀

「原子力発電の長期運転と安全性」

～原子力の将来を考える～

11月19日、敦賀市のプラザ萬象で2009年エネルギーフォーラムin敦賀が、「原子力発電の長期運転と安全性 ～原子力の将来を考える～」をテーマに開催されました。エネルギーの安定供給、高経年化炉の安全性や取り組み、立地地区の振興策などについて、多方面から議論が交わされました

高経年化について 原子力の将来を考える

基調講演 三島嘉一郎氏

パネルディスカッション

「常に最新評価基準で判断する」 三島嘉一郎氏

「日常点検と長期の管理計画で」 辻倉米蔵氏

「潜在事象に謙虚に目を向ける」

「安全・安心を第一に 国の地元振興策に注目したい」 河瀬一治氏

井川陽次郎氏

2009年12月20日　福井県原子力平和利用協議会・関西・北陸原子力懇談会　15段

反対意見が一人もいないフォーラム、ディスカッションばかりだった。

関西電力
電気のつくり手として、
できることがあります。
毎日の暮らしを支えながら、
これからの環境をやさしく守っていくために。
関西電力は、低炭素社会の実現をめざして、
発電時のCO_2を抑えるさまざまな取り組みをすすめています。
電気はやさしい未来へ

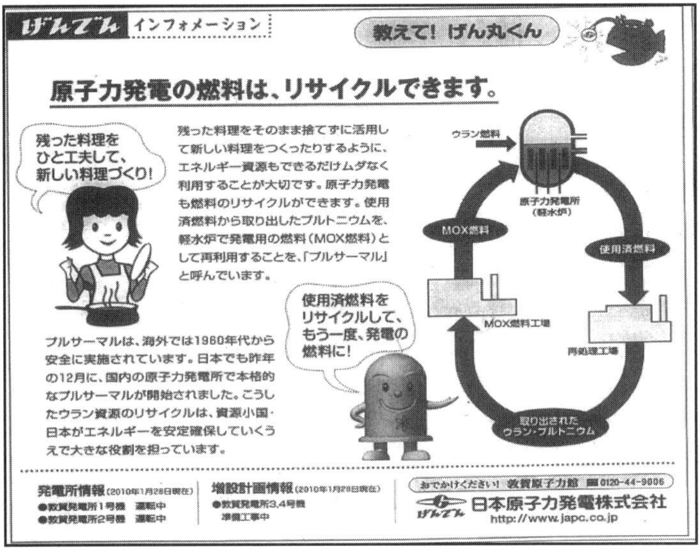

げんでん インフォメーション
教えて！ げん丸くん
原子力発電の燃料は、リサイクルできます。
残った料理をひと工夫して、新しい料理づくり!
残った料理をそのまま捨てずに活用して新しい料理をつくったりするように、エネルギー資源もできるだけムダなく利用することが大切です。原子力発電も燃料のリサイクルができます。使用済燃料から取り出したプルトニウムを、軽水炉で発電用の燃料（MOX燃料）として再利用することを、「プルサーマル」と呼んでいます。
使用済燃料をリサイクルして、もう一度、発電の燃料に!
ウラン燃料
原子力発電所（軽水炉）
MOX燃料
使用済燃料
MOX燃料工場
再処理工場
取り出されたウラン・プルトニウム
プルサーマルは、海外では1960年代から安全に実施されています。日本でも昨年の12月に、国内の原子力発電所で本格的なプルサーマルが開始されました。こうしたウラン資源のリサイクルは、資源小国・日本がエネルギーを安定確保していくうえで大きな役割を担っています。
発電所情報（2010年1月28日現在）
●敦賀発電所1号機　運転中
●敦賀発電所2号機　運転中
増設計画情報（2010年1月28日現在）
●敦賀発電所3,4号機
準備工事中
おでかけください! 敦賀原子力館 0120-44-9806
日本原子力発電株式会社
http://www.japc.co.jp

2010 年 1 月 23 日　関電　5 段
2010 年 1 月 31 日　原電　7 段

福井新聞

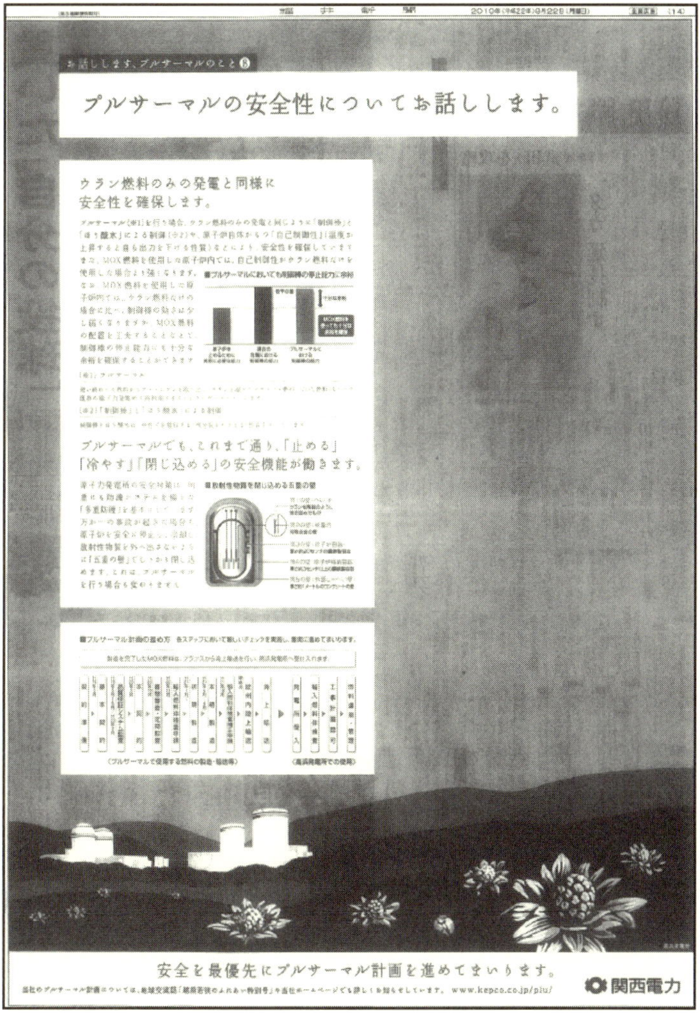
お話しします、プルサーマルのこと⑧
プルサーマルの安全性についてお話しします。
ウラン燃料のみの発電と同様に
安全性を確保します。
プルサーマルでも、これまで通り、「止める」
「冷やす」「閉じ込める」の安全機能が働きます。
安全を最優先にプルサーマル計画を進めてまいります。
www.kepco.co.jp/plu/
関西電力

2010年3月22日　関電　15段

福井新聞　2010年（平成22年）3月27日（土曜日）　（全面広告）　（20）

広告

低炭素社会のための エネルギーを考える

昨年のCOP15（第15回気候変動枠組条約締約国会議）をはじめ、今、世界は低炭素社会に向けて動き始めています。温暖化ガス削減の高い目標を掲げた日本は、今後、実現に向けてどのような取り組みが必要なのか、またどのような課題があるのでしょうか。日本のエネルギー事情を踏まえ、再生可能エネルギーや原子力発電の役割などについて、それぞれの立場から語り合いました。

主催「フォーラム・エネルギーを考える」

CO₂削減のためには、それぞれのエネルギー源の長所を生かした発電方法を組み合わせていく必要があります。　出光一哉さん

電気の生産地を知ることから始めて、日常生活でできる温暖化防止に取り組みたいですね。　三屋裕子さん

資源のない日本だからこそ、温暖化防止とエネルギーの安定供給の両立を。　中村浩美さん

数値目標だけでは危機感が伝わらない地球温暖化問題

エネルギーの安定供給とCO₂削減の両立が日本の課題

電力供給の現状を知り原子力発電の重要性を認識する

低炭素社会に向けて私たち一人ひとりができること

「フォーラム・エネルギーを考える」

2010年3月27日　フォーラム・エネルギーを考える　15段
三屋裕子氏（スポーツプロデユーサー）・出光一哉氏（九州大学大学院教授）・中村浩美氏（科学ジャーナリスト）

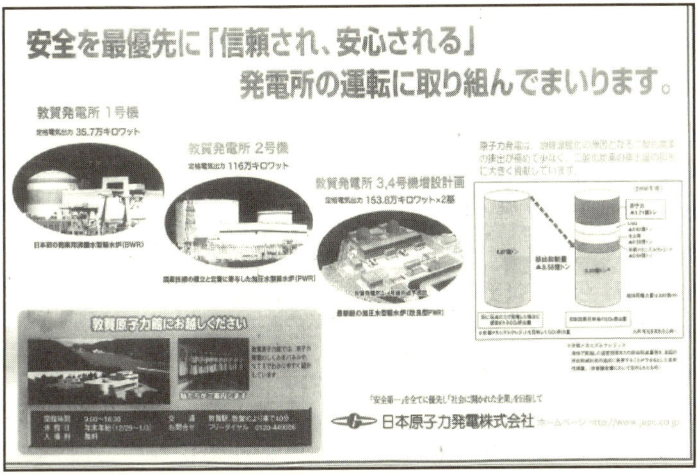

安全を最優先に「信頼され、安心される」
発電所の運転に取り組んでまいります。
敦賀発電所 1号機
定格電気出力 35.7万キロワット
日本初の商業用沸騰水型軽水炉(BWR)
敦賀発電所 2号機
定格電気出力 116万キロワット
敦賀発電所 3,4号機増設計画
定格電気出力 153.8万キロワット×2基
敦賀原子力館にお越しください
「安全第一」を全てに優先し「社会に開かれた企業」を目指して
日本原子力発電株式会社

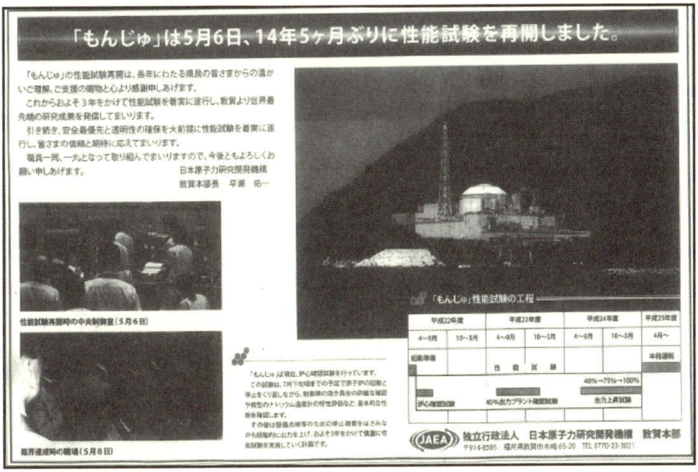

「もんじゅ」は5月6日、14年5ヶ月ぶりに性能試験を再開しました。
「もんじゅ」の性能試験再開は、長年にわたる県民の皆さまからの温かいご理解、ご支援の賜物と心より感謝申しあげます。
これからおよそ3年をかけて性能試験を着実に遂行し、敦賀より世界最先端の研究成果を発信してまいります。
引き続き、安全最優先と透明性の確保を大前提に性能試験を着実に遂行し、皆さまの信頼と期待に応えてまいります。
職員一同、一丸となって取り組んでまいりますので、今後ともよろしくお願い申しあげます。
日本原子力研究開発機構
敦賀本部長 早瀬 佑一
性能試験再開時の中央制御室(5月6日)
臨界達成時の職場(5月8日)
「もんじゅ」性能試験の工程
JAEA 独立行政法人 日本原子力研究開発機構 敦賀本部

2010年6月18日　原電　7段
2010年6月18日　原研　7段

もんじゅ EYE
「もんじゅ」は、福井の経済や未来とどう関係するのかな。
エネルギー安定供給と地球温暖化防止で、地球の未来を描き、福井の明日を創る。
国際協力への取り組み
「もんじゅ」—— 暮らしへ 福井へ 地球へ
文部科学省
http://www.mext.go.jp/

2010年6月19日　文科省　15段

14年ぶりに試験稼働した「もんじゅ」を、文科省が15段広告の連発で強力にプッシュ。しかしすぐにまた停止することになる。

いま、CO2を出さない発電が
求められているんだね。
発電時にCO2を出さない原子力発電を中心に、
関西電力は、電気の低炭素化に努めています。
ご存知でしょうか。原子力発電は、水力や太陽光、風力発電と同じように、電気をつくる時にCO2を出しません。
地球温暖化が心配されているいま、その原因の一つといわれるCO2を排出せずに
安定した電気をお届けすることができる原子力発電は、欠かすことができないエネルギーです。
関西電力はこれからも、原子力をはじめとする様々な発電方法で、電気の低炭素化に努めていきます。
まっすぐ、低炭素な社会へ
関西電力

2010年11月11日　関電　15段
星野仙一氏が登場。低炭素を原発推進の隠れ蓑に使う。

ありがとうございます。
おかげさまで美浜発電所は運転開始から40年。
本日、関西電力の美浜発電所から　原子力の電気が万国博会場に試送電されてきました。
1970年11月28日、日本初の商業用原子力発電所（加圧水型軽水炉）である美浜発電所1号機が、この地に誕生しました。以来、関西地方の電力を支え続け、本日おかげさまをもちまして運転開始から40年を迎えました。この40年間、地元の皆さまには変わらぬご理解とご支援をいただき、ありがとうございました。今後も関西電力は、電力の安定供給と低炭素社会の実現に貢献するため、安全確保を最優先として、発電所の安全・安定運転に努めてまいります。そしてこれからも、地元の皆さまとともに歩んでまいります。
地元の皆さまとともに、これまでも、これからも。
関西電力

2010年11月28日　関電　15段
美浜原発運転開始40年。

福井新聞

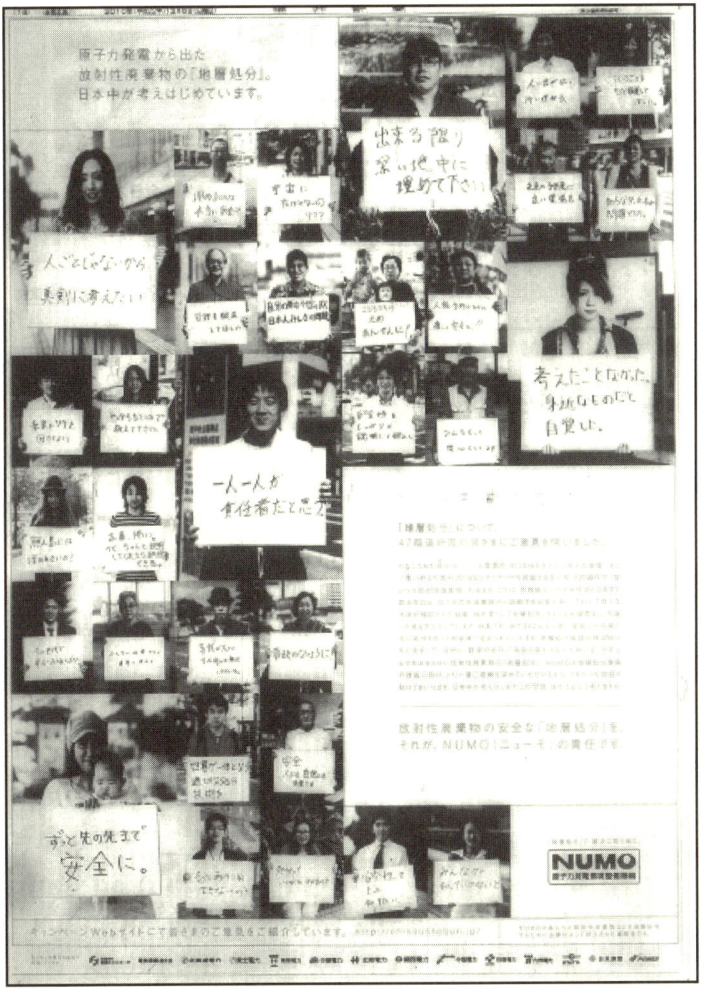

原子力発電から出た
放射性廃棄物の「地層処分」。
日本中が考えはじめています。
出来る限り
深い地中に
埋めて下さい
人ごとじゃないから
真剣に考えたい
考えたことなかった。
身近なものだと
自覚した。
一人一人が
責任者だと思う
ずっと先の先まで
安全に。
「地層処分」について、
47都道府県の皆さまにご意見を伺いました。
放射性廃棄物の安全な「地層処分」を。
それが、NUMO（ニューモ）の責任です。
NUMO

2010年12月5日　NUMO　15段
日経新聞など全国紙でも掲載された。

参考

他県の原発広告

今回の調査では、以下の原発立地県紙も調べましたが、ページの都合上、詳細を掲載することがかないませんでした。一～五章でご紹介したメイン地区に比べれば、広告出稿も記事量もはるかに少ないものとはいえ、それらの中にも原発広告は存在していましたので、ここで簡単な寸評と共に紹介します。

宮城県

世帯数　九三万七〇〇〇

県内の新聞シェア上位二社

一位　河北新報（一八九七年創刊）　四三万七〇〇〇部、世帯普及率四六・七％
二位　朝日新聞（一八七九年創刊）　六万九〇〇〇部、世帯普及率七・四％

建設された原子力発電所と稼働開始年月

東北電力　女川原子力発電所（宮城県牡鹿郡女川町　石巻市）
一号機　一九八四年六月
二号機　一九九五年七月
三号機　二〇〇二年一月

河北新報

設置された原発は三基と多くはありませんが、仙台市に東北電力本社があるためか、九〇年代前半までは年平均一〇〇段程度の出稿だったのが、九〇年代後半から二〇〇〇年代以降は二〇〇段以上に増加していきます。また、原発事故後の二〇一三年に入ってからも掲載しています。

出稿の特色としては、新潟日報や福島民報・民友と同じ広告の同時掲載や使い回しが多いことで、特に二〇一〇年、一一年にはその傾向が目立っていました。東北電力は東北地方六県(青森・岩手・宮城・秋田・福島・山形)を営業区域としており、金額では東電に遠く及ばないものの、制作した原発広告の種類の多さでは全国の電力会社中トップであるといえるでしょう。

河北新報の原発に対する報道基調は是々非々路線で、北海道新聞のような強烈な反原発記事はないものの、福島の二紙ほど過剰に原発の恩恵を喧伝する記事があるわけでもなく、他県(福島や福井)の事故報道や検証などもきちんと行われていました。

九五年の「もんじゅ」運転開始時もその経済性や実用化の見通しについて懐疑的な報道をし、二〇〇一年には「プルサーマル凍結　揺らぐ核燃サイクル」という連載記事を組み、国策である核燃サイクルが行き詰まっている状況を批判しています。しかしそれでも広告出稿量は増加し続け、二〇〇九年度は三六四段、二〇一〇年度は二九四段もの原発広告を掲載し、それに反比例するように原発に関する記事の掲載は減少していきました。

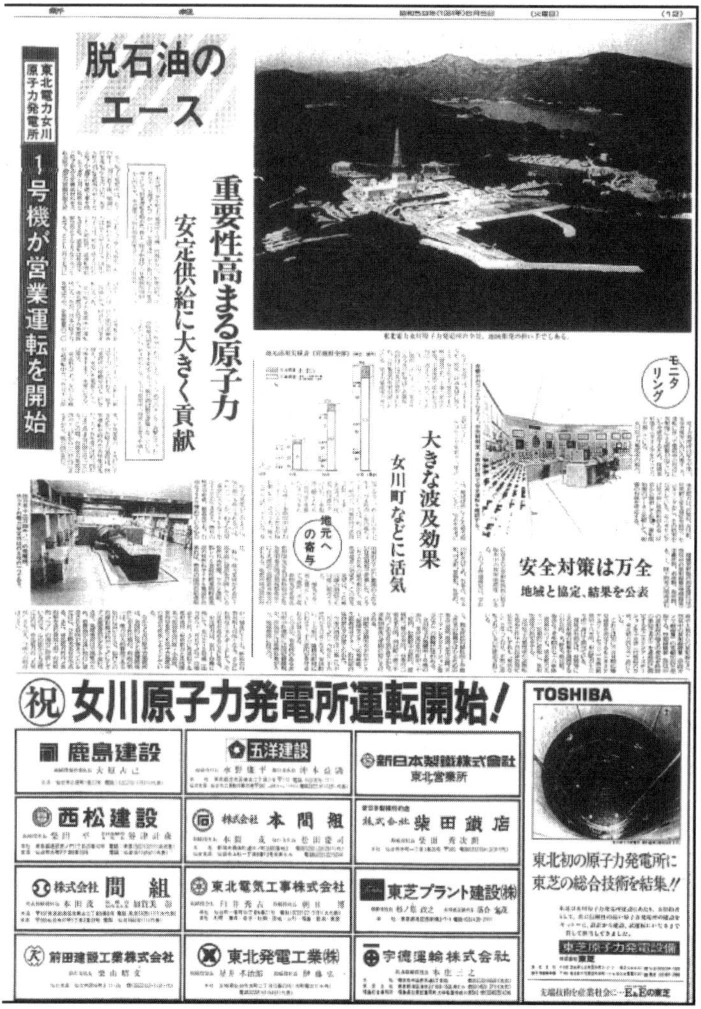

東北電力女川原子力発電所

1号機が営業運転を開始

脱石油のエース

重要性高まる原子力

安定供給に大きく貢献

大きな波及効果

女川町などに活気

地元への寄与

モニタリング

安全対策は万全

地域と協定、結果を公表

㊗女川原子力発電所運転開始！

鹿島建設

五洋建設

新日本製鐵株式會社 東北営業所

西松建設

株式会社 本間組

株式会社 柴田鐵店

株式会社 間組

東北電気工事株式会社

東芝プラント建設㈱

前田建設工業株式会社

東北発電工業㈱

宇徳運輸株式会社

TOSHIBA

東北初の原子力発電所に

東芝の総合技術を結集!!

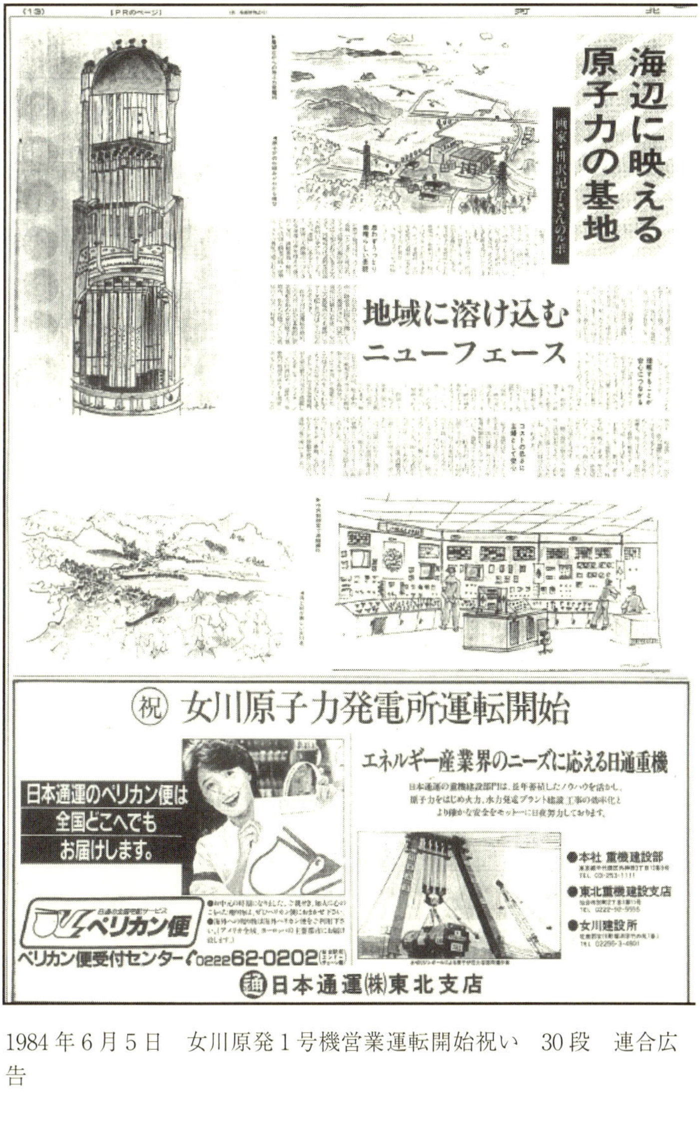

海辺に映える原子力の基地
画家・柳沢紀子さんのルポ
地域に溶け込むニューフェース
㊗ 女川原子力発電所運転開始
日本通運のペリカン便は全国どこへでもお届けします。
ペリカン便
ペリカン便受付センター 0222 62-0202
エネルギー産業界のニーズに応える日通重機
日本通運の重機建設部門は、長年蓄積したノウハウを活かし、原子力をはじめ火力、水力発電プラント建設工事の効率化とより確かな安全をモットーに日夜努力しております。
●本社 重機建設部
●東北重機建設支店
●女川建設所
日本通運㈱東北支店

1984年6月5日　女川原発1号機営業運転開始祝い　30段　連合広告

石川県

世帯数　四五万五〇〇〇

県内の新聞シェア上位二社

一位　北國新聞（一八九三年創刊）三〇万六〇〇〇部、世帯普及率六六・二％
二位　北陸中日新聞（一九五二年創刊）八万八〇〇〇部、世帯普及率一九・二％

建設された原子力発電所と稼働開始年月

北陸電力　志賀原子力発電所（石川県羽咋郡志賀町）
一号機　一九九三年七月
二号機　二〇〇六年三月

北國新聞

志賀原発は石川県志賀町にありますが、北陸電力の本店は富山県富山市にあります。北陸三県（石川・富山・福井）における最大手企業である北陸電力・北陸銀行の本店が共に富山市にあるため、石川県を中心としている北國新聞も、富山県内では「北國富山新聞」を発行しています。

志賀原発は二基のため、一号機稼働前年の九二年から稼働年の九三年、二号機の二〇〇五年と二〇〇六年、そして全ての県紙を調べた二〇〇九年と二〇一〇年を調査しました。他県に比べて一五段広告が非常に多く、二〇〇三年に珠洲原発が断念されるまでは、北陸電力・中部電力・関西電力三社連名広告も掲載されていました。また、その他、冬の寒さが厳しいためか「オール電化」の広告も非常に多く、北陸電力が大口の広告スポンサーであることを示しています。

特徴的な広告としては、一号機稼働一年前からシリーズで掲載された「レディース・ルポ」一五段シリーズと「自分であるく女性をつくります　北国ソサエティ」の同じく一五段シリーズでしょう。いずれも五回以上掲載され、前者は原発内部や組織を女性の目でルポ、後者は加賀友禅などさまざまな文化的題材と絡めながら原発の安全性を語るという、いずれも女性読者をターゲットにした連載企画で、これは他県には見られなかった広告例でした。これらが掲載された一九九二年は、七月からの調査にもかかわらず三六〇段もの出稿がありましたから、一号機の稼働に合わせた手厚い広告投下が行われたことが分かります。

記事の論調は原発に対して寛容なものが多く、二〇〇六年の志賀原発二号機差し止め訴訟で金沢地裁が原告勝訴の判決を出したときは「疑問の多い差し止め判決」と題する社説を掲載、二〇〇九年の控訴審で一審判決が取り消されると、「地裁判決の取り消しは必然」という北陸電力の代弁者のような社説を掲載していました。

H O K K O K U

自分であるく女性をつくります。

北國ソサエティ

テーマ（女ばかりのヨーロッパ旅行）

21世紀、エネルギーの主役は原子力
各国を訪れ、確信が深まりました。

●「止める」のをやめた●

●「科学者を信頼します」●

●ドナウ河で発電?●

S O C I E T Y

1992年11月24日　珠洲電源開発協議会、北陸電・中部電・関電協賛パブ記事

上坂冬子氏（作家）が原発をPR。

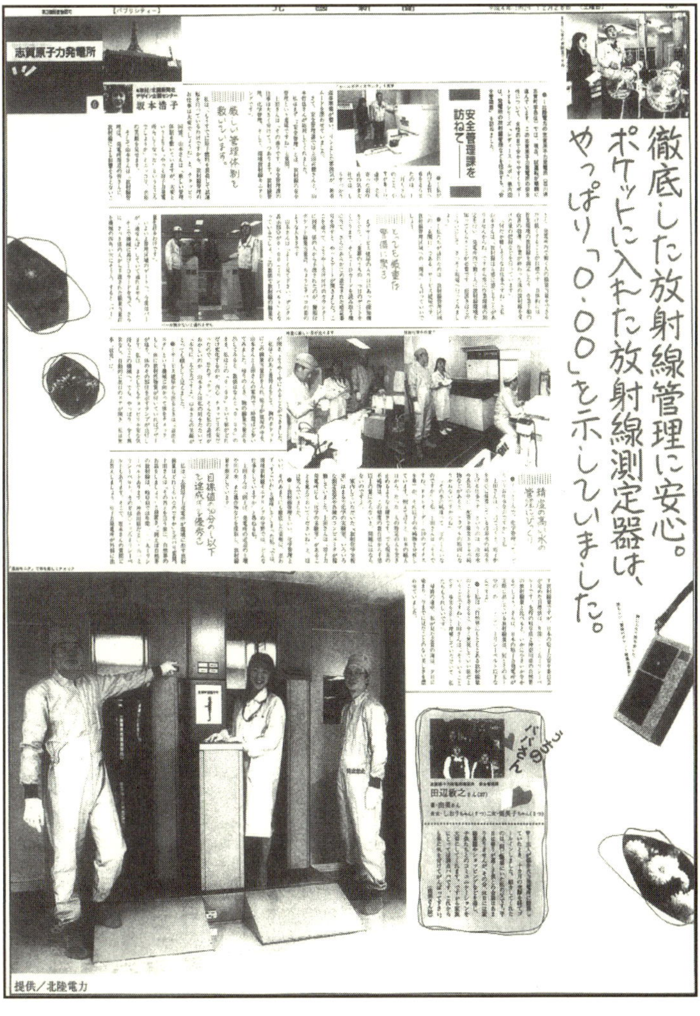
志賀原子力発電所

坂本浩子

安全管理課を訪ねて——

厳しい管理体制を敷いています。

徹底した放射線管理に安心。ポケットに入れた放射線測定器は、やっぱり「0.00」を示していました。

田辺敏之さん

提供／北陸電力

1992年12月26日　「レディース・ルポ　志賀原子力発電所」シリーズ　北陸電　15段
こちらも女性ターゲットのシリーズで、1年間に8種類が掲載された。

静岡県

世帯数　一五〇万九〇〇〇

県内の新聞シェア上位二社

一位　静岡新聞（一九四一年創刊）　六七万三〇〇〇部、世帯普及率四四・六％
二位　中日新聞（一九四二年創刊）　一三万六〇〇〇部、世帯普及率九％

建設された原子力発電所と稼働開始年月

中部電力　浜岡原発（静岡県御前崎市佐倉）
一号機　一九七六年三月
二号機　一九七八年一一月
三号機　一九八七年八月
四号機　一九九三年九月
五号機　二〇〇五年一月

静岡新聞

三・一一直後、当時の菅直人総理大臣の要請で停止された浜岡原発は、全国の原発でも最も人口密集地帯に近い場所に位置しています。

一号機の稼働が七六年から、さらに合計五基もの原発があるにしては、広告量は多くはなく、表現的にも五段や半五段が中心で、概しておとなしい印象を受けます。原子力について目立つのは八七年の連続企画「やっぱり原子力」五段シリーズくらいで、他県に比べればその少なさは不思議なほどです。当初は電気温水器の販促や節電・省エネ、オール電化の広告の方が多く、三四四〜三四五ページの広告はその頃の数少ない一五段広告の例です。

しかし、二〇〇五年の四号機プルサーマル計画発表の後は、「エネルギーもリサイクルできます…プルサーマル」七段シリーズ広告を掲載。二〇〇九年は電事連やNUMOの広告が飛躍的に増加します。そして一〇年には、「原子力だから、できることがある」一五段シリーズも掲載されました。一九九七年までの増設期間よりも、むしろ二〇〇〇年代以降の方が、原発広告に力を入れ始めた印象があります。これは、他県では原発立地の比較的早い段階で差し止め訴訟が起きたのに比べ、浜岡では二〇〇二年からであったことなどが影響していると思われます。

原発に関する記事も少ないのですが、浜岡原発は幸運にも深刻なトラブルに見舞われたことがないことや、静岡県は各種産業が多く多種多様な広告主に恵まれていたため、原発の話題が重要視されていなかったことが要因のようです。そのあたりが福島や福井など、数多くの原発を抱えて常にそれらが県政の大きな中心であった県との構造的な違いであり、静岡新聞の論調や中部電力の出稿量に大きな影響を与えていたと考えられます。

10月26日「原子力の日」
特別寄稿
忘れずにいたい。電気の暖かさ、優しさ、大切さを。
近年、ドキュメンタリーの
仕事が多く、なかなか行けないようなところまで出かける。
チベットの遊牧民の暮らしを追ったり、
アマゾンの密林の中へ入ったり。
未知の土地では、
時に、不安な気持ちに
なることもある。
しかし、心が揺れるような
情景に接することも多い。
夜、真っ暗な森の中で
光る電球もその一つだ。
アマゾンの山奥のまったく電気の
通わないところで数日取材した後、
村に近付いたとき目に入った電球の光。
明るく、優しく、柔らかい光が心を温めてくれるのを感じた。
一方、そんな生活から日本に帰った時に見る、街の光の海。
生活のすみずみまで、電気がいきわたっている。
日本に住んでいる私はなんて恵まれていたのか、と痛感し、帰ってきてからしばらくは、
電気を大切に使うように心がける。
でも、そうしたことはいつしか忘れがちになり、
当たり前のように電気の恩恵を受けて暮らしている。
電気エネルギーは、空気とは違う。発電されて、初めて私たちの元に届いてくる。
そしてそこに至るまでには、大変な労力が必要な事に思いはおよぶ。
私は、しばしば、アマゾンで見たあの電球の光を思い起こす。
そして、毎日届けられる電気エネルギーを大切に、慈しんで使っていこうと思う。
星野知子
御礼。
日本で45番目。浜岡原子力発電所4号機が完成いたしました。
中部電力

1993年10月26日　浜岡原発4号機完成告知　15段　中部電
星野知子氏。

女性のみなさまに贈る講演会
中部電力
暮らしのこと、
エネルギーのこと。
女性のみなさんといっしょに考えてみました。
中部電力主催によるエネルギー講演会とコンサート
「いっしょに考えましょ! 私たちの暮らしのこと、エネルギーのこと」が、
一般の女性を中心にお招きして名古屋能楽堂・能舞台で開催されました。
第一部は作家・エッセイストとして活躍中の神津カンナさんによる講演会。
身近な視点からエネルギーについて考えることの大切さ、
原子力発電の有効性などについて解説がありました。
第二部は神津さんによる日本音楽についてのトークのほか、
舞踊踊り、箏《そう》(琴)演奏などによる日本の伝統芸能を体感していただきました。
☆日 時/平成21年3月10日(火) 18:30〜20:45
☆会 場/名古屋能楽堂 能舞台
Program
神津カンナ
第一部 講演会
いっしょに考えましょ!
私たちの暮らしのこと、エネルギーのこと
今はどんな時代?
日本の舞台芸術として「能」が確立された室町時代に比べると、現代の地球は温暖化や気候変動などさまざまな問題を抱えています。18世紀後半の産業革命以降の急激な進歩により、私たちの日常生活はとても便利になりました。しかし、たくさんのエネルギーを使うようになったことで、地球温暖化の原因の一つであるCO2の量が一気に増え始めたのです。地球の環境を守るために、エネルギーを効率的に利用し、CO2を減らすことが共通の課題になってきています。
エネルギーの将来は?
これまで輸入に頼ってきたエネルギー資源にも、いつか限界がくるでしょう。そこで目を向ける必要があるのが、原子力発電だと思います。使い終わった原子燃料をリサイクルすることができる方法もあるので、エネルギー自給率を高めていけるわけです。さらに発電時にCO2を出さないという点からも、欧米、アジア諸国を中心に、地球温暖化対策でも注目されています。日本の原子力の技術は、世界からも認められる高い水準なので、これからもっと活用にしていく必要があるのかもしれませんね。
日本のエネルギー事情は?
日本の食料自給率は40%で、半分以上の食料を外国から輸入しています。それだけでも驚きですが、エネルギー自給率はわずか4%。私たちの日常にある自動車や電気製品などに必要なエネルギーは、ほぼ輸入によって支えられています。だからこそ今は、食料やエネルギーなどをどう自給していくのかを考え、他国から「自立」しなければならない時代になってきたのです。
私たちにできることは?
エネルギー問題は国や企業だけの問題ではありません。私たちにも努力すべきことは多くあると思うのです。例えば、日本は年間約5,400万トンもの食料を輸入していますが、一方で約2,000万トンは食べることなく捨てています。いつかバチがあたりそうですよね。生産から輸入、廃棄までに使われたエネルギーをムダにしないためにも、一度、日常生活を見直してみませんか。できるだけ近い産地のものを食べる「地産地消」やスーパーで手前に並んでいる商品を買う「エコ買い」など、ほんの少しの気づきがあれば大きな変化にもつながっていくと思うのです。
第二部 音楽に関するトークとコンサート
私たちの心に響く日本音楽
原子力は発電時に、CO2を出さない。
そのことを □知っていた
□知らなかった
それは、今だからこそ知って欲しい事実です。
あなたは知っていましたか。ある調査では、70%近くの方がそのことを知らなかったと答えています。
「原子力は発電時に、CO2を出さない」。それは今だからこそ、多くの方々に知っていただきたい事実。
私たちは、地球温暖化防止と電力の安定供給のため、安全を最優先に原子力発電を進めてまいります。
環境への意識。

2009 年 3 月 30 日 「女性のみなさまにおくる講演会」 中部電 15 段
女性読者対象の音楽会と講演会のセット。神津カンナ氏が原発を PR。

愛媛県

世帯数　六四万三〇〇〇

県内の新聞シェア上位二社

一位　愛媛新聞（一八七六年創刊）　二六万八〇〇〇部、世帯普及率四一・六％
二位　読売新聞（一九七四年創刊）　七万八〇〇〇部、世帯普及率一二・二％

建設された原子力発電所と稼働開始年月

四国電力　伊方原発（愛媛県西宇和郡伊方町）
一号機　一九七七年九月
二号機　一九八二年三月
三号機　一九九四年一二月

愛媛新聞

四国電力はその企業規模ゆえか、あまり広告展開に熱心ではなく、実際に出稿された広告段数も少ない方でした。他県に見られるような原発をテーマにしたシリーズ広告もなく、一九七七年の一号機稼働の一〇月五日に六〇段（四ページ）、六日に三〇段（二ページ）の連合広告が載った他は、七〇年代で目立ったのは日本原子力文化振興財団による「みんなで考えよう、エネルギーの問題原子力」半五段シリーズくらいで総じて散漫な印象でした。

それでも二〇〇九年には電事連やNUMOによる出稿で二〇〇段を超えますが、一〇年は激減しています。三四九ページの一五段は、四国電力で原発をテーマにタレントを起用した数少ない一五段広告で、翌一〇年も継続していましたが、三・一一の事故であえなく中止になったものです。

愛媛新聞の論調は、一号機稼働前の七三年に早くも伊方原発訴訟が起きたこともあり、原発に対して慎重な記述が目立ちます。また、七七年から二〇年の間に三基の原発が稼働したものの、その経済的恩恵を喧伝するような記事はほとんど見られませんでした。

さらに、八一年の敦賀原発事故時には「原発神話　崩壊」「伊方原発はいま　敦賀からの波紋」という緊急ルポ企画を連載するなど、早い段階から原発の事故報道に力を入れていました。また、三号機増設をめぐる推進賛成・反対派の対決も一面写真入りで大きく報道するなど、推進派の動きに大きく警鐘を鳴らす記事も多く掲載しています。そのような報道姿勢もあってか、四国電力の広告掲載は少ないままであったと思われます。

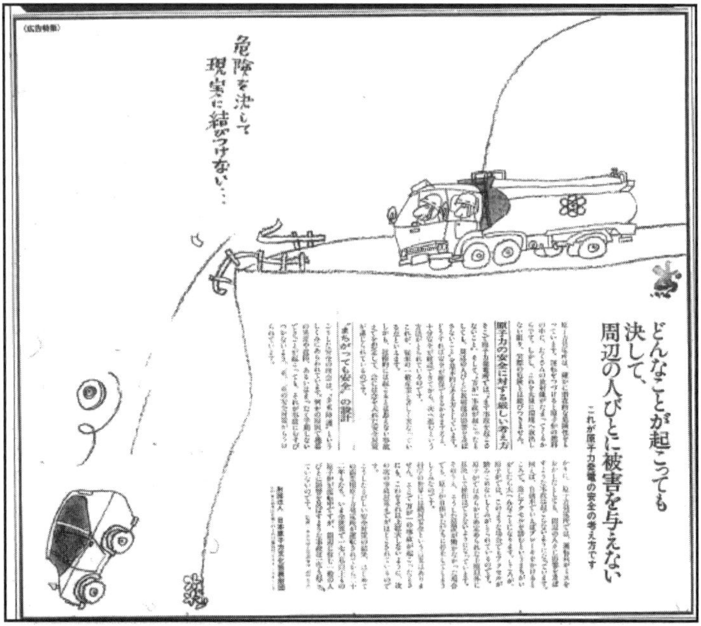
（広告特集）
危険を決して現実に結びつけない…
どんなことが起こっても決して、周辺の人びとに被害を与えない
これが原子力発電の安全の考え方です
原子力の安全に対する厳しい考え方
"まちがっても安全"の設計

1976年4月18日　日本原子力文化振興財団　半5段
「どんなことが起こっても決して、周辺の人びとに被害を与えない　これが原子力発電の安全の考え方です」「原子力の安全に対する厳しい考え方」「"まちがっても安全"の設計」その結果はどうだったか？

(全面広告)
愛媛新聞
2009年(平成21年)10月26日 月曜日
(6)
人がつくる。
おくる。つなぐ。
電気は
ヒューマン
エネルギー。
ご安全に。を、
あいさつにする
人がいます。
四国の電気の4割を
つくっている伊方発電所では、
約1,700人が働いています。
よく交わされるあいさつは「ご安全に」。
一人ひとりの油断しない気持ちが、
一つひとつつながって、
電気を届ける力になるんですね。
10月26日は原子力の日です。
しあわせのチカラになりたい。
四国電力株式会社
YONDEN

2009年10月26日　原子力の日　四国電　15段
玉木宏氏（タレント）を起用。

島根県

世帯数　二六万二〇〇〇

県内の新聞シェア上位二社

一位　山陰中央新聞（一八八二年創刊）一七万部、世帯普及率六〇・二％
二位　読売新聞（一八七四年創刊）三万六〇〇〇部、世帯普及率一二・九％

建設された原子力発電所と稼働開始年月

中国電力　島根原発（島根県松江市鹿島町）
一号機　一九七四年三月
二号機　一九八九年二月

山陰中央新聞

島根原発は、全国の原発所在地で最も人口の少ない場所に立地しています。そのせいか一号機稼働の一九七四年でも中国電力の出稿量は五五段と非常に少なく、合計出稿段数も今回調査した一三県の中で一番少ない結果でした。それでも二〇〇九年、一〇年は一五〇段を超えますが、その多くは他県同様、NUMOや電事連の広告によるものでした。

三五三ページの一五段は中国電力の数少ない全面広告ですが、電力会社の社長自ら原発の安全性を直接訴える広告は非常に珍しい例です。しかし、その年の四月に五〇六ヶ所に及ぶ点検漏れが明らかになり、その後お詫び広告を連発することになるのはなんとも皮肉なことでした。

広告量に比例して原発関係の記事も多くはありませんが、八九年の二号機稼働の年に発生した再循環ポンプ回転異常による原子炉停止トラブルに対しては、「原発の安全対策は万全か」「姿勢が問われる島根原発」「解消されない原発への不安」と題する社説を連続して掲載、三年前のチェルノブイリ事故なども引き合いに出しつつ、島根原発への厳しい意見を掲載しています。

松江商工会議所
あのね、
おとうさん。
資源に限りが有る事くらい僕だって知ってるよ。
ふだんの生活の中で、僕たちはたくさんの電気やガスを使っています。列車や自動車を走らせたり、ルームクーラーや電子レンジといった電気製品、そして、着ている服の元になる合成繊維や石油化学製品を作るためにもエネルギーが必要です。日本は、そのエネルギー資源の大半を輸入に依存しています。おとうさん、エネルギーを大切にしたいね。
日本の電力の約30%は、原子力発電でまかなわれています。

Energia
太陽光や風力と同じように、
原子力発電も発電時にCO2を出しません。
原子力発電の推進に取り組んでいます。
CO2を減らすために。
ボクのうちは、
クルマをエコカーにしました。
中国電力は、なにをしていますか。
中国電力

1989年10月24日　松江商工会議所　5段
2009年10月26日　中国電　7段

Energia
皆さまとともに歩む原子力発電所を目指します。
エネルギー・環境問題に適切に対応するために
私たち中国電力は、将来にわたって皆さまに電気を安定してお届けすることが最大の使命であると考えています。
発電燃料のほとんどを輸入に頼っている日本では、
地球環境問題とともにエネルギーの安定確保という問題に適切に対応していかなければなりません。
このため私たちは、太陽光発電・風力発電などの新エネルギーの利用拡大、CO2削減のための技術開発、
バランスのとれた電源構成（ベストミックス）の構築など、さまざまな取り組みを進めています。
なかでも、太陽光発電・風力発電と同じく発電時にCO2を排出せず、
供給の安定性や経済性にも優れた原子力発電の開発を進めています。
原子力発電所の開発を進めています
現在、島根県松江市の島根原子力発電所において、
平成23年12月の営業運転開始を目指して3号機の建設を進めています。
また、山口県熊毛郡上関町に計画している上関原子力発電所については、
昨年4月に準備工事を開始し、同12月には経済産業大臣へ1号機の原子炉設置許可申請を行いました。
この申請を受け、国による綿密な安全審査が行われています。
皆さまとともに歩む発電所に
島根原子力発電所では、1号機が運転を開始してから35年にわたり地域とともに歩んでまいりました。
島根原子力発電所3号機および、上関原子力発電所の開発・運転にあたりましても、
皆さまのご理解をいただきながら、安全確保と環境保全を最優先し、取り組んでまいる決意です。
そしてこれからも、地域社会の一員として、皆さまに安心していただき、
ともに歩み地域の発展に貢献してまいります。
今後とも原子力発電の推進に
ご理解、ご協力を賜りますようお願いいたします。
中国電力株式会社
取締役社長 山下隆
中国電力株式会社 www.energia.co.jp/

2010年1月29日　中国電　15段
山下隆氏（中国電力取締役社長）。社長が大きく登場する広告は大変珍しい。

佐賀県

世帯数　三二万九〇〇〇

県内の新聞シェア上位二社

一位　佐賀新聞（一八八四年創刊）　一三万九〇〇〇部、世帯普及率四三・六％
二位　西日本新聞（一八七七年創刊）　四万八〇〇〇部、世帯普及率一五・二％

建設された原子力発電所と稼働開始年月

九州電力　玄海原発（佐賀県東松浦郡玄海町）
一号機　一九七五年一〇月
二号機　一九八一年三月
三号機　一九九四年三月
四号機　一九九七年七月

佐賀新聞

九州電力は玄海と川内の二つの原発を持ち、九〇年代以降は積極的な広告展開を行いました。この「その他地区」の中でも一五段広告が多く、いくつもシリーズ広告を掲載しています。その中でも九三年に掲載された「もっと近くで話したい、原子力発電」シリーズの表現は独特で、その中でも次ページ掲載の「祐太郎君は、放射線をおもらししている」は、人体から出ているごくわずかな放射線と原子力発電の放射線を同じ土俵で論じるという、信じられないレトリックを行使していました。二〇一四年現在、多くの反対を押し切って原発を再稼働しようとする企業が、「もっと近くで話したい」などと言っていたのです。

また九七年には、有名な映画監督の大林宣彦氏を起用し、「原子力発電、ちゃんと知りたい、ちゃんと考えたい」シリーズを掲載。大林監督が原発を見学したり、関係者にインタビューをしたりする様子を約一年間にわたり（途中からタイトルが「人間の顔が見える原子力であって欲しい」に変更）、一五段を含むさまざまな形式で計一三回掲載しました。有名人を起用した原発広告は非常に多いものの、これだけの回数は全国的にも大変珍しいものです。

佐賀新聞の論調は、七四年の放射能漏れ事故では鋭い追及を見せたものの、それ以降の調査した期間では報道が少なめでした。社説などでの言及も少なく、原発の是非には踏み込まない姿勢を感じました。

裕太郎君は、放射線をおもらししている。
九州電力
もっと近くで話したい、原子力発電。

1993年6月13日　九電　15段
自然放射線と人工放射線を同一視し、危険はないとする論法だが、赤ん坊から放射線が出ているという設定に驚愕。

九州電力
原子力発電については
いろんな考え方がある。
しかし、大切なことは、
自分で知ること、考えることだと思う。
私には、まだまだ知りたいことがある。
あなたはどうだろう。
これからの一年。
あなたと一緒に考えるために、
私は、原子力発電について、
もっともっと知りたいと思う。
あなたも九州電力に問いかけてみませんか。
原子力発電、
ちゃんと知りたい。
ちゃんと考えたい。
九州電力は
あなたの声をお待ちしています。

九州電力
私は、まっすぐ
向きあおうと思う。
原子力発電と、
これから。
原子力発電、
ちゃんと知りたい。
ちゃんと考えたい。

1997年3月16日・6月24日　九電　各7段
大林宣彦氏（映画監督）を起用、一年間続いたシリーズ。

鹿児島県

世帯数　七九万七〇〇〇万

県内の新聞シェア上位二社

一位　南日本新聞（一八八一年創刊）　三三万三〇〇〇部、世帯普及率四一・八％
二位　読売新聞（一八七七年創刊）　三万二〇〇〇部、世帯普及率四・一％

建設された原子力発電所と稼働開始年月

九州電力　川内原発（鹿児島県薩摩川内市久見崎町）
一号機　一九八四年七月
二号機　一九八五年一一月

南日本新聞

九州電力は佐賀新聞においても広告出稿に積極的でしたが、こちらの南日本新聞でもいくつかのシリーズを展開しています。七八年の川内原発建設時には、「玄海から、こんにちは」というシリーズを制作、先行した玄海原発の関係者を登場させ、原発の安全性や利便性を語らせています。また、八五年には東日本の原発所在県紙で多用された郷土紹介シリーズと似た「わがまち自慢」シリーズを掲載。原発を一切登場させず、九州電力のブランドイメージ向上を狙った表現展開も行っています。二〇〇八年から〇九年にかけては著名人を起用した「私とエネルギー」シリーズを一九回掲載、原発の数そのものは少ないにもかかわらず、広告出稿には積極的な企業姿勢がうかがえます。

原発の建設が二基にとどまり、八五年にはその建設も終わったことで、南日本新聞での原発の扱いは概して淡泊であり、八五年一二月一日の「川内原発の残したもの」という記事では、「反動不景気モロに」と原発建設景気が終わった後にくる不景気を報じています。

また、二〇一〇年には川内原発三号機の増設が計画されていましたが、「増設　最終局面へ」という連載特集では「急ぐ九電　疑問置き去り」「民意くんで　動く市民」「同意の根拠　視界不良」という見出しで、増設を急ぐ九電の姿勢を批判していました。そして幸運にもこの増設計画は、三・一一の事故により凍結されたのです。

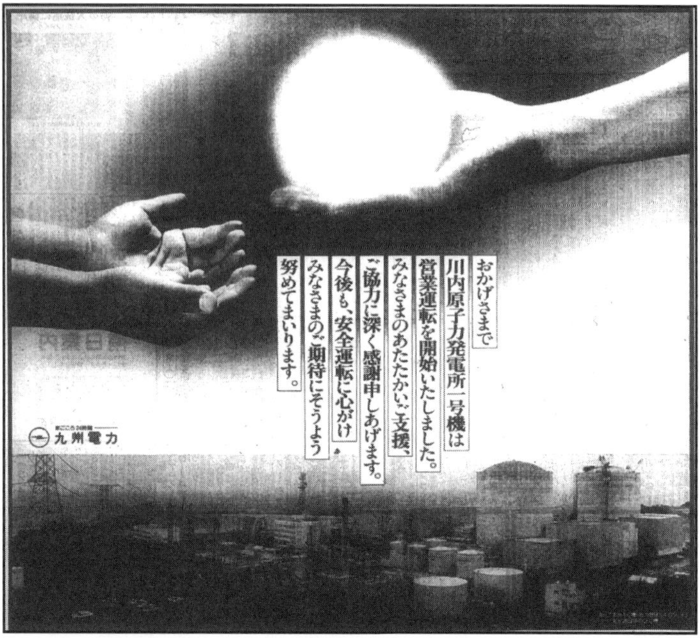
おかげさまで
川内原子力発電所一号機は
営業運転を開始いたしました。
みなさまのあたたかいご支援、
ご協力に深く感謝申しあげます。
今後も、安全運転に心がけ
みなさまのご期待にそうよう
努めてまいります。
九州電力

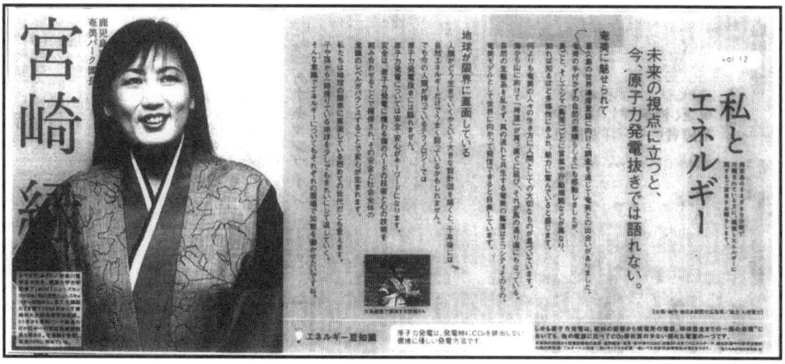
私とエネルギー
未来の視点に立つと、
今、原子力発電抜きでは語れない。
宮崎
奄美に魅せられて
地球が限界に直面している
エネルギー豆知識

1984年7月5日　九電　半5段
2009年1月31日　「私とエネルギー」シリーズ　南日本新聞社広告局・九電　5段
出演は宮崎緑氏（キャスター）。

原子力への
「どちらとも言えない」を減らさなきゃ。
「くらしを支えるエネルギー・原子力」に関する情報を、九州電力は積極的に公開します。
ここに、興味深いデータがあります。
「地球温暖化防止のために原子力発電は必要か？」という質問に対する、世の中のみんなの答え。
「Yes、必要である・どちらかといえば必要」が64.5%、「No、必要でない・どちらかと言えば必要でない」が8%、「どちらともいえない」が27.8%。
さて、この数字をどうとらえるか。思ったよりNoが少ないと喜ぶか。
いや、私たち九州電力は「これではいけない！」と考えます。
なぜなら「どちらともいえない」が全体の4分の1以上。ということは、
まだまだ原子力への理解が充分に深まっていないということ。
みんなが「原子力発電」に対してきちんとした知識をもち、自分なりの判断ができる、
そのための材料をしっかりとお伝えしていかなければならないと私たちは考えます。
「地球環境にとってのプラス」と「安全の確保」が、私たちの使命。
原子力発電は発電時にCO2を出さないという長所をもった、地球温暖化防止へつながるクリーンなエネルギーです。
しかも、燃料のリサイクルが可能で、経済性に優れ、電気を安定供給できるというプラスもあります。
一方で、原子力発電所は放射性物質を扱う施設ですから、潜在的な危険性を持っているといえます。
だからこそ、放射性物質を閉じ込める構造とし、さらに何重もの安全対策で、徹底的な管理を行っているのです。
この紙面では全てをお話することはできませんが、九州電力はホームページ等で
さまざまな情報を公開し、みなさまの理解につとめたいと考えています。
「自然力」と「原子力」のグッドバランス、そしてそれをコントロールする「人間力」で、
明日の暮らしをもっと明るくしていきたい。私たち九州電力の挑戦は、続きます。
http://www.kyuden.co.jp/
自然力、原子力、人間力で地球環境のために。
九州電力
ずっと先まで、明るくしたい。

2009年6月13日　「自然力、原子力、人間力で地球環境のために。」
3回シリーズ　九電　15段

終章

復活する原発広告

原発広告、復活の兆し

前章までは過去の原発広告を扱ってきました。県によってかなりの違いはありましたが、原発所在地ではどこも非常に多くの原発広告が出稿されていたことがお分かりいただけたと思います。

しかし三・一一以後は、各地の原発が停止したことと、広告の多くにスポンサーとして関わっていた東電が国有化され広告予算が激減したこともあって、さすがに原発広告も影を潜めていました。

ところが自民党が政権に復帰し、原発を再稼働させようという機運が高まると、またぞろ穴倉から顔を出すように、ポツポツと原発広告が目に付くようになってきたのです。その主体は、電力九社からの出資金で運営されている電事連や、地方における原発の運営母体である原燃などでした。これらの出稿量は三・一一以前とは比べものにならないくらい少ないものの、以前の形式のままひっそりと復活していたのです。

序章でも説明しましたが、これが民間会社の広告であれば、それは会社の利益から広告費を捻出するのですから、経営判断として誰も文句をつけることはできません。しかし、原発広告の原資は全て利用者から徴収される電力料金であり、しかも出稿元の電力会社は全て赤字を理由に電力料金の値上げを繰り返しているのですから、本来、広告などを打つ余裕はまったくないはずなのです。

また、東電は巨額の除染費や損害賠償、訴訟などを抱えているのに加え、数千件の被害賠償を拒否したままにしています。本来であれば、原発で協力関係にある他の電力会社は東電に金銭的援助をするべきであって、広告などにうつつを抜かしている余裕はないはずなのです。それでも原発広告を打つのは、少しでも洗脳を再開しようという、利用者をバカにした行為であるとしか思えません。この章では、そうした図々しい広告の数々をお見せします。

現在の状況

三・一一以前は、四媒体（テレビ・ラジオ・新聞・雑誌）全てにおいて大規模な出稿がなされていました。特に地方においては、説明記事を多く掲載できる新聞への出稿が多く、次いでテレビやラジオCMなどが打たれていました。全国的に見るとおおまかに、

- 全国紙（新聞）、メジャー雑誌、関東テレビキー局、関東ラジオ局――東電、電事連の担当
- 地方新聞、ローカルテレビ、ラジオ局――東電はじめ原発立地エリアの電力会社、電事連、

各県の原発関連団体、NUMOなどが担当という色分けになっていました。
ところが現在は東電からの出稿はゼロになり、全国紙、雑誌への出稿は電事連が担当し、原発立地県ではエリア担当の電力会社プラス電事連という形式が一般化しています。ただし全国紙といっても、現在でも新聞広告を掲載しているのは原発推進を主張する読売新聞だけです。同じ推進派に属する産経新聞は部数が少ないため媒体価値が低く、日経新聞は一般読者向けではないためこれまたコストパフォーマンスが低く、ほぼ掲載されていません。
雑誌において目立つのは、産経グループが全国で発行する無料PR誌「サンケイリビング」誌上で各地の電力会社が展開するシリーズですが、これは無料誌なので掲載料が安いことから、新たな広告掲載先になっています。読者が原発に「興味を持って」見学に行きました、などという使い古されたパターンを踏襲しています。一般読者が原発を見学に行くなどというのは考えにくく、そもそも関係者以外が見学を希望しても拒否されますから、完全な紐付き広告なのです。
また、週刊新潮においてはカラーページでの出稿が連続しています。三・一一以前を彷彿とさせる、著名人にインタビューするというパターンですが、さすがに以前のような原発礼賛一本槍ではなく、原発が停止しているため貿易赤字が増大している、だから原発を含めたエネルギーミックス戦略を考えるべきだ、という一見もっともな意見提議型になっています。しかし、「冷静に考えるべきだ」「現実から逃げない覚悟が必要」などという表現には「教えてやるぞ」というどうしようもない上から目線があり、なぜこのような表現ができるのかあきれるばかりです。

週刊新潮――巧妙なカムフラージュ

『週刊新潮』平成二六年一月二三日号に掲載された「新潮人物文庫　これからのエネルギー、私の視座」というデーモン閣下氏が登場する広告は、まるでデーモン氏本人が語っているように見えますが、もちろん本文はコピーライターがリライトしており、典型的な原発広告の一例です。

　ところが、広告業界にいる人間からすれば当然のことでも、カラクリを知らない一般読者からすると、まるでデーモン氏本人の意見であるかのように見えてしまうから厄介です。

　この広告をツイッターで批判したところ、「これはデーモン氏個人の意見なのだから問題ないではないか」「個人の意見表明を妨げるのか」という意見がネット上に出回っ

デーモン閣下
悪魔だって興味津々。日本のエネルギーについて学び、考えよう。

『週刊新潮』2014 年 1 月 23 日号　電事連　見開き 2 ページ

たのには驚きました。これが電事連によるれっきとした広告である、ということを理解できない人々が数多くいたのです。左下に「提供　電事連」というキャプションがついていますが、これは「電事連がお金を出して作った広告です」という意味です。広告ですから、もちろんデーモン氏には高額な出演料が支払われていて、彼の発言を装って広告主（電事連）の主張が展開されています。その仕組みは多くの読者や一般人に理解されておらず、まだまだこうした「騙しのテクニック」が通用しているのです。

　出演料はその出演期間によって大きく変動しますが、批判の多い原発広告に出演するタレントは多くはないので、昔から相場を上回る高額でした。通常、タレントの契約は年間契約であり、その間に出演する媒体を細かく設定します。そしてその広告の中で語られるセリフは全て、広告主側があらかじめ用意したものが用いられます。例えばCMであれば、タレントが話すセリフは全て最初から決まっていて、アドリブではないのです。

手嶋龍一
エネルギー問題を解くには、あらゆる選択肢と可能性を除去しないこと。「インテリジェンス」が重要。
ありえない事態を想定し、従来の常識を捨て去って考えてみる。そんな思考態度が大切。

『週刊新潮』2014年4月3日　電事連　見開き2ページ

今回は雑誌広告だけの出演のようですが、デーモン氏の知名度からすると五〇〇万円以上であることは確実だと思われます。そして出演料をもらっている広告ですから、文中で彼らが語るセリフは全て広告主が作ったものである、と考えるのが妥当です。ちなみにこの広告でいえば、新潮への掲載料はカラー見開きで約三五〇万円であり、そこに広告原稿の制作費、タレントの出演料が加わって、合計の制作費・掲載料はゆうに一〇〇〇万円を超えているでしょう。その原資は全て電気料金であることは言うまでもありません。

このシリーズは今までに三回、手嶋龍一氏、舞の海秀平氏が登場して掲載されました。そのタイトル、キャッチコピーを並べてみます。

- 悪魔だって興味津々。日本のエネルギーについて学び、考えよう。
  一〇〇考えなければならないうちの五〇は、二〇年以上先の未来のことを考えねば。（デーモン閣下）
- エネルギー問題を解くには、あらゆる選択肢と可能性を

舞の海秀平
資源小国日本は、小兵力士同様、技術・戦略、そして現実から逃げない覚悟が必要。

『週刊新潮』2014年6月5日号　電事連　見開き2ページ

除去しないこと。「インテリジェンス」が必要。ありえない事態を想定し、従来の常識を捨て去って考えてみる。そんな思考態度が大切。（手嶋龍一）

- 資源小国日本は、小兵力士同様、技術・戦略、そして現実から逃げない覚悟が必要。複雑な問題に対して短絡的に白黒をつけようとする風潮に違和感を覚えます。（舞の海秀平）

三回とも、「原発が停止しているせいで石油原料輸入コストが増大し、国際収支を悪化させている。これは資源小国日本にとって大変な損失だから、選択肢の一つとして原発再稼働を考えるべきである」という内容を三氏が繰り返し述べる形ですが、驚くべきことにその語りには、三年前の大事故のせいで今なお一〇万人以上が避難している過酷な現実は出てきません。自分たちの弱点には一切触れず、一見耳当たりのいい理屈を並べる手法は、事故前とまったく変わっていないのです。

さらに三回目の舞の海氏のタイトルには、「現実から逃げない覚悟が必要」という驚くべき文言が踊ります。原発は事故の可能性を伴うものだから、その覚悟をせよという傲慢な態度には心底あきれます。これこそが原発ムラの本音であり、自分たちさえよければ他人はどうでもいいという思考を満天下に晒して恥じない体質は、変わっていないのです。

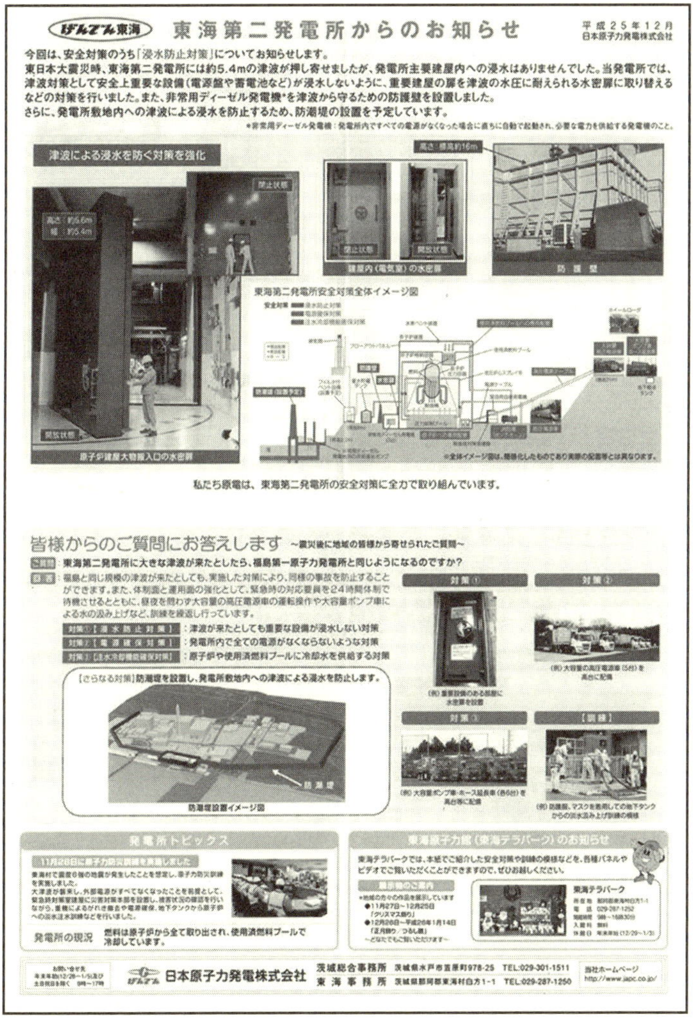

げんでん東海

東海第二発電所からのお知らせ

平成25年12月
日本原子力発電株式会社

今回は、安全対策のうち「浸水防止対策」についてお知らせします。
東日本大震災時、東海第二発電所には約5.4mの津波が押し寄せましたが、発電所主要建屋内への浸水はありませんでした。当発電所では、津波対策として安全上重要な設備（電源盤や蓄電池など）が浸水しないように、重要建屋の扉を津波の水圧に耐えられる水密扉に取り替えるなどの対策を行いました。また、非常用ディーゼル発電機*を津波から守るための防護壁を設置しました。
さらに、発電所敷地内への津波による浸水を防止するため、防潮堤の設置を予定しています。

*非常用ディーゼル発電機：発電所内ですべての電源がなくなった場合に直ちに自動で起動され、必要な電力を供給する発電機のこと。

津波による浸水を防ぐ対策を強化

原子炉建屋大物搬入口の水密扉

建屋内（電気室）の水密扉

防護壁

東海第二発電所安全対策全体イメージ図

※全体イメージ図は、簡略化したものであり実際の配置等とは異なります。

私たち原電は、東海第二発電所の安全対策に全力で取り組んでいます。

皆様からのご質問にお答えします　～震災後に地域の皆様から寄せられたご質問～

ご質問：東海第二発電所に大きな津波が来たとしたら、福島第一原子力発電所と同じようになるのですか？

回答：福島と同じ規模の津波が来たとしても、実施した対策により、同様の事故を防止することができます。また、体制面と運用面の強化として、緊急時の対応要員を24時間体制で待機させるとともに、昼夜を問わず大容量の高圧電源車の運転操作や大容量ポンプ車による水の汲み上げなど、訓練を繰返し行っています。

対策①【浸水防止対策】：津波が来たとしても重要な設備が浸水しない対策
対策②【電源確保対策】：発電所内で全ての電源がなくならないような対策
対策③【注水冷却機能確保対策】：原子炉や使用済燃料プールに冷却水を供給する対策

【さらなる対策】防潮堤を設置し、発電所敷地内への津波による浸水を防止します。

防潮堤

防潮堤設置イメージ図

対策①　対策②　対策③　【訓練】

(例) 大容量ポンプ車・ホース延長車（各6台）を高台等に配備

(例) 防護服、マスクを着用しての地下タンクからの淡水汲み上げ訓練の模様

発電所トピックス

発電所の現況　燃料は原子炉から全て取り出され、使用済燃料プールで冷却しています。

東海原子力館（東海テラパーク）のお知らせ

東海テラパークでは、本紙でご紹介した安全対策や訓練の模様などを、各種パネルやビデオでご覧いただくことができますので、ぜひお越しください。

●11月27日～12月25日
「クリスマス飾り」

東海テラパーク

日本原子力発電株式会社
茨城総合事務所　茨城県水戸市笠原町978-25　TEL:029-301-1511
東海事務所　茨城県那珂郡東海村白方1-1　TEL:029-287-1250
当社ホームページ
http://www.japc.co.jp/

2013年12月　東海第二原発周辺地域の一般家庭に配布されている原電制作のチラシ
数パターンある。

気になるエネルギーのこと ～関西電力大飯発電所を訪問～

ミセスのお勉強室

発電所の安全対策はどう進んでるの？

暮らしに欠かせないエネルギーを作る発電所。現在、日本国内の原子力発電所は停止中ですが、その安全対策は気になるところ。そこで、主婦２人が関西電力大飯発電所に特別な許可を得て取材で訪問。大飯発電所所長室コミュニケーション係・係長の武長祐太郎さんに対応してもらいました。

さまざまな災害を想定して安全対策をしているのですね。

主婦が取材してきました

トラブル発生時に被害拡大を防ぐ機能とは

新エネルギー基本計画では原子力がベースロード電源に

では、どのように安全だと判断するの？

お勉強を終えて

ほかにもさまざまな対策が

リビング滋賀　2014年3月22日号　「ミセスのお勉強室」コーナーで女性読者２人が大飯原発を見学、安全対策に「納得」する。関電提供とは書かれていないが、協力がなければ記事が成り立たないので、典型的なパブリシティ記事。

放射線についてちゃんと知りたい！ vol.1

「おとなのための勉強会」に読者が参加

「よく分からなかった放射線をイメージすることができました」

言葉を目にすることはあっても、よく分からないのが「放射線」では？ そこで3回にわたって、東京都千代田区で開催された放射線勉強会の様子をレポートします。

勉強会に参加したのは、リビング新聞の読者10人。受講前のアンケートでは「放射線について、あまりよく知らない」という人が多かったなから、科学技術館（東京）のワークショップで、放射線講座の講師を務めている掛布智久さんに、放射線について基礎から分かりやすく解説してもらいました。

まず最初に、放射線が医療や工業など多くの分野で利用されていることや、放射線と放射能、放射性物質の違い、ベクレルとシーベルトといった単位など、放射線に関する基礎知識を学びました。また、「霧箱」と呼ばれる実験器具を使って、放射線が通った跡にできる霧の筋（飛跡）を観察。初めて見る"放射線の跡"に、参加者はみな驚いていました。

次回は「食品と放射線」をテーマにレポートします。

勉強会の内容から

Q　放射線と放射能の違いは？

A　「放射線」とは、放射性物質から放出される粒子や電磁波のこと。この放射線を出すものを「放射性物質」、放射線を出す能力を「放射能」といいます。この違いをキャッチボールに例えると、ボールが「放射線」、ピッチャーは「放射性物質」、ボールを投げる能力が「放射能」となります。

★「ベクレル」と「シーベルト」単位の違い
「ベクレル」とは、放射性物質が放射線を出す能力（放射能の強さ）を表す単位です。一方、「シーベルト」は、人が放射線を受けたときにどれくらいの影響があるのかを表す単位です。この単位の違いは、実は放射線を出す（ピッチャー）側から見ているか、受ける（キャッチャー）側から見ているかの違いだったのです。

Q　放射性物質は放射線を出し続けるのですか？

A　放射性物質は放射線を出しながら、時間の経過とともに放射線を出す力（放射能）が弱くなります。この放射能の強さが半分になるまでの時間のことを「半減期」といいます。例えば放射性物質のヨウ素131。この半減期は約8日なのですが、約8日経てば半分に、約16日で1/4に、約1カ月で1/16に減少します。放射性物質にはヨウ素131のほかに、セシウム、ストロンチウム、カリウムなど、いくつも種類があり、その種類によって半減期も変わってきますが、時間の経過とともに放射能の強さが減っていくことに変わりはありません。

Q　外部被ばくと内部被ばくはどう違うのですか？

A　「外部被ばく」とは、体の外にある放射性物質から放出された放射線を受けること。例えば、大地や宇宙からの放射線などのほか、X線撮影などの人工放射線を受けるのも「外部被ばく」です。

一方「内部被ばく」は、大気中に含まれるラドンを吸ったり、食物を摂取したりすることによって、放射性物質が体の中に入り、体内から放射線を受けることです。

「霧箱」（中央の透明な容器）を使った実験の様子。ライトをあてて放射線が通った跡にできる霧の筋（飛跡）を観察しました。受講者からは、「あちこちにたくさん、ヒュンヒュン飛んでいる！」と驚きの声が

参加者の声

- よく分からないまま不安になっていた部分があったことに気付きました（40代）
- 放射線と放射能の違いなどを知ることができてよかったです（50代）
- 放射線の通った跡を見て確認したことで、よく分からなかった放射線を少しイメージすることができました（40代）

取材協力／電気事業連合会

放射線についてちゃんと知りたい！ vol.2

「おとなのための勉強会」に読者が参加

「食品に含まれる放射性物質って厳しくチェックされているんですね」

東京都千代田区で開催された放射線勉強会。連載2回目は食物中の自然放射性物質や、食品の検査についてレポートします。

食品の安全性を気にしている人も多いのでは？「食物にはカリウム40などの放射性物質が含まれているため、食品中にどの放射性物質がどのくらい含まれているかを知っておくことが重要」と話すのは、科学技術館（東京）のワークショップで、放射線講座の講師を務めている掛布智久さん。

「福島第一原子力発電所の事故以降は食品に含まれる放射性物質が気になります」との参加者の声に、掛布さんは東京都水道局のデータを示しながら、「東京では事故後の3月22日に水道水からヨウ素131が検出されました。その後もヨウ素131は1週間ほど確認されていましたが、それ以降はほとんど検出されていません。私たちは水道水への不安からペットボトルの水を買い求めたわけですが、重要なのはデータをみてそこから判断するという視点。実は流通している食品も、基準値をもとに厳しくチェックされています」と説明。参加者からは「初めて知った」との声も聞かれました。

次回は暮らしの中の放射線についてです。

食物中のカリウム40の放射能量
（日本）
（単位：ベクレル／kg）

食物に含まれる主な放射性物質はカリウム40などで、私たちは食物を通して体内に取り込んでいます

食品の安全は、皆さん気になることだけに、掛布さんの説明に真剣な表情で聞き入っていました

勉強会の内容から

Q　市販されている食品の安全性が気になるのですが…

A　市販されている食品や水道水などは、放射性物質の検査が行われています。また、食品中の放射性物質に関して、現行の基準値の考え方は年間1ミリシーベルト以下となるように設定されていて、例えば一般食品の基準値は、放射性セシウム100ベクレル／kgとなっています。

Q　検査はどう行われているのですか？

A　食品中の放射性物質の検査は、国のガイドラインに基づいて地方自治体が行っています。基準値以下ならば市場に流通され、基準値を超えた場合には地域や品目ごとに出荷を止めています。

参加者の声

- 子どもとペットがいるので、水には気を使っていましたが、水道水でも問題ないと分かってよかったです（40代）
- 放射線についての基本的な情報を、このような勉強会などでもっと早く知りたかったと思いました（50代）
- 風評被害は深刻な問題。一般に売られている商品はきちんと検査されていることをもっと認識すべきなんですね（60代）

食品中の放射性物質の検査結果から

全国の各自治体が実施している食品中の放射性物質の検査結果のデータは、2014年3月1日現在で約70万件にのぼり、その中で国が定めた基準値を超えた割合は0.6％以下となっています。

なお、すべての検査データは「食品中の放射性物質検査データ」（http://www.radioactivity-db.info）で、産地や品目などから確認することができます。

国立保健医療科学院　欅田尚樹先生

取材協力／電気事業連合会

リビング田園都市　2014年3月8日・15日　電事連

「おとなのための勉強会」に読者が参加、そのレポートを掲載するという体裁をとってはいるが、「取材協力・電事連」と小さく書かれていることから、電事連の紐付き企画、つまり「広告」であることが分かる。

もんじゅTV
明日の風

2013年10月～2014年3月まで放送されていた「もんじゅＴＶ　明日の風」（日曜11:45～11:50　福井放送）
2013年5月、約1万件におよぶ点検漏れとその後のずさんな対応を批判され、原子力規制委員会から保安措置命令と保安規定変更命令を受けたもんじゅ（日本原子力研究開発機構）がスポンサーになっていた番組。活動停止に等しい処分を受けた団体が堂々とスポンサーを務め、さらには関係者が登場してもんじゅの安全性などを語っていたことには唖然。番組はYouTubeにアップロードされていたが、現在は全て消去されている。

広告
私もフィンランドの「オンカロ」を見てきました。
日本でも、私たち一人一人が自分の問題として
しっかりと考えていく必要がある
と感じました。

左：2014年3月30日　読売新聞　5段
右：同日放映BSフジ　ガリレオX「どうする？電気のゴミ」で紹介されている写真で、新聞とまったく同じ。番組HPでは触れられていないが、つまり同番組と新聞広告は連動していて、広告に書かれている電事連協賛で作られていたことが分かる。

多彩な〝社会見学〟楽しく

春の下北半島〝食・学・美 体験の旅〟2

女子〇

東通原子力発電所

学

徹底した安全対策に納得

2014年6月15日　東奥日報

「女子〇（マル）」女性読者が原発見学。他にも数カ所見学しているが、東北電力が特別協賛なため、大きく扱われている。

東奥日報は2014年になっても様々な原発広告を掲載している。また、青森県では現在でも日本原燃によるラジオCMが流されている。

広告
どうなる？どうする？
ニッポンのエネルギー
太陽光や風力は、もっと増えないの？
経済への影響は？このままで日本は大丈夫？
原子力発電がゼロのこの夏。電力は本当に足りるの？

2014年7月5日　読売新聞　カラー・10段（抜粋）
制作：読売新聞社広告局、協力：電事連
出演：橋本五郎氏（読売新聞編集委員）・春香クリスティーン氏（タレント）
全国掲載なら4000万円以上だから、関東のみの掲載だった？　読売の原発推進論者と若いタレントを組み合わせ、若い世代に原発の必要性を訴求。ここでもエネルギーミックスの重要性を声高に唱えるが、原発事故の深刻さや危険については全く語られていない。

新たなる原発プロパガンダの開始

ここまで、三・一一以降に復活した原発広告の数々をご覧いただきました。三・一一以前ほどではありませんが、息を潜めながらも、原発広告が生き続けていることがお分かりいただけたと思います。全国的な規模ではないので目立ちませんが、青森県の東奥日報では二〇一三年になって原発広告を掲載していますし、ラジオでも日本原燃による「リサイクルできるウラン」「医療にも役立つ放射線」などのCMが放送されています。つまり、確実に原発広告は復活しているのです。それでも全国規模の原発広告は早晩姿を消すのかというと、そうではありません。実は姿形を変え、より巧妙なものとなって再び社会を覆い隠そうとしています。

三・一一以前、原発プロパガンダの主軸は大量の広告投下による「原発は安全である」「事故は起きない。また万一起きても被害は発生しない」というものでしたが、事故後は「世界一の安全基準をクリアした原発は安全」「資源小国だからエネルギーミックスは必要」という論調に変え、さらに被害が大きかった福島県では「人体への影響や農作物被害は軽微で、ほとんどは実態のない風評被害である」「除染さえすれば避難地区に戻れる」と、リスクや不安を打ち消し、緩和する論調を展開する方向へと大きくシフトしています。

しかし規制委員会の審査基準は、事故前に比べ格段に厳格化されたことは事実ですが、その多くはようやく欧米の基準に追いついた程度で、どこからも「世界一」の認定を受けたわけではありません。そもそも事故前でさえ、日本の安全基準は世界一だ、とさまざまな広告に載っていたのですから、そのいい加減さが分かろうというものです。

また、原発事故による子供たちの甲状腺異常が増加している状況にさまざまな屁理屈を並べ、何とかして事実を歪曲しようとする姿は見苦しい限りです。福島県や福島県立医大がどれだけ事実を隠していたか、毎日新聞の記者がその底知れない闇を追及した『福島原発事故　県民健康管理調査の闇』（岩波新書）からも、その異常な隠蔽体質は明らかです。

「広告」というと、一般的には二次元的な、紙に印刷された新聞・雑誌広告やテレビCMなどを想起されると思います。しかしそれはあくまで広告としていくつもある最終形の一つに過ぎません。原発広告とは原発推進のための政府主導プロパガンダですから、政府が方針転換して原発をやめる決断をしない限り、たとえどのような事故が起きようとも、今後も手を変え品を変えて続行されるのです。

放射線についての正しい知識を。
政府広報　2014年8月17日　15段

現在進行中の原発プロパガンダで目につくのは、いわゆる「風評対策」というものです。「広告」というよりも、ＰＲという形で原発事故による風評を払拭しようというもので、実は国をはじめ県政・市政レベルでさまざまな事業が行われています。平成二五年度、中央省庁による「風評被害対策事業」として、あらゆる省庁の四五にも及ぶ事業が展開されています。

その具体例の一つが、右の二〇一四年八月一七日、政府広報一五段として中央紙五紙と福島民報・福島民友の計七紙に掲載された「放射線についての正しい知識を」です。一億円以上の税金を注ぎ込み（政府広報確認）、実は放射線被害はほとんどない、むしろ心配しすぎるとガンになる、などという偏った論説を展開しています。

つまり現在は「積極的に原発というシステムをＰＲ」することができなくなったので、国（農水省や経産省、文科省等）による復興予算を、原発の風評・悪評を払い、復興を支援する活動に注ぎ込む構造に変化しています。要するに復興という錦の御旗を隠れ蓑に、原発事故の恐ろしさを隠蔽・緩和しようとするＰＲが横行しているのです。

博報堂・ＡＤＫの原発推進団体加入

さらに、原発プロパガンダを考える上で、非常に大きな懸念材料があります。

原発プロパガンダを国民に浸透させる具体的な手法を考案し、実際に目に見える「広告」という形にして展開したのは、電通を頂点とする広告代理店であったことは、今まで申し上げてきた

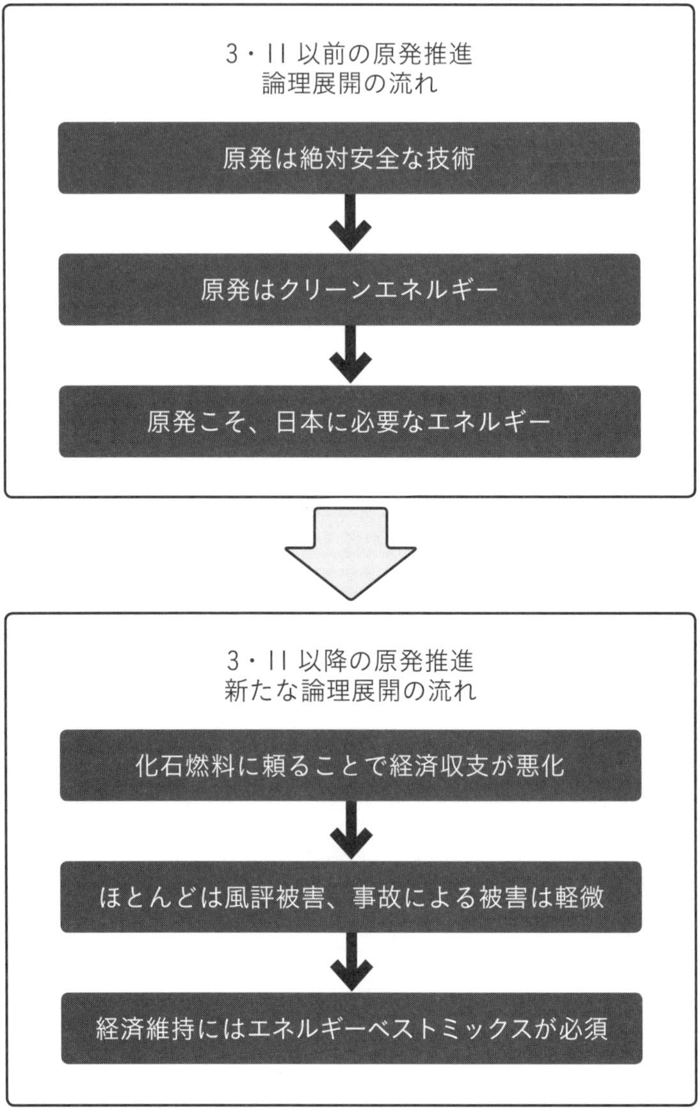
3・11 以前の原発推進
論理展開の流れ
原発は絶対安全な技術
原発はクリーンエネルギー
原発こそ、日本に必要なエネルギー
3・11 以降の原発推進
新たな論理展開の流れ
化石燃料に頼ることで経済収支が悪化
ほとんどは風評被害、事故による被害は軽微
経済維持にはエネルギーベストミックスが必須

とおりです。その電通は原発推進団体の総本山である「日本原子力産業協会」に三・一一以前から加盟していたので、いわば確信犯的な原発推進派でしたが、業界二位の博報堂と三位のアサツーディ・ケイ（ＡＤＫ）は加盟していませんでした。それがなんと、今年（二〇一四年）になってから、相次いで加盟したのです。

広告代理店がこのような団体に加盟するのは、それなりのベネフィットがなくてはなりません。つまり、そこに何かしらの巨大な利権があるからこそ、原発ムラの一員という汚名を被ってでも加盟することを選択したのです。

そして彼らが狙う利権とは、現在復興予算の中に大きなウエイトを占めている「風評被害対策費」に他なりません。ある情報によれば、現在の東北博報堂の売り上げの実に三割が風評被害対策であり、東北各地で風評をなくすためのＰＲ活動の受注が激増しているそうです。広告代理店に限定せずとも、そこに仕事があるのなら、それを獲りに行くのが企業活動というものでしょう。

そこで私が危惧するのは、ただでさえスポンサーの顔色を窺うことに敏感な大小メディアが、広告業界二位と三位の博報堂・ＡＤＫすらも原発推進団体に加盟したことを知れば、その機嫌を損ねないよう、さらなる自主規制に走るのではないかということです。三・一一以前がそうであったように、これでは自由な報道ができなくなり、またもや原発ムラの台頭を許す恐れが出てきたのです。

そこで私は両社広報部に対し、原産協に加盟したということは、両社は原発推進に賛成ということか、と質問しました。原産協加盟社のほとんどはメーカーや建設、金融など原発の製造・建設・維持管理に直接関わっている企業ばかりだからです。これに対し両社とも、

「弊社は原産協を原発推進団体と認識していない。また、原発推進に賛成・反対を表明する立場にない。情報収集のために加盟したに過ぎない」

という回答が返ってきました。

しかし、かつてこの団体に加盟していた福島県は、震災後の二〇一一年一〇月に脱退しています。その理由を福島県庁原子力安全対策課に尋ねたところ、

「福島県は震災後、原子力に頼らない社会を目指すことを県議会で決議しました。しかし原産協は原発を推進する立場の団体ですから、私たちの目標とはあい入れないということで脱退しました」

という非常に明快な回答が返ってきました。かつて原発推進の先頭に立っていた福島県がいみじくも指摘したとおり、原産協は明確な原発推進団体なのですから、そこに入会するのはその趣旨（原発推進）に賛同するからだとみなされても、仕方がないことだと思われます。

さらに私は、自分の出身母体である博報堂にはもう一つ、

「博報堂は『生活者発想』という言葉を開発した。普通の人々の感覚、つまり生活者の目で見たマーケティングを展開するというのが社是であったはずだ。しかるに現在、原発に対する社会の目、つまり生活者の目は非常に厳しくなっている。そんな時に原発推進団体に入るなど、博報

堂のブランド価値を著しく毀損するのではないか」
という少々突っ込んだ質問をしました。これに対しては、
「当社は原発に賛成・反対を明らかにする立場にはありません。しかし、それぞれの多様な意見に耳を傾け続けることは必要と捉えています。多様な意見に耳を傾け続けることは、私たちの『生活者発想』の実践の一つと捉えています」
という返答でした。
これは一見まともな回答に見えますが、私は博報堂が電力会社のための広告やPRをしていたことを知りこそすれ、脱原発のために働いたなどということは一度も聞いたことがありません。「多様な意見に耳を傾ける」などと言いつつ、結局は金を出せる政府や電力会社の言いなりになってきただけではないか、と寂しく感じた次第です。このように、広告業界トップ三社が揃って原発ムラに加入したことによって、再びメディアの自主規制が始まることを、私は非常に危惧しています。そのようなことがないよう、広告代理店とメディアを厳しく監視していく必要があるのではないでしょうか。

あとがき

三・一一以前、全国紙や雑誌で山のように原発広告が打たれていたのだから、きっと原発所在地の地方新聞でも同じだったはずだ、という予想は容易にできましたが、それを調査した書籍や資料は今まで一つもありませんでした。

それはあまりにも膨大なデータを調べる必要があったからですが、今回、一人では何年かかるか分からなかったデータの収集をグリーンピース・ジャパンのボランティアさんにご協力いただき、延べ一三六年間分、八五〇〇点ものデータを収集していただきました。何でもネットで調べることが可能な現在でも、ここに掲載されている図版のほとんどは検索不可能であり、貴重な資料ばかりをまとめることができたと思っています。

集めたデータのうち、この本に掲載できたのはごく一部ですが、広告量と記事の関係性を立証するには十分であると思っています。また今後、集めた全てのデータを大学などのメディア研究機関と共有し、さらなる活用を図っていければと考えています。

ただ、当初の構想では、これら地方紙の記録と共に、原発プロパガンダの一翼を担っていた教科書、副読本など、「教育現場の原発教育」も調べる予定でした。さらに、電事連が中心となった、メディア掲載記事へのおびただしい反論なども集めて掲載する構想でしたがとても紙数が足りず、それらはまた別の機会に発表したいと思います。

また、各地の広告と記事を一つでも多く掲載することを最優先としたので、原発広告自体の歴史や種類、背景などについての記述は非常に簡潔なものになりました。その詳細についてさらに深く知りたい方は、前著『原発広告』をお読みいただければ幸いです。

原発立地県の新聞が原発を批判しにくいであろうことは、ある程度予想していたとはいえ、調査した中で最も衝撃的だったのは、事故を起こした福島県の二つの新聞が、原発立地県の地方紙の中で最も原発推進に熱心であったという事実です。福島県よりもさらに多くの原発を抱える福井県の福井新聞が、八〇年代になると原発に慎重な姿勢に転じるのに対し、福島の二紙は楽観的な姿勢を崩しませんでした。その県民への影響は偶然にも、一九九六年三月一一日の新潟日報の紙面「〝先進二県〟揺れる対応ルポ」（二四三ページ）でも紹介されています。

もちろん、この二つの新聞社（または、どちらか片方）が原発に反対しても、原発の建設は止められなかったかもしれません。しかし、少なくとも県民は原発に対しもっと厳格であれた可能性はありますし、そうすれば東電はもっと事故対策に力を注いでいたかもしれないのです。原発をきちんとチェックするべき報道機関がその責務を放棄した結果が、あの悲惨な事故の要因の一つになったのではないでしょうか。

もちろん、一九七〇～八〇年代に紙面を作っていた人々の多くはもう両社に在籍していないでしょう。私は両社を批判するためではなく、地方紙全体の報道姿勢を知るためにこの作業をし、その結果が前述の通りであったに過ぎません。調査で明らかになった各紙の姿勢をどう判断するかは、読者諸兄のご判断にお任せしたいと思います。

自民党政権が原発再稼働に躍起になっている今、メディアの原発に対する報道姿勢はますます重要になってきています。こうした中で、安易に時の権力にへつらうことは、後々誰かによって必ず白日の下に明らかにされ、人々の審判を受けることになることを、この本で示したいと考えました。またこれが、動き出しつつある新たな原発プロパガンダへの牽制《けんせい》に少しでもなることを、心から願っています。

平成二六年晩夏　手賀沼の畔にて

本間　龍

謝辞

本書に収録した記事・広告の収集にあたり、約七ヶ月にわたり以下の方々にご協力いただきました。ここに記して感謝の意を表します。

グリーンピース・ジャパン

佐藤 大尚　宮地 大祐

グリーンピース・ジャパン　ボランティア

足もみ好子　岩田 和子　ヴォーン 有紀子　ウメネ マキ　沖野 生海
角井 敦子　金井 久美子　川端 美香　岸本 秀信　木村 仁美
木村 泰美　佐伯 淳子　清水 裕子　武田 麻佐子　武山 恭二
武山 久恵　田島 葉子　津田 義輝　中井 風子　ニコ 桃子
伏見 均　藤原 幸子　丸原 亜紀子　水野 佳代子　山寺 小夜子
渡邊 哲生　渡邉 すみれ　H・S　その他匿名希望、六名

（五十音順・敬称略）

参考文献

【書籍】

『福島と原発　誘致から大震災への50年』福島民報社編集局編　早稲田大学出版部
『福島原発事故独立検証委員会 調査・検証報告書』福島原発事故独立検証委員会　ディスカヴァー・トゥエンティワン
『福島原発事故はなぜ起こったか　政府事故調核心解説』畑村洋太郎・安部誠治・淵上正朗　講談社
『原発と地震　柏崎刈羽「震度7」の警告』新潟日報社特別取材班　講談社
『幻影からの脱出　原発危機と東大話法を越えて』安冨歩　明石書店
『日本の原子力施設全データ　どこに何があり、何をしているのか』北村行孝・三島勇　講談社ブルーバックス
『原発を拒み続けた和歌山の記録』汐見文隆（監修）　寿郎社
『原子力と報道』中村政雄　中公新書ラクレ
『原子力の社会学』田中靖政　エネルギーフォーラム
『チェルノブイリシンドローム　原子力の社会学』田中靖政　電力新報社

『福島原発事故　県民健康管理調査の闇』日野行介　岩波新書
『原子力　負の遺産　核のごみから放射能汚染まで』北海道新聞社編　北海道新聞社
『報道災害【原発編】事実を伝えないメディアの大罪』上杉隆・烏賀陽弘道　幻冬舎新書
『原発の来た町　原発はこうして建てられた　伊方原発の30年』斉間満　南海日日新聞社
『日本の原子力60年　トピックス32』西尾漠　原子力資料情報室
『原発・正力・CIA　機密文書で読む昭和裏面史』有馬哲夫　新潮新書
『福島原発の真実　最高幹部の独白』今西憲之＋週刊朝日取材班　朝日新聞出版
『プロメテウスの罠　明かされなかった福島原発事故の真実』朝日新聞特別報道部　学研パブリッシング
『福島原発の真実』佐藤栄佐久　平凡社新書
『日本の原発、どこで間違えたのか』内橋克人　朝日新聞出版

【新聞・雑誌】

「朝日新聞」「読売新聞」「赤旗」「北海道新聞」「東奥日報」「河北新報」「新潟日報」
「福島民報」「福島民友」「北國新聞」「福井新聞」「静岡新聞」「愛媛新聞」
「山陰中央新聞」「佐賀新聞」「南日本新聞」「週刊新潮」「サンケイリビング」

著者略歴

本間 龍（ほんま りゅう）

著述家。1962年、東京都に生まれる。1989年、博報堂に中途入社し、その後約18年間、一貫して営業を担当する。北陸支社勤務時代は、北陸地域トップ企業の売り上げを6倍にした実績をもつ。2006年同社退職後、在職中に発生した損金補填にまつわる詐欺容疑で逮捕・起訴され、栃木県の黒羽刑務所に1年間服役。出所後、その体験をつづった『「懲役」を知っていますか?』（学習研究社）を上梓。服役を通じて日本の刑務所のシステムや司法行政に関する疑問をもち、調査・研究を始める。また、福島第一原発事故後、メディアの姿勢に疑問を抱き、大手広告代理店とメディアとの癒着を解説した『電通と原発報道』（亜紀書房）を、全国紙に出稿された数々の原発広告を取り上げ解説した『原発広告』（亜紀書房）を上梓。メディアと原発、刑務所と司法をテーマとした講演や著述、テレビ出演など、幅広く活動している。
著書にはほかに、『名もなき受刑者たちへ』（宝島社）、『転落の記』（飛鳥新社）、『大手広告代理店のすごい舞台裏』（アスペクト）、鈴木邦男氏との共著『だれがタブーをつくるのか』（亜紀書房）などがある。

協力

国際環境NGOグリーンピース

政府や企業からの資金援助をうけず、市民のための独立した組織としてグリーン（持続可能）でピース（平和）な社会を実現するための活動を展開している環境NGO。研究や調査など科学的調査活動に基づいた代替案をつくり、政府や企業に提案することを活動の基本に据える。国連の会議で正式なオブザーバーとして参加できる「総合協議資格」が与えられている。日本支部は1989年発足。
URL: www.greenpeace.org/japan

原発広告と地方紙――原発立地県の報道姿勢――

著者　本間龍
協力　グリーンピース・ジャパン

発行　2014年10月14日　第1刷発行

発行者　株式会社　亜紀書房
東京都千代田区神田神保町 1-32
TEL　03-5280-0261（代表）　03-5280-0269（編集）
振替　00100-9-144037
http://www.akishobo.com
装丁　大島武宜
レイアウト・DTP　コトモモ社
印刷・製本　株式会社トライ
http://www.try.sky.com

ISBN978-4-7505-1418-5
©2014 Ryu Homma Printed in Japan

乱丁・落丁本はお取替えいたします。

亜紀書房 ❖ 本間龍の本

『原発広告』 四六判・304頁

1970年代から3.11の直前まで、新聞、そして女性ファッション誌からジャーナリズム誌まで幅広く掲載された原発広告200点超を収載。

『電通と原発報道』 四六判・206頁

完全独占企業が莫大な宣伝広告費をメディアに投じている理由はなにか。博報堂の元社員が実体験と統計資料をもとに、巨大広告主—大手広告代理店—メディアの強固な絆を解説！

鈴木邦夫との対談
『だれがタブーをつくるのか』 四六判・198頁

元右翼団体代表にして孤高の論客と、元博報堂社員にしてタブーへの挑戦者が、原発・広告・マスメディアを俎上にのせて語りこんだ、「表現」の自由と責任、「言論」の自由と覚悟。

注文の新刊！

村清司・宮台真司
『これが沖縄の生きる道』 四六判・336頁

迷える本土に引きずられるな！　沖縄から「民主主義」の条件をラディカルに問い直し、自立への実践計画（アクションプログラム）を提示する。沖縄人二世の作家と行動する社会学者による、タブーなき思考の挑発！